U0212585

潍坊十笏园修缮工程报告

山东省文物科技保护中心　编著

文物出版社

图书在版编目（CIP）数据

潍坊十笏园修缮工程报告 / 山东省文物科技保护中心编著 .-- 北京：文物出版社，2017.7

ISBN 978-7-5010-4706-2

Ⅰ . ①潍… Ⅱ . ①山… Ⅲ . ①古典园林—修缮加固—研究报告—廊坊 Ⅳ . ① TU746.3

中国版本图书馆 CIP 数据核字（2016）第 254321 号

潍坊十笏园修缮工程报告

编　　著：山东省文物科技保护中心
责任编辑：陈　峰
封面设计：程星涛
责任印制：陈　杰

出版发行：文物出版社
地　　址：北京市东直门内北小街 2 号楼
邮政编码：100007
网　　址：http://www.wenwu.com
邮　　箱：web@wenwu.com
经　　销：新华书店
印　　刷：北京鹏润伟业印刷有限公司
开　　本：889mm×1194mm　1/16
印　　张：26
版　　次：2017 年 7 月第 1 版
印　　次：2017 年 7 月第 1 次印刷
书　　号：ISBN 978-7-5010-4706-2
定　　价：480.00 元

《潍坊十笏园修缮工程报告》

编辑委员会

顾　问　孙　博　陈　雯　张宪文　杨新寿

主　编　苏　媛

编　委　（按姓氏笔画排列）

　　　　于　军　刘婷婷　张　强　郑洋坤　常国庆

　　　　董伟丽　程留斌　曾　波　雷子军

目　录

插图目录

实测与设计图目录

图版目录

引 言

十笏园，位于潍坊市潍城区，是一处由勤劳的潍坊人民创造的兼具南北园林艺术风格、园林与住宅有机结合的建筑组群（图1）。

潍坊市，古称"潍县"，又名"鸢都"，位于山东半岛的中部，是山东省下辖的地级市，与青岛、淄博、烟台、临沂等地相邻。潍坊是山东内陆腹地通往半岛地区的咽喉，是半岛城市群的地理中心，是黄河三角洲高效生态经济区、山东半岛蓝色经济区两大国家战略经济区的重要交汇处。潍坊历史悠久，文化底蕴深厚，是齐鲁文化的发祥地之一。

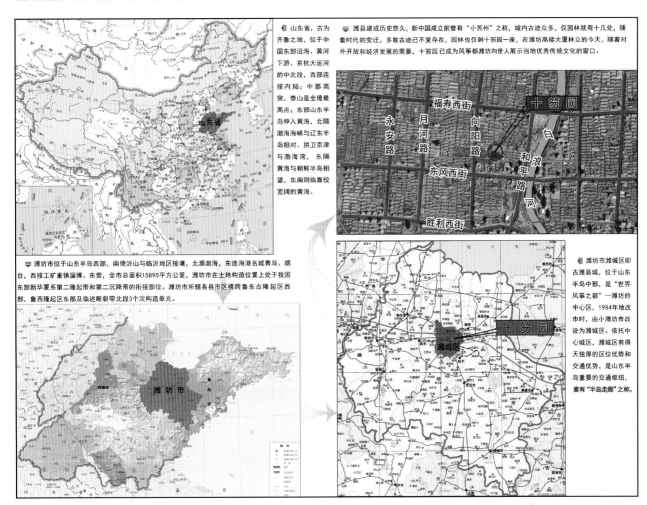

图1 十笏园地理位置图

十笏园，位于潍坊市潍城区胡家牌坊街中段，整体坐北朝南，北至庙南街，南至胡家牌坊街，东至关帝庙巷子，西至曹家巷，占地面积9000平方米。

十笏园由丁家花园和丁氏故居两部分组成。丁家花园以水池为中心，环池岸周边布置亭、桥、楼阁，以回廊、曲桥相连，其间点缀假山、花墙、垂柳、花草、奇石、诗词碑刻，整体布局紧凑，景观层次多样，文化内涵丰富，环境舒适宜人。丁氏故居沿五条南北向轴线布置，每条轴线上连续布置典型潍坊民居特色的合院，同一轴线前后院落之间、相邻轴线东西方向院落之间均由穿堂门或随墙门实现院院相通，住宅院落既相互独立又相互贯通，充分地满足了家族式宅院的使用要求。

1958年，十笏园被公布为潍坊市文物保护单位。1978年，十笏园被公布为山东省文物保护单位。1988年，十笏园被国务院公布为第三批全国重点文物保护单位。2003年，十笏园进行了局部的保养维修工作，在维修过程中发现建筑群普遍存在不同程度的老化与残损问题。2004年，十笏园的整体保护工作正式启动。潍坊市文化局为建设单位，山东省文物科技保护中心为工程勘察设计单位，山东省文物工程公司为施工单位。2004年9月至2005年3月，陆续完成了文物修缮、水电系统改造、环境整治等三大部分内容的勘察设计工作。紧接着，工程进入实施阶段。一期施工至2007年6月，这一阶段，主要修缮建筑65座，建筑面积共计1738.24平方米，完成900余万元的工程量。2011年8月，适时启动了二期施工工作。二期施工工作主要集中在2012年8月至2013年12月，此阶段的施工，主要修缮建筑88座，建筑面积共计2445.52平方米，完成1500余万元的工程量。2014年3月，在多方共同努力下，保护工程全面结束。2015年1月，工程提请文物行政主管部门进行竣工验收。

整体保护工程在实施过程中，受到山东省文物局、潍坊市政府、潍坊市文化局、潍坊市文物局的高度重视，各级领导和专家先后多次就技术成果和施工工地进行检查和指导，并多次做出了重要指示。

为全面记录十笏园保护工程实施过程，为今后进一步开展相关管理工作及相关资料存档的方便，特编制本书。本书共分5章，详细记录了十笏园古建筑群的基础调查成果，保护方案设计，保护工程实施过程以及工程中采用的相关技术，并收录有现状实测图、设计图、竣工图、施工照片、修缮前后对比照片等资料。

第一章 概况

第一节 潍县故城

潍坊自汉代开始有明确的州县名。汉代至元代，州县名主要使用过平寿、下密、北海和潍州。

潍坊自明代开始使用"潍县"的称谓。据《明太祖实录》记载，洪武十年（公元1377年）五月降潍州为县，属莱州府。莱州府，府治掖县，明洪武元年（公元1368年）置，领平度、胶州2州，5县；平度州，州治平度，明洪武二十二年（公元1389年）改胶水县置，领潍、昌邑2县。清代沿用"潍县"的称谓，潍县仍属莱州府，莱州府，府治掖县，领平度州及掖、潍、昌邑3县（图2）。清乾隆《潍县

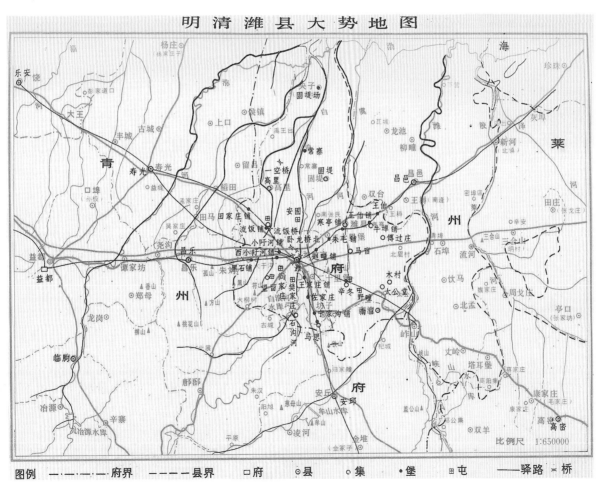

图 2　明清潍县大势地图

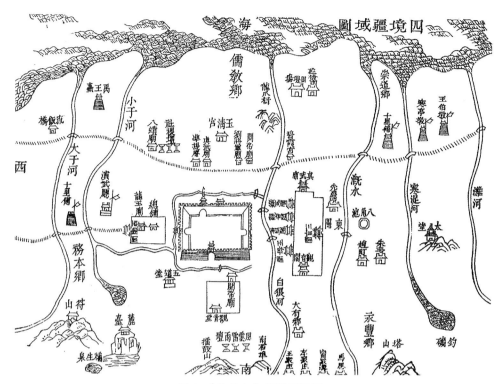

图 3 《潍县志》四境疆域图

志》、清光绪《潍县乡土志》、民国三十年《潍县志稿》等均对潍县的地理位置、疆域面积等基本情况做了记载（图 3）。

潍县故城，清乾隆·《潍县志》载："潍邑土城创于汉，石城易于明……"历经明清两代的发展形成了东西双城的格局（图 4）。从民国二十六年《城坞图》上看，西城、东城在面积规模上大体相当，分布于白浪河东西两岸，两个城均设置有独立的城墙、城门、街巷和里坊，彼此之间通过一条东西贯通的主路相联系。西城在东、西、南、北四个方位各辟一处城门，东城的城门设置则重点考虑了跟西城的关系，仅朝西的方向就开辟了四处城门。

西城的道路沿城墙内侧设置有环形马道街，内部主要道路呈十字方格网状，街巷走向都是东西向或南北向，有贯通东西、南北的道路，贯通东西的为西门大街—东门大街，贯通南北的为县府大街—田宅街—南门大街，这两条道路也可以看作东城的东西向轴线和南北向轴线，两条道路的交叉口为大十字口，大十字口的所在位置几乎为西城的中央。县府位于西城北侧，南北轴线的北端。十笏园位于西城城内，县府的东南方向。

东城的道路布局相对自由，有贯通东西并与西城相连接的东关大街，南北方向没有贯通的道路，街巷走向亦都是东西向或南北向，街巷纵横交错，规则的十字路口较少。东城街道的命名多以姓氏、名胜古迹、庙宇、景物等为参考，并且有以市场命名的街道，东城范围内还分布有庙宇的图例，这些都体现了东城在政治、经济和文化方面对潍县的影响。

东西双城的格局为今天潍坊城区的布局和发展奠定了基础，十笏园所在的潍县故城西城如今属于潍坊市潍城区的范围。

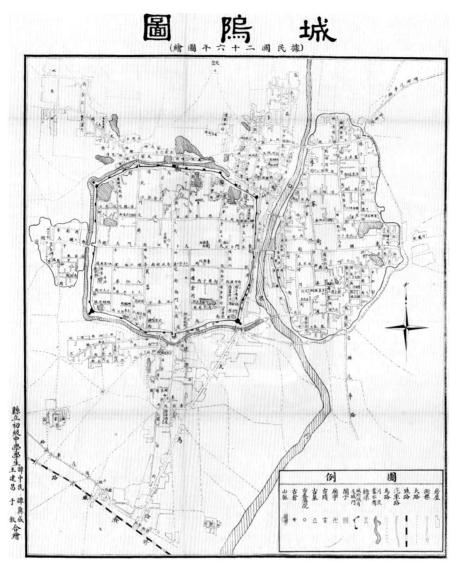

图 4 民国二十六年绘制《城坞图》

第二节 丁氏世家

明清以来，随着潍县经济文化的发展，潍县当地相继出现了一些豪门大户、士绅望族，丁氏家族便是潍县的四大望族之一，家族鼎盛时期，为潍县首富，有"丁半城"之称。

关于丁氏，民国三十年《潍县志稿》载，"一族始于兴，湖广武昌人，一世山，明洪武二十四年由南直隶海州迁潍县，其自诸城、寿光等县迁来者均属兴裔"。据王振民《潍坊文化三百年》[1]、邓华、陈祖光《潍县丁氏世家研究》[2]，潍县丁氏自明洪武二十四年一世丁山迁入，历经明清两代，绵延至丁锡纶共计十七世（图 5）。

〔1〕 王振民主编《潍坊文化三百年》，文化艺术出版社，2006 年。
〔2〕 邓华、陈祖光主编《潍县丁氏世家研究》，中国文史出版社，2007 年。

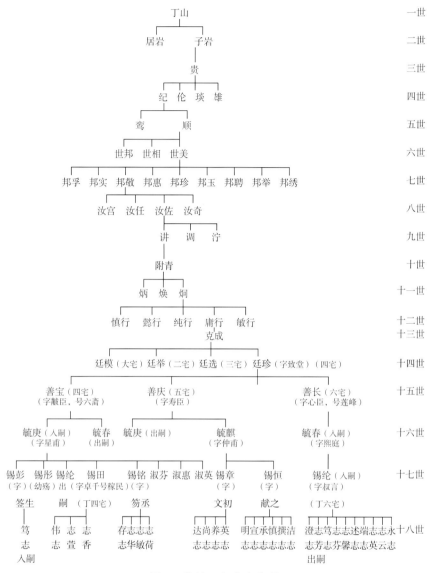

图 5　潍县丁山世家简谱

潍县丁氏，虽然于明洪武年间便迁至潍县，但其家族兴盛却是始于清康熙年间，即第十二世丁庸行期间。丁庸行经营商业发家，大量购置房屋，即以土地出租为主，为丁氏积聚了原始资本。其十四世孙四人，丁廷模、丁廷举、丁廷选、丁廷珍，合伙大批出"帖子钱"，从而垄断了潍县的经济命脉，用"帖子"换来大量的黄金白银，购置了大量土地，建筑了大量房舍，制作了若干贵重家具，从此，丁氏家族暴富，在城里胡家牌坊街东段定居，兄弟四人各分得大量土地、金银和房产。

十四世丁廷珍即四宅创始人，其长子就是初始十笏园的创建者丁善宝。民国三十年《潍县志稿·卷之三十·人物志》载："丁善宝，字黻臣，号六斋，祖克成，父廷珍，皆以善行，敕建乐善好施坊。咸丰壬子，善宝输巨款，以助军饷，恩赏举人授内阁中书。通籍后，仍不废学，尝患士子业帖括者，多倘越规矩，手订先正文十二种，梓之以式。多士酷好吟春秋，暇日辄折简，招致王二尹绩熙、柯大臣劭忞、宋京卿书升、刘孝廉揄升、张上舍昭潜诸君子于十笏园中，觞咏流连以为乐，诗宗阮亭雅擅风韵，或劝之仕不答。家本素丰，承先志、勇于为善。尝创修先祠，费至逾万金，又与诸弟议，置祭田九百余亩，禀官存案，使子世守之。光绪丙子岁大饥，出粟煮粥活万余家。邑有建置防卫诸大事辄为倡首；邑中文武各童入儒学时，每因赆礼棚规负债遗累，思有以庇寒士临殁，遗嘱其子储巨赀发，商店生息每科岁试，以息钱为诸生赆礼费，禀官存案永，永遵守，子毓庚遵行之，史林皆感德不忘。殁年四十七，民国十年入祀乡贤祠，乡谥'端敏'。"丁善宝入世为官后，依旧重视传统文化的学习和传播，富足后不忘为家乡为百姓捐资行善，这都生动地反映了丁氏家族为诗书世家，经营有道，并有乐善好施的家族特点（图6）。

图6　丁善宝画像

丁氏世家鼎盛时期土地房产众多，仅在潍县便有数十处房产，共计房五千多间。此外，市郊各佃户村也有大量房舍，以及外县各处（包括青岛楼房在内）要超过潍县住房。丁氏土地之多，据说连他们自己也计算不清，仅潍县当地就有五万亩（市亩），诸城、安丘已经无法计算，约占全县耕地面积的二分之一，分布在七十个庄子里。

在商业经营方面，丁氏世家有利亨钱庄一处，另外有丰利、丰亨、义丰当铺三处，还有利亨缎店、际元、德亨、义盛、元隆（开设在北京）等商号。另外丁六宅还开办了潍县最大最好的中华澡堂和中华戏院，同时，他们以投资为主，在上海参股南洋兄弟烟草公司和五洲大药房，在大连经营广和公货栈，在济南投资鲁丰纱厂等。

在商业经营方面取得巨大成功的同时，丁氏世家在清代出了三个进士、十二个举人，是名副其实的书香门第。历代丁氏家族的文人均有著作面世，主要有：丁附青的《唐宋古文精选》、《梦园诗稿》；丁廷模的《杞轩制义》二卷；丁廷珍的《城守纪要》一卷、《南匪纪略诗草》一卷、《守围记》一卷；丁善宝的《六斋诗存》二卷、《六斋文存》一卷；丁锡昌的《琴秋馆诗钞》等等。

第三节　十笏园

一　十笏园概述

十笏园，占地面积近9000平方米，园内共有单体建筑153座，除砚香楼、春雨楼和绣楼为二层楼外，其他均为单层建筑，建筑面积共计4183.76平方米。碑刻21通，主要包括丁善宝亲撰《十笏园》、张昭潜撰曹鸿勋书《十笏园记》、十笏园题诗七通、金农白描罗汉图、付丙鑑撰文王寿彭书《诰封恭人丁太母陈恭人七秩寿序》和郑板桥书画碑刻十通等。

十笏园整体布局分为园林、宅院两大部分，分别称为丁家花园和丁氏故居，园林部分集中分布在十笏园的西南侧，其余为宅院部分。

十笏园是潍坊地区丰厚建筑文化的载体。《潍坊文化三百年》中论述，"潍坊地区的建筑文化源远流长，古代深厚的文化积淀为清代建筑文化的大发展奠定了基础，形成了以潍县为中心的经济、文化群体，并以宗教性建筑和园林文化以及书院建筑为其显著的内涵特点，庙宇林立城中，园林点缀于城郊，形形色色的建筑形式构成了潍坊建筑的主要特点，并反映着当时经济和文化的发达状况"。清代潍县城内及近郊比较重要的园林曾共计十余处，经过历史的变迁，保留下来的只有十笏园一处了。十笏园从营造过程到布局功能，都充分反映了当时潍县经济、文化与艺术的发达、兴盛和繁荣。

十笏园中的丁家花园是北方私家园林以小见大的典范。它布局严谨，小巧玲珑，占地两千多平方米，建有楼台、亭榭、曲桥、回廊、书斋等房屋六十余间。园林部分面积虽小，却融合南北园林风格，纵深空间层次丰富，园林建筑、小品错落有致，营造出以小见大的艺术效果。

十笏园是潍坊地区明清民居建筑的代表。私家园林，大都是居住区与园林区相结合的建筑组群，十笏园也不例外。十笏园中的丁氏故居采用传统的均衡对称布局，建筑沿轴线对称分布，沿轴线分布的住宅院落之间既相对独立又密切联系。十笏园的建筑一般为硬山顶、抬梁式木构架、布瓦筒瓦或仰合瓦屋面，正房、大门多做清水正脊和垂脊；正房设前廊，面阔五间或三间，面阔三间者两山各接耳房一间；门窗考究；建筑上彩绘、木雕、砖雕等雕刻题材丰富多彩，技法精湛，与匾额、楹联交相呼应；墙体用青砖砌筑；台阶、阶条石均用青石制作；柱子、槛框施黑色油饰，窗扇做铁红色油饰；建筑采用当地传统工艺和材料，极具潍坊当地民居建筑特点。

十笏园目前具备展示开放和管理机构办公两种功能。管理办公区主要集中于十笏园的南侧和北侧，南侧管理办公区分布在入口附近，满足保卫、值班、售票、导游等功能，北侧管理办公区分布在十笏园后门附近的院落中，满足十笏园的日常管理和十笏园博物馆的办公。除管理办公区外，其余均为展示开放的区域。

十笏园的展示除了文物建筑本身的展示外，还有很多陈列展示。账房、客舍、私塾、先生卧房、学生课间休息室、会客场所、藏书楼、园主人丁善宝夫妇居住之处、婚房、女眷房间、戏院房间、姑娘卧房、姑娘书房、少妇房、老人房等的复原陈列分布于十笏园展示开放区的建筑中，生动地再现了丁氏家族当年的生活、学习场景。除此之外，十笏园里还设有专题展览，有"十笏园变迁"、"徐培基艺术陈列馆"、"馆藏文物"、"丁氏家族人物历史"、"同志画社"等常设的专题展览，也有机动展厅，定期更换陈列布展的主题。

二 十笏园变迁

围绕着十笏园，出现过丁四宅、丁家花园、前花园、丁家故宅、十笏园等不同的特定称呼，而随着时代的变迁，相同的名称也有着不同的含义。在此，我们便按着时间的顺序，去探讨一下这些特定称呼的含义，从而梳理一下十笏园的变迁过程。因文献资料对于十笏园变迁的记载较少，且没有明确的时间节点划分，在此，我们按照大致的时间先后顺序，分别讲述丁四宅、丁家花园、前花园、丁家故宅及十笏园的布局改变与相互关系。

（一）丁四宅形成之前

丁家自第一世丁山于明洪武二十四年迁入，直至传至清康熙年间的第十二世丁庸行，这是一段丁家从迁入潍县到逐渐发展壮大的时期，在相关历史文献中提及较少，只是能在部分资料中可以推测出。在那个时期，丁家已经逐渐成为潍县大门大户，但丁氏家族的族人却并不居住在目前的十笏园范围内或附近，且丁家族人的居住地也并没有一个统一的称号。

（二）丁四宅

丁四宅为现十笏园的前身，根据目前掌握的文献资料，丁四宅大致可分为三个阶段，分别是：

丁四宅建立、发展时期，时间约为清嘉庆年间至清同治年间，这一阶段为丁四宅的发展壮大期，此时的丁四宅占地与房舍数量逐步扩大；

丁四宅鼎盛时期，时间约为清光绪年间至20世纪初期，这一阶段为丁四宅的鼎盛时期，此时的丁四宅占地与房舍数量达到了最大值；

丁四宅没落时期，时间约为20世纪初期至新中国成立前后，这一阶段为丁四宅的衰败时期，由于丁氏家族的分家与后世子孙对家产的变卖，丁四宅的规模急剧缩减。

1.丁四宅建立、发展时期（图7）

当丁家传至第十三世丁克成 [丁克成，系丁庸行独子，字泽远，清候选都察院都事加二级，诰授奉政大夫，覃恩诰奉奉政大夫工部都水司郎中加二级，晋封中宪大夫，覃恩诰奉通奉大夫候选道加三级，生

图7 丁四宅建立、发展时期示意图

于乾隆二十五年（1760年）八月二十二日丑时，卒于道光十五年（1835年）五月二十七日辰时]时，丁家在潍县已位居当地的四大家族之一，俨然已是潍县首富。清嘉庆年间，丁家便在潍县城里胡家牌坊街东段，比邻当时潍县另一望族郭家宅院购置了房产，自此丁氏族人便群居与此，直至20世纪中叶。相关文献中记载，克成有四子：廷模、廷举、廷选、廷珍。而这四位，便是丁家大、二、三、四宅的创始人，也就是说，丁家是到了第十四世上，才有了这四个独立的门户。按照潍县当地的方言，每一个独立的门户称作"宅"，这四个门户便合称作"丁四宅"。由此，丁四宅的称谓便逐渐流传开来，丁四宅在当时即代表着胡家牌坊街丁氏族人所居住的地方。

丁四宅当时的大致分布如下：

丁家大宅，由丁廷模（丁克成长子）创始，位于梁家巷北部路西，占地约4000平方米，房子100余间。

丁家二宅，由丁廷举（丁克成次子）创始，位于胡家牌坊街东部路北，丁家二宅紧邻丁家大宅南邻，占地约4600平方米，房子100余间。

丁家三宅，由丁廷选（丁克成三子）创始，位于梁家巷南部路东，与丁家二宅隔巷相对，占地约3000平方米，房子100余间。

丁家四宅，由丁廷珍（丁克成四子）创始，位于胡家牌坊街中部路北，丁家四宅紧邻丁家二宅西邻，占地约3300平方米，房子150余间。

丁四宅总占地近15000平方米，房屋500余间，此即是丁四宅建成初期的布局形式与规模。

由相关文献记载，丁廷珍创立的丁家四宅是由东、西两路合院建筑组成。丁家四宅大门位于整个宅院的东南角，面朝胡家牌坊街，大门黑漆，门上方悬一块匾额，上书"进士第"，大门有"诗书继世"、"忠厚传家"的对联。入门之后，迎面是影壁，从影壁前往西，进二门，南面有一排临街的南房，进北首垂花门楼有一方方正正的院落，即东路一进院。本院由正房、东西耳房、东西厢房、门楼组成，正房便是这所宅院的大厅，称为"厅房"，是当年接待重要宾客和议事的地方，东耳房为家庙，是当时祭拜丁家祖先的地方。由"厅房"院向北，是东路的二进院，本院由正房、东西厢房组成，正房前后开门，可进入东路的三进院。东路的三进院正房是一座两层小楼，小楼的南侧配有东西厢房。再往后的第四进院落，则是储藏杂物的一排房舍。沿东路一进院垂花门楼外的临街小院西去，北侧有与厅房院平列的院落，院落大门为过厅形式，院落正房即"碧云斋"。穿过碧云斋即可来到西路二进院，此院仅有一北房，北房的最西间，辟为过道门，可进入西路三进院。三进院由正房、东西厢房组成。西路四进院，与东路四进院平齐，由一排北房和西厢房组成，作为储藏杂物的地方。以上便是丁廷珍时期丁家四宅的大致情况，也即是丁家四宅初期的规模，此部分的建筑布局一直沿袭至今。

2. 丁四宅鼎盛时期（图8）

丁氏家族传至第十五世丁善宝时期，丁家已经成为潍县首富，丁四宅达到鼎盛时期，总占地面积近2万平方米，房屋600余间。其中，丁善宝所继承的丁家四宅也是丁氏家族四房中最富裕的一房。当时的潍县是全国著名的纺织业中心、小商品中心和物流中心，有着"南苏州，北潍县"的说法。郑板桥曾写下诗句"三更灯火不曾收，玉脍金齑满市楼；云外清歌花外笛，潍州原是小苏州"来形容潍县的繁

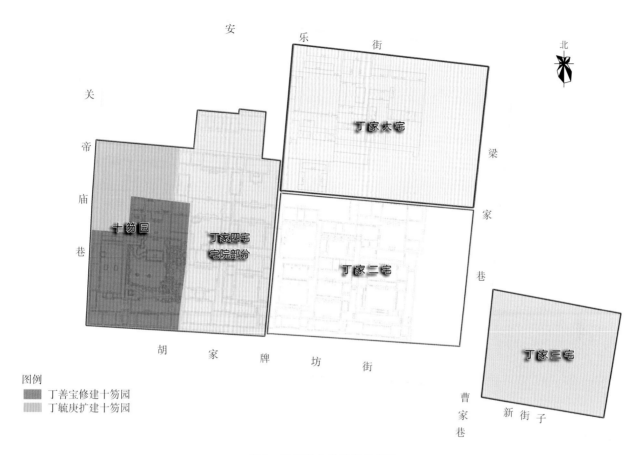

图8　丁四宅鼎盛时期示意图

华。在当地，也涌现出不少著名的文人墨客，最出名的当属乾隆年间扬州八怪之一的郑板桥，他曾在潍县做过七年县令。正是由于当时的潍坊经济发达、文化繁荣，当地的达官贵人纷纷效仿苏州、扬州，建起自己的私家园林，在这个大背景下，作为当时潍坊首富的丁善宝，便有了建造自己的私家园林的想法。于是，在光绪乙酉（1885年）孟秋，丁善宝施重金购得其住宅西邻的郭家旧宅，意在打造一处静养的典雅园林。

前有厅室，后有复室，俱颓败不可收拾。中有楼三楹，独屹立无恙。爱葺而新之，题曰砚香楼，为藏书之所。素有濂溪之好，因汰其废厅为池，置亭其上，曰四照，曰潀岚，曰小沧浪，曰稳如舟，更筑小西楼，题曰春雨楼。下绕以回廊，驾平桥，通其曲折。于池之东，叠而为山，立蔚秀亭于最高处。西望程符孤山之秀，扑人眉宇。山迤南为十笏草堂，前有隙地，杂莳花竹。西院有老屋八九间。中为深柳读书堂作家塾，旁曰秋声馆，曰静如山房，为留客下榻之处。园之东，古梧百尺，绿荫满庭，即余家居坐卧之碧云斋也。——《十笏园记》

以上是由丁善宝亲书的《十笏园记》全文，真实地记录了丁善宝购置郭家旧宅后，对郭家旧宅的改造。"十笏园"的称谓第一次在历史中出现，十笏园在当时的含义即是丁善宝由郭家购置的郭家旧宅，经重新设计改造，形成的丁家四宅的私家园林，仅是当时丁家四宅的一部分，位于丁家四宅宅院区的西侧，同时，也被称作丁家花园。

关于十笏园命名的解释目前主要有两种：其一，丁善宝在《十笏园记》中对十笏园的命名作了一种解释："以其小而易就也，署其名曰十笏园，亦以其小而名之也。"相传唐高宗时王玄策奉使到印度，过维摩居士故宅基，用笏量之，只有十笏，所以号为方丈之室（见《法苑珠林·感通篇》），后人即以"十笏"来形容小面积的建筑物。而此院面积仅二千余平方米，确是小园，丁善宝即取此意。另外民间另有一种解释，"笏"为古时大臣上朝时拿着的狭长手板，有事则记其上，备忘之用，多用玉、象牙或竹片制成，依官阶区分。"十笏"便是形容丁善宝一族乃书香门第，历代在朝为官者众。

由《十笏园记》的内容可以看出，在丁善宝购入郭家旧宅时，郭家旧宅已经衰败，但郭家旧宅的建筑布局还是依稀可见。郭家旧宅，分东、西两路建筑，以东路建筑为主。大门设在整个宅院的最南侧中部，面朝胡家牌坊街，大门两侧各有数间倒座房。东路有文献可查的有两进院落，即现在的中庭山水院落与砚香楼院落，西路有文献可查的仅有一进院落，即现在的深柳读书堂院落。从整个院落的布局和郭家全盛时期情况的推测，现在的砚香楼后院与深柳读书堂之后的两进院落，即现在的颂芬书屋院、雪庵（小书巢）院也应属于郭家旧宅的范围。另外，《十笏园记》提到的碧云斋，属于丁家四宅的宅院区，并不属于当时的十笏园。

丁善宝购入郭家旧宅之后，改造最大的便是郭家旧宅东路的一进院，也就是现在的中庭山水院落。在文献记载中，这一进院落本是郭家旧宅厅堂所在的院落，无论是从位置上还是面积上，都是郭家旧宅中最重要的院落。而丁善宝却是别出心裁，不仅打破了北方私家园林将园林作为后花园的形式，还将其改造成了一座具有江南风格的园林庭院。《潍坊文化三百年》中有着这样的记载："在这个小小的庭院中，建筑的构思巧妙，山池花树、亭台楼榭，布局严谨而不呆滞，疏密有致而多变化。站在园中，从任一角度望去，所见图像均成别具风情的景观。临街的南房，是'十笏草堂'，悬陈介祺书匾额'无数青山拜草庐'。草堂面对一片池塘，池塘东侧叠石成山，山下傍水一亭题作'漪岚亭'；山上一亭，题作'蔚秀亭'，亭内有金农画白描罗汉图，有对联曰：'小亭山绝顶，独得夕阳多。'池塘西侧，是一字游廊。游廊南端有一小亭，亭上有匾曰'小沧浪'。游廊内墙上有多幅石刻，刻的是郑板桥所画的竹石兰花及《十笏园记》池塘正北是'四照亭'（图9）。'四照亭'西有曲桥与游廊相连，东北侧则有小桥连接仿船形建筑'稳如舟'。'稳如舟'有匾有联，联曰：'山亭柳月多诗兴，水阁荷风入画图。''四照亭'后有镂空花墙和后院相隔。花墙中央是八角形空门，门上刻'鸢飞鱼跃'四字。"

山水庭院的北侧，即是砚香楼院。在改造的过程中，主人丁善宝仅保留了一座郭家旧宅的建筑，即砚香楼，在砚香楼西侧，后建小西楼，曰"春雨楼"。而后又在山水庭院的西侧院，即郭家旧宅西路一进院，重新修葺了其留下的老屋，分别命名为深柳读书堂、静如山房、秋声馆。以上大抵便是十笏园初期建成的模样，而此园林也一直保存至今。

《潍县丁氏世家研究》中记载："丁善宝在建成十

图9 十笏园中四照亭旧影

笏园后，意颇自得，认为自己中年多病，有此静穆之隅，也为下半世有了颐养天年之所。他毕竟也是文化中人，愿意与文人学士多有交往，因而达官名士、骚人墨客过潍县者，莫不以得游斯园为幸，因此留诗题咏者甚多。如康有为留诗云：'峻岭寒松荫薜萝，芳池水面立红荷。我来桑下几三宿，毕至群贤主客多。'平度诗人白永修题诗5首，其一云：'曲榭宜投钩，闲亭要举觞。园抽新笋密，池引夏荷凉。'其他诗词，也得到较高评价。但是，园主人丁善宝又担心其后世子孙不务正业，糟蹋园林声誉，遂在其自撰的《十笏园记》中说：'今与后人约：毋得藉此会匪友，毋得藉此演杂剧，毋得藉此招纳倡优、博赌，滋生事端，使泉石笑人。'潍邑学者张昭潜又为之撰《十笏园记》，并由潍县状元曹鸿勋为之书丹，从而使该园的文化层次更上一层楼。"

丁善宝在世时，因其只生一子毓春却又夭折，不得已过继了二弟善庆的长子毓庚，在他去世后，其便将丁家四宅全部传给了他过继的儿子——丁毓庚。此时的丁家四宅包括了丁廷珍创立初期的两路住宅院落和作为私家园林的十笏园，是丁四宅中最大的一处宅院。

此外，丁氏家族在此期间，整个丁氏家族，特别是丁家四宅可谓是达到了全盛时期，丁廷珍有三个儿子，即善宝、善庆、善长。兄弟三人再分家，于是丁家四宅里又分出了丁家五宅和丁家六宅，但五宅与六宅并未占据丁家四宅的老宅，五宅住东门里大街路北，六宅住南门里大街路西。由于五宅与六宅并不在现十笏园范围内，也不属于丁四宅组成部分，所以五宅与六宅不列为本次的研究对象（五宅、六宅的大致位置可见图10）。

3. 丁四宅衰败时期（图11）

当时间来到20世纪初，丁四宅开始进入了衰败期，虽然丁家三宅和丁家四宅较之前鼎盛期改变不大，但丁家大宅和丁家二宅已经衰败，部分的宅院已被后辈子孙变卖，丁四宅的规模逐渐减小。

在此时期有明确记载的仅有丁家四宅。20世纪初的丁家四宅主要由三部分组成，由丁毓庚的三个儿子继承，分别是丁锡彭继承的丁家

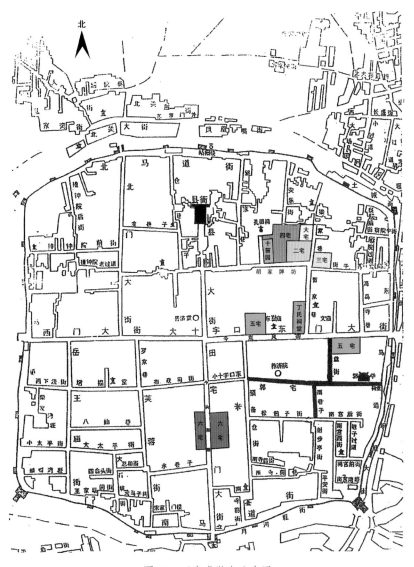

图10　丁克成世家分布图

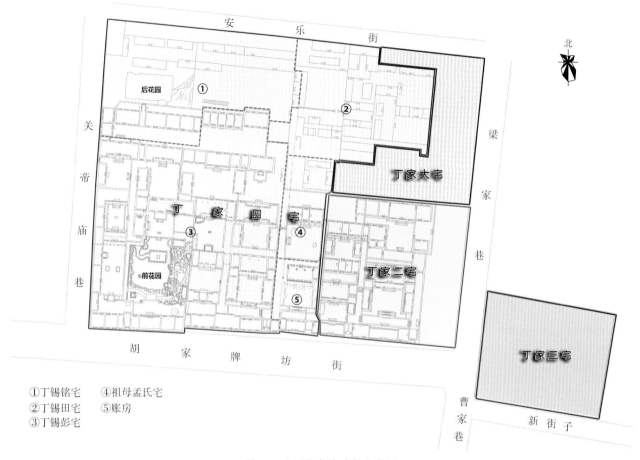

①丁锡铭宅　④祖母孟氏宅
②丁锡田宅　⑤账房
③丁锡彭宅

图 11　丁四宅衰败时期示意图

四宅的老宅，在此称为丁锡彭宅；丁锡田继承的丁家四宅老宅东北面的宅院，在此称为丁锡田宅；丁锡铭继承的丁家四宅老宅北面的宅院，在此称为丁锡铭宅。三兄弟虽然还共用一个老宅大门，但三部分宅院都有了自己的院门。进入丁家四宅老宅的大门，右手边便是一个长约 200 米的南北向过道，丁家四宅老宅的院门位于过道南端西面，其余两部分的院门均位于过道的北端。

（1）丁锡彭宅（图 12）

　　丁锡彭宅，是丁家四宅老宅院部分，是丁善宝、丁毓庚留下的丁家四宅的老宅，包括了丁廷珍创立初期的两路住宅院落和前花园（即丁善宝时期的十笏园），并且在其基础上，前花园西路深柳读书堂院北面又增加了颂芬书屋院和雪庵（小书巢）院，砚香楼院北面增加了砚香楼后院，整体布局较之前并未有太大变化。

（2）丁锡田宅（图 13）

　　丁锡田宅，位于丁家四宅老宅东北面，据推测应是购买的丁家大宅的部分宅院。院门位于过道北端的东侧。此片宅院大致可分为四路，为方便下面描述，在此将这四路分别命名为东一路、东二路、东三路及东四路。

　　东一路，由三进院落组成，本部分的院门便开在本路一进院的西墙上。由之前提到的公共过道进此门后，是一小平台，迎面和北侧都是粉墙，调头向南，下十五六阶台阶，才是院子。由此可见，这一片

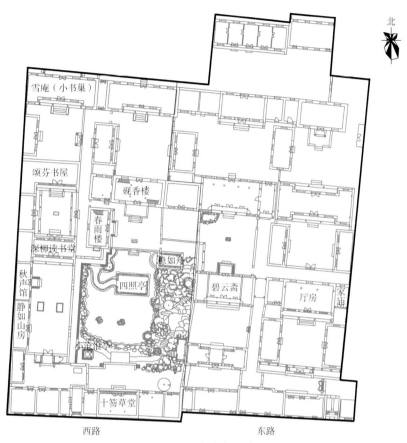

图 12 丁锡彭宅示意图

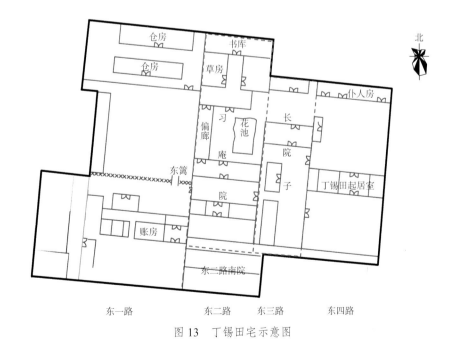

图 13 丁锡田宅示意图

宅院的院落地坪远低于丁家四宅老宅院的地坪。东一路第一进院落，是丁锡田家的账房所在。这个账房小院，和前边的那些正规的整齐的瓦房大院不同，它别有情趣。一溜五间北房，是麦秸作顶的草房。房前种有五六棵石榴。正房对面有小花圃。正房的后院，种有三四棵枣树。账房的最东边一间，劈做过道，穿堂而过，便可来到东一路的二进院。二进院在丁锡田继承之前，是一个很大的荒园，只有在南院墙的西侧留有两座旧房，一座面阔三间，另一座面阔两间。丁锡田继承之后，在这两座旧房北侧拉上了一条一人多高的篱笆，篱笆留有一个园门，门上有小匾，书有"东篱"两个隶字，意思自是取陶渊明诗。"东篱"院内，西侧堆土成小山，园的北边有一花台，花台东侧，开一小门，通向东一路三进院。三进院内有南北两排房子，作为存粮的粮仓。

东二路，由两座不相通的院落组成，可分为南、北院。东二路南院，与东一路一进院平齐，院门位于东一路一进院的东南角。院内只有一座面阔五间的北房，整个院落被一道小门相隔为里外两个小院子。本院落北侧有一东西向过道，与东二路北院隔开。东一路二进院东篱院的篱笆外东头，过一道门，为东二路的北院，这是丁锡田书房"习庵"的所在地，所以也被称为"习庵院"，由三进院落组成。第一进院的北房是一座三开间的草庐，即习庵。习庵门前搭一小门楼，门楼两侧两窗前，各用矮花墙围成两个花池。习庵对面设一座三开间的南屋作为客房。习庵有后门，东侧有后窗，西侧开一小门，通后室。这里的后室，是沿西墙修成的东向的廊房。廊房成窄长状，东边设大窗，以便采光，西边设高窗，高窗外便是东篱院。廊房的东侧，劈出一块空地，作为一处小花园，做休息之用。廊房北头设一小门，进去便是一座三开间的正房，即习庵后的第二进院的正房。原为丁锡田的工作室。它的前门与习庵后门相对，两排房屋间正好成一院落，院子中央矮花墙围一花池。习庵二进院的正房也是穿堂形式，出其后门又是甬道式的廊房，衔接第三进院正房。廊房两侧全是玻璃窗；廊外东西各有一小院，可以从廊房两侧的小门出去。第三进院的正房用作藏书使用。以上三座正房，加两个南北走向的廊房所组成的书斋，也被当时的丁家人整个叫作"习庵"。

从习庵一进院穿过，进东边的门，再穿过一过道门，便到了丁锡田家住室的外院，即东三路院落。院子狭而长，当时的丁家人叫它"长院子"。"长院子"分为前后两进院，前院西侧设一排比较矮小的平房，作为储物室，北面有一座四开间的北房，作为客房。穿过客房，便可来到后院，后院仅有一座三开间北房，也作为储物室使用。

"长院子"前院东墙上开有两个门，南边的门通向丁锡田住室的前院，北边的门通向住室的后院，此前后两进院落组成了东四路。东四路的前院，为丁锡田家住室的所在。由"长院子"前院南门进入，迎面是一座影壁，绕过影壁，便是花木葱茏的小院。院子的西边，檐墙砌了小小的假山，比墙头略高些。假山下，北侧的一大架茂密的藤萝，南侧是一棵高大的古柏。此院的正房，便是丁锡田一家居住的地方，面阔七间，前门开向正南，有一门亭；门亭下约有两平方米的地方，门亭外侧的两柱上有木制的对联。整个院子除了种植花草的地方，都是用不规整的青石铺设的地面。院墙的墙头留有尺把高的用瓦砌的花墙。住室的后院，比前院小些，北边有一排较矮的平房，供丁家的女仆居住。

此部分宅院现已完全消失。

（3）丁锡铭宅（图14）

丁锡铭宅，位于丁家四宅老宅北面，据推测应是丁善宝、丁毓庚时期购买的部分邻居家的房产。院

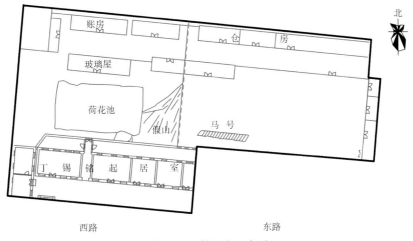

图 14　丁锡铭宅示意图

门位于过道北端的西侧。此片宅院大致可分为二路，为方便下面描述，在此将这二路分别命名为西路、东路。

沿丁家四宅老宅的过道一直向北，它的尽头处有面影壁，影壁的西侧，便是丁锡铭宅的院门。由此门进入，便来到丁锡铭宅的东路。东路仅有一个大院，是马号。马号北面，有一排平房，是存放粮食的粮仓。穿过马号，再穿过粮仓的狭长院子西去，便进入丁锡铭家居住的院落，也是此宅院的西路。这一路院落的主体是个本与十笏园相通的又一个花园；当年的丁家人把十笏园叫作前花园，而把它叫作后花园。这个后花园，没有精心设计，没有亭台楼阁、回廊曲桥的建筑，但是有假山，有荷池，有树木花草，有些不规整的野趣，面积也比前花园大些。花园北侧，是一座平房，前后都有很敞亮的大玻璃窗，丁家人便把它叫作玻璃屋。玻璃屋北，还有一院，也有一排北房，为丁锡铭家账房先生居住。后花园南边，有东西两个院落，每个院落各设一座北房一座厢房，是丁锡铭家居住的地方。这两个院落南墙外，即十笏园的小书巢和砚香楼后院。同丁锡田宅情况相同，此部分宅院目前也已消失。

（4）其他

以上三部分宅院，便是文献资料中这一时期比较明确的丁家四宅的宅院情况，此外，还有两处院落，根据相关资料的记载，其所有权还是有一定争议的。这两处宅院均位于丁锡田宅东一路的正南方，南北向布置。

南侧的院子，设正房一座，面阔三间；东耳房一座，面阔一间；东、西厢房，各面阔三间；垂花门楼一座。因占地面积受到局限，两厢房实际是假的，即只有门窗，里边却是有两三尺宽，只能堆放些扫帚、簸箕之类的用具。此外，门楼外是狭长的院子和一排南房，亦即临街房。根据丁伟志（丁家后人。丁锡田之子，丁毓康之孙。曾任《中国社会科学》杂志社总编辑、中国社会科学出版社总编辑）先生回忆："这座院落当时是由管家的总账房占用，原本是丁家四宅老宅的账房，可是分家后，便只管长支和两位祖母家的财务，其余两家的财务，他们就不管了。"

账房院落北面的院子，是一个二进院形式的院落。院落大门开在一进院西院墙的中部，进门是屏门。

一进院仅设一座五开间的正房,正房后面是这座院落的二进院,有面阔三间的正房一座、东、西两厢。这两进院子,根据丁伟志先生回忆,抗战前为祖母孟氏(丁毓庚继室)所住。

这两处院落根据丁伟志先生回忆的内容,可以推测出在当时,这两处院落也应属于丁家四宅,但不属于丁家四宅的老宅。此二处宅院目前全部保留,且院落布局并未有大的改动。

(三)十笏园(图15)

随着新中国的建立,新的社会制度与经济制度也随之产生,丁四宅又迎来了一段全新的时期。这个时期的丁家已经完全衰败,再也不复潍县首富的辉煌,大多数的丁氏子孙都变卖了家产,另谋出路,自此,丁四宅与丁氏世家逐渐分离,丁四宅的称号也逐渐不被人提起。丁四宅的部分宅院或被居住在其附近的人们占为私房,或被一些机关单位占用,经过几十年的不断翻修与改造,这部分宅院已渐渐地消失在历史的长河中。当2002年山东省文物科技保护中心的技术人员现场勘察的时候,在上一部分中提到的丁家四宅中的丁锡田宅、丁锡铭宅大部分及丁家大宅、三宅已经消失,丁四宅所剩面积不足7000平方米,仅占鼎盛时期的三分之一左右,取而代之的是一座座单位宿舍楼,而保存下的部分丁家二宅宅院,也已严重损坏,自然倒塌和人为拆改现象时有发生,唯有丁家四宅的老宅院,相对完整地保存了下来,其布局并未有太大改变。

图15 十笏园示意图

　　虽然在新中国成立初期文物保护的理念还没有如今完善，但当地政府部门对丁四宅的保护还是相当重视，早在 1958 年，潍坊市便以十笏园的名称，公布了其为文物保护单位，自此，十笏园这个称呼在历史上第二次出现，其内涵也发生了改变，它不再仅仅是指丁家四宅的一个花园，而是代表着 1949 年后所有残存下来的丁四宅古建筑群。此后，十笏园的名称便一直沿用至今。

　　如今，在当地政府及有关部门的帮助下，通过文物保护设计、施工人员的共同努力，十笏园这个已经经历了数百年沧桑的老宅院，又焕发了青春。修缮后的十笏园，主要包括了丁家四宅的老宅和丁家二宅的一部分，总占地面积 9000 平方米。在这 9000 平方米的宅院中，共分两大部分，一部分是丁家四宅老宅的前花园，现称为丁家花园；剩余的部分，称为丁氏故居。在修缮过程中，丁家花园、丁氏故居两部分均最大限度地保持了丁四宅时期的院落布局形式。

第二章 十笏园布局与特色

第一节 十笏园布局

一 整体布局

十笏园建筑群轴线明确，由西向东有七条平行的南北向轴线，每条轴线上布置四进或三进院落，是典型的北方院落布局，正房和耳房坐北朝南，与东西两侧厢房组合为矩形的北方合院样式，但像典型、完整的四合院却极为少见，各院落布置整齐。十笏园中丁家花园布置于西侧的两条轴线上，由西向东依次将各轴线命名为西路和中路（由图16，十笏园的七路建筑以中心山水庭院所在的轴线为十笏园的中

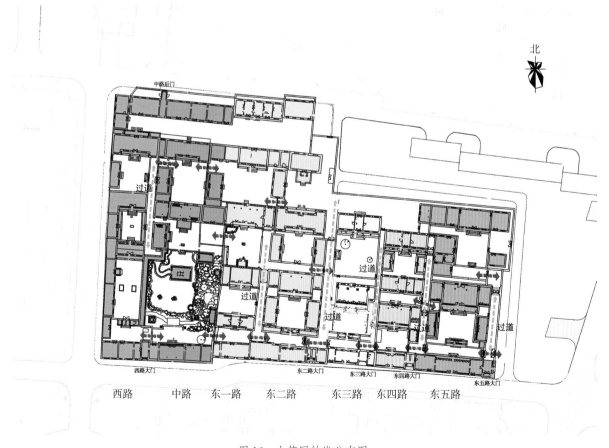

图16 十笏园轴线分布图

路），总占地面积 2600 平方米，约占十笏园总占地面积的四分之一；十笏园丁氏故居于东部的五条轴线依次布置展开，由西向东依次将其命名为东一路、东二路、东三路、东四路与东五路，总占地面积 6400 平方米，约占十笏园总占地面积的四分之三。

十笏园除有七条南北轴线，在南边还有一条东西向的轴线，在此轴线上，分布着一排临街建筑，作为佣人看守宅院的居住房屋，并且将街道与住宅院落分离，创造出一个安静的院内居住环境。从现在的十笏园总体平面上推测，北边应还有一条贯通东西的轴线与南边轴线对应，也同样分布着一排临街建筑，作为宅内与外界的隔离带，但因后来多次的人为改造，此轴线仅在现十笏园的西北角保存了一部分，其余部分已经无从考证（图 16）。

二 丁家花园布局（图17）

丁家花园分布在十笏园西侧两条轴线上，每条轴线上均布置三进院落，其中面积最大的院落为中路一进院，占地面积 840 平方米；最小的院落是西路二进院，占地面积仅 195 平方米。

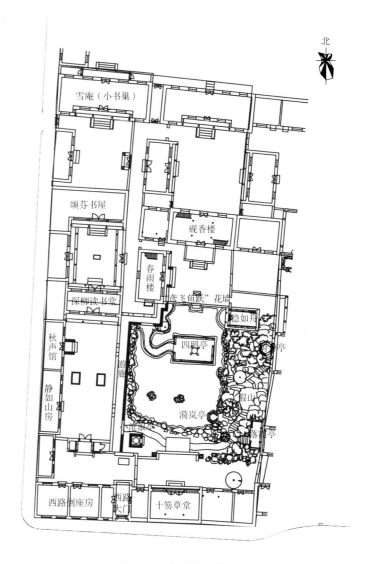

图 17　丁家花园示意图

十笏园将具有南方特色的园林置于北方传统的合院式建筑群中，使丁家花园总体上保留了统一的轴线式布局，与此同时，又将山水、亭廊点缀于轴线周围，打破了原本死板的轴线对称式布局。

丁家花园在丁善宝购得之前，作为郭氏旧宅期间，有独立的大门入口，面朝胡家牌坊街，位于西路与中路倒座之间，入门迎面是影壁墙，影壁前立太湖石，作为入园的标志。在丁善宝购得之后，此处大门虽仍然被保留，但却极少使用。现在园林部分与民居部分共用同一大门，位于东二路与东三路倒座之间，面朝胡家牌坊街。

丁家花园的两路建筑中，中路为其精华所在，共三进院落，一进院为中心山水庭院，二进院为砚香楼院，三进院为砚香楼后院。其中，中心山水庭院为此路的核心。庭院以坐落在湖中的四照亭为中心，东侧堆砌假山，山顶设蔚秀亭、落霞亭，山脚设漪岚亭和稳如舟等亭舍，特别是稳如舟大部分隐于东北山体之后，仅露出状如船头的部分，给安逸的庭院加入了动态的意境，仿佛一叶扁舟由远及近，呼之欲出。四照亭的西侧湖边设折尺形游廊，游廊南侧直通西路院落，北侧连接砚香楼院落，中部以曲桥连接四照亭。中心湖西南角设小沧浪亭，南面为十笏草堂。砚香楼院共有四座单体建筑，分别为：正房砚香楼，砚香楼东、西耳房及西厢房春雨楼。砚香楼院仅设西厢而无东厢，西耳房为两间式而东耳房为三间式，打破了北方传统的四合院对称形式，使整个院落布局更加灵活，富有动感。穿过砚香楼，便是砚香楼后院。砚香楼后院平面布局为典型的北方三合院形式，北面设正房，正房两侧对称设东西厢房，空间形态方正、严谨、大方。整个中路建筑以十笏草堂—四照亭—砚香楼—砚香楼后院正房为主线，建筑高度先降后升，至砚香楼后又降低，突出这一主体建筑。园林内回廊曲折蜿蜒，石驳岸自由灵活，亭榭低矮轻盈，无不透露出当时设计者的独具匠心。

西路轴线上院落分布较为疏朗，布置相对规整，共三进院落，由南门进入，主轴线上从南向北依次为"穿堂门、深柳读书堂、颂芬书屋、雪庵（小书巢）"等建筑。其中颂芬书屋与中路的砚香楼齐平，雪庵（小书巢）与中路砚香楼后院的正房齐平。西路的建筑主要作为家塾和客房，由东侧的游廊将其与山水庭院分隔，通过游廊的什锦窗，既可以领略到山水庭院的美景，又因游廊起到了隔离带的作用，为西路宅院营造了一个相对宁静的休憩空间。

三　丁氏故居布局（图18）

十笏园丁氏故居分布在十笏园东侧五条轴线上，其中东一路布置三进院落，东二路布置三进院落，东三、东四、东五路每条轴线上均布置二进院落，共十二个院落。东一路、东二路位于十笏园大门西侧，

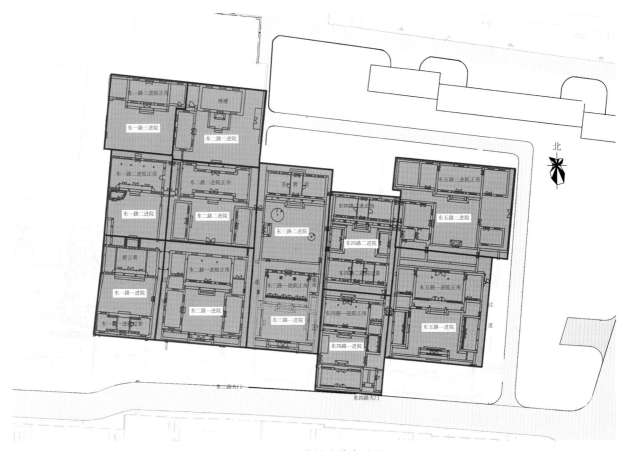

图18　丁氏故居院落布置图

其余三路位于大门东侧。其中面积最大的院落为东五路一进院，占地面积 383.74 平方米；最小的院落是东三路一进院，占地面积 247.85 平方米。院落与院落一般相对独立，由纵横向的过道相互联系。每个院落的正房后一般都留有一个狭长的过道，以便储藏杂物。多数院内种植石榴树、松树、柿子树等，还有的院落内设置花台、盆景，充满生活情趣。丁氏宅院的各院落总体为棋盘式布置，空间序列整齐，这种布局既是封建宗族尊卑等级的具体体现，又能满足封建大家族不断外扩的需要。

丁氏故居的各路院落具体情况如下：

东一路一进院和二进院是相连的两进院落，为"碧云斋"院及后院。"碧云斋"院由正房和过堂两座建筑组成，无东、西厢房，东院墙中部设便门，与院落之间的过道联通。院落占地面积 250.87 平方米，院落中总建筑面积 142.55 平方米，约占整个院落占地面积的 57%。正房名曰"碧云斋"，是园主人丁善宝的起居室，面阔五间，但明间面阔却只有 2.7 米，显然建筑规模受到了空间的约束。在碧云斋东梢间前设凉棚，棚下有石桌石凳，供主人休闲使用。院内通向正房的地面铺设甬路，甬路用青条石斜墁，其余院落地面为条砖加鹅卵石铺墁。穿过碧云斋，便可来到后院。后院占地面积 248.13 平方米，本院只设一房一廊，总建筑面积 104.67 平方米，约占整个院落占地面积的 42%，留出了大片院落活动空间，院子中心布置小竹林，院子的西北角设小池塘。

东一路三进院，北面设正房，正房两侧对称设东西耳房，无厢房（在本次修缮过程中，曾在本院发现西厢房的基础，但因目前对此西厢房的资料不足，所以在本次修缮中并未对其进行复原）。院落占地面积 289.98 平方米，院落中总建筑面积 106.4 平方米，约占整个院落占地面积的 37%。院内通向正房的地面铺设甬路，甬路用青方砖斜墁，方砖尺寸 360 毫米 ×360 毫米 ×60 毫米，其余院落地面为条砖铺墁，局部用板瓦及鹅卵石做装饰。

东二路一进院，整个院落由八座建筑组成，院落占地面积 354.55 平方米，院落中总建筑面积 247.26 平方米，约占整个院落占地面积的 70%。本院的正房为厅房，是主人会客的场所，东耳房用做家庙，供奉先人。院内通向正房、东西厢房的地面均铺设甬路，甬路用青方砖斜墁，方砖尺寸 360 毫米 ×360 毫米 ×60 毫米；其余院落地面为条砖"卍"字面铺墁。

东二路二进院，整个院落由四座建筑组成，院落占地面积 299.27 平方米，院落中总建筑面积 200.81 平方米，约占整个院落占地面积的 67%。院落的宽度为正房的通面阔宽度，东、西厢房相距 9.8 米，将正房南立面的明间、东西次间全部露出，保证了正房的采光，同时，又对两梢间进行了有效的遮挡，保证了居住人起居隐私。在院落建筑高度方面，院门高 3.67 米，厢房高 5.89 米，正房高 8.17 米，建筑高度逐渐升高，突出正房在整个院落的主导地位。院内地面方砖铺墁，方砖尺寸 360 毫米 ×360 毫米 ×60 毫米。院落正中种植松树一棵。

东二路三进院，现存已不完整，仅剩西厢房、西耳房及正房（绣楼），原先的院门、院墙已全部缺失。据推算，原院落占地面积约为 219.76 平方米。本院落的正房为绣楼，是十笏园内仅有的三个二层楼阁式建筑之一，建筑高度 9.24 米，建筑面积 178.44 平方米，为未出阁的小姐居住。院内通向绣楼的地面铺设甬路，甬路为青方砖十字缝铺墁，方砖尺寸 360 毫米 ×360 毫米 ×60 毫米。

东三路一进院和二进院是相连的两进院落。两进院落由九座建筑组成，前院院落占地面积 247.85 平方米，院落中总建筑面积 142.75 平方米，约占整个院落占地面积的 58%，院落布局相对疏朗；后院

280.33 平方米，院落中总建筑面积 95.56 平方米，约占整个院落占地面积的 34%，院落布局比较空旷。前院正房原为丁家账房的所在地，东耳房作为银库使用，后院作为住宅使用。前院的东、西厢房相距 10.2 米，既将正房南立面全部露出，保证了正房的采光，又巧妙地用东厢房将作为银库的东耳房有效遮挡，保证其安全。在院落建筑高度方面，一进院大门高 5.67 米，厢房高 4.1 米，正房高 7.88 米，二进院正房高 7.17 米，建筑高度由低到高，而后又降低，突出一进院的正房在整个院落的主导地位，即一进院正房为此路的主体建筑。一进院院内通向正房、东西厢房的地面均铺设甬路，甬路用青条石铺墁，条石尺寸 800 毫米 ×400 毫米 ×100 毫米；其余院落地面为条砖"卍"字面铺墁。二进院通向正房、垂花门的地面均铺设甬路，甬路用青石板铺墁，青石板尺寸 600 毫米 ×300 毫米 ×80 毫米；其余院落地面为条砖"卍"字面铺墁。

东四路一进院，整个院落由五座建筑组成，院落占地面积 277.1 平方米，院落中总建筑面积 181.11 平方米，约占整个院落占地面积的 65%，院落布局相对疏朗。本院的大门设在院落的东南角，正对大门的是设在东厢房南山墙上的影壁，作为进入院落的过渡空间，而后经过道门才能进去院内，院内西厢房位置设一戏台。在院落的宽度方面，正房的通面阔加东耳房宽即为院落的总宽度，东厢房的前檐墙与正房的东山墙齐平，保证了正房的采光。在院落建筑高度方面，大门高 6.35 米，厢房高 4.67 米，正房高 6.69 米，建筑高度由高到低，而后又增加，以此突出正房在整个院落的主导地位。院内通向正房及东西过道门的方向设甬路，通向正房的甬路由青石板铺砌，青石板尺寸 600 毫米 ×300 毫米 ×60 毫米；通向东西过道门的甬路由方砖铺砌，方砖尺寸 400 毫米 ×400 毫米 ×60 毫米；其余院落地面为条砖"卍"字面铺墁。

东四路二进院，整个院落由四座建筑组成，院落占地面积 264.8 平方米，院落中总建筑面积 187.88 平方米，约占整个院落占地面积的 71%，院落布局相对紧凑。本院的正房、东西厢房均用作住宅。院落的宽度为正房的通面阔宽度，东、西厢房相距 7.9 米，将正房南立面的明间、东西次间全部露出，保证了正房的采光，同时，又对两梢间进行了有效的遮挡，保证了居住人起居隐私。在院落建筑高度方面，穿堂高 6.15 米，东厢房高 4.6 米，西厢房 4.35 米，正房高 6.62 米，建筑高度由高到低，而后又增加，突出正房在整个院落的主导地位。院落地面为条砖"卍"字面铺墁，条砖尺寸 280 毫米 ×140 毫米 ×70 毫米。

东五路一进院，整个院落由六座建筑组成，院落占地面积 383.74 平方米，是现存丁氏故居占地面积最大的院落，院落中总建筑面积 221.99 平方米，约占整个院落占地面积的 58%，院落布局较疏朗。本院的正房、东西厢房均用作住宅。院落的宽度为正房的通面阔加两耳房的宽度，东、西厢房相距 12.3 米，将正房南立面全部露出，最大限度地保证了正房的采光。在院落建筑高度方面，大门高 5.7 米，厢房高 6.2 米，正房高 8.53 米，建筑高度由高到低，而后又增加，突出正房在整个院落的主导地位。院内通向正房、东西厢房的地面均铺设甬路，甬路用青条石铺墁，剩余地面铺装为拐子锦，局部鹅卵石花纹铺地装饰。

东五路二进院，由主院和东跨院组成，主院落由四座建筑组成，东跨院由二座建筑组成，主院院落占地面积 337 平方米，院落中总建筑面积 181.83 平方米，约占整个院落占地面积的 54%；东跨院院落占地面积 130.63 平方米，院落中总建筑面积 60.6 平方米，约占整个院落占地面积的 46%。两院的院落布局均较为疏朗。本院的正房、东西厢房均用作住宅。主院落的西厢房前檐墙与正房的西厢房齐平，将正房南立面全部露出，保证了正房的采光。在院落建筑高度方面，依旧是南低北高的模式，主院的正房为全院的最高点，东跨院虽然仅有二座建筑，但北屋高 6.35 米，南屋高 5.6 米，在跨院中依然有着严谨的等级观念。院内通向正房、西厢房的地面均铺设甬路，甬路为条砖"卍"字纹铺设，鹅卵石装饰，其他地面铺装为条砖十字缝。

第二节 十笏园特点

一 丁家花园

（一）南北兼具的布局形式

由十笏园的变迁一节可知，丁家花园实际为郭家旧宅改造而来，所以在整体布局上，丁家花园的院落布置还是具有传统北方宅院的布局特点，空间形态方正，布局规整、严谨，体现出大宅的气度和风范，富丽而典雅，这一点与江南园林的空间布局大相径庭。丁家花园内的院落均为合院形式，这种院落形式和院落与院落的组合方式多出现在北京、河北及山东等北方地区传统府邸园林之中。具体说来，丁家花园是由中路、西路两路各三进院落组合而成，除东路一进院的山水中心庭院之外，其余皆为矩形合院。这样以相同形状，不同方式布置的院落相互连接、串联，形成了以坐落在中路轴线上的山水中心庭院为重点，各庭院规则分布的模式（图 19~22）。

图 19 中心山水庭院游廊、平桥及四照亭

丁家花园的设计重点为中路的一进院及二进院，即中心山水庭院和砚香楼院。在十笏园变迁章节中，我们介绍过，如今的中心山水庭院在作为郭家宅院的时期，实际为郭家前堂院落。在丁善宝购入之后，便将这个院落改造成了山水庭院，将之前的前堂拆除，并在前堂的位置开辟了一处池塘，在拆除的过程中，保留了在前堂后的"复室"台基，在此台基上修建了四照亭，同时保留了池塘南侧的倒座房（十笏草堂）和砚香楼院的正房（砚香楼）。由此可以看出，虽然大多数园林是没有轴线的（少数北方皇家园林除外），但丁家花园却是一个例外，由十笏草堂—四照亭—砚香楼组成的一线，还是可以作为一条隐形的轴线。只不过当时的设计者，在建造时独具匠心，模仿江南私家园林的做法，将其余园林建筑围绕园中特有的轴线，高低错落地散置于山水之间，使整个庭院布局灵巧，层次丰富，毫无轴线呆板之感，正暗合《园冶》中所提到的："世之兴造，专主鸠匠，独不闻三分匠、七分主人之谚乎？"

图20 中心山水庭院太湖石，上书"十笏园"

（二）南北结合的建筑风格

丁家花园中的园林建筑，无论是四照亭、漪岚亭还是游廊、蔚秀亭，屋顶的起翘都较为平缓，舍去了南方园林建筑飘逸的翘角，增加了建筑内敛、稳重的气质，其中的四照亭，在建筑装饰中启用了一斗三升的斗栱，这些均为北方园林建筑的典型特征。在建筑整体为北方特色的前提下，造园者又在建筑的其他部位添加了江南园林的元素，如四照亭的美人靠蜿蜒柔和，游廊木构架上的苏式彩绘生动活泼，曲桥的栏杆低矮轻盈，使南北方的建筑特色完美地结合在一起。

（三）对苏州园林山、水营造的继承（本节部分内容节选自《潍坊十笏园的园林空间尺度研究》高洁）（图23、24）

1.掇山
山体是园林设计中的骨架，能支撑起整个空间，在人工营造园林时，如果没有天然的山石做背景，

图 21　四照亭

图 22　中心山水庭院西侧小沧浪亭和游廊

既用"置石"的设计手法来模仿自然中的景色，园林中称之为"假山"。在古典园林中"置石"的方法在清代已经较为普遍，"假山"广泛存在于私家园林中。假山石可以在有限的空间内模拟出自然山石的形态和气势，浓缩它们的精华，既能表现出其自然的一面，又可以展现出丰富的视觉效果及文学内涵。

中心山水庭院中假山的设计遵循苏州园林的普遍做法，按照空间的大小，在不同的院落布置了尺度合宜、形式各异的假山。在规模较小的院落中，常采用单独置石的方式，孤峰独立，以少胜多，以期发挥点景或障景的作用，比如西路第二进庭院在中央设立台基，上置太湖石，强调了空间的聚合感，又提升了庭院空间的文化品位，与南北两侧的书房协调统一；在规模较大的中心山水庭院中，利用山石堆叠登道，拾级而上，尽头处又设洞壑，给人以深邃之感。

经过实测，中心山水庭院假山的调查数据大致为：山体最大高度 5.2 米，加建筑后最高处为蔚秀亭顶端 9.33 米，聊避风雨亭的顶端为第二高点 6.68 米，总占地面积 143.4 平方米，东西最长距离为 7.4 米，南北最长距离 27.4 米，周长为 81.2 米。

中心山水庭院将假山设计在东侧，依碧云斋院的西墙而建。《十笏园记》记载："……姻家刘雁臣又赠以旧石，于池之东，叠而为山……"做法类似于《园冶》中提及的峭壁山："峭壁山者，靠壁理也。借以粉壁为纸，以石为绘也。理者相石皴纹，仿古人笔意，植黄山松柏、古梅、美竹，收之圆窗，宛然镜游也。"峭壁山是将山体的一侧或两侧靠墙布置，利用墙体把山石堆高，既能节省空间，又表现出高耸挺拔的效果。假山映衬在墙面上，好像以白墙为纸，以山石作画，掇叠时根据石头的纹理用绘画的皴法，

图 23　漪岚亭、聊避风雨亭、蔚秀亭高低错落

图 24　中心山水庭院东侧假山

仿效古人绘画的笔意，并且于石上栽植造型俊秀的花木，隔窗望去仿佛画景一般。由上文可知山体面积约占中心山水空间（490 平方米）的二分之一，仅为主院落景观空间（840 平方米）的四分之一，而它能塑造出如此高耸的空间感主要便是因为其利用了峭壁山的堆叠方式。

山的主峰高 5.2 米，是中心山水空间的最高点，其上建有蔚秀亭，登亭可将全园景致尽收眼底，还可远眺城外孤山和程符山。最高点与假山北侧远端距离 9.2 米，与最南端距离 18.2 米，两者呈两倍的关系，且最高点正处于假山南北端的黄金分割点上，这应该不是巧合。同时，假山上蔚秀亭最高点的高度也是 9.2 米，与其相吻合，应是造园者有意而为之。这就是此假山当时设计时所遵循的比例。整体来看，山势北坡陡峻而南坡舒缓，山脊沿水池东岸逶迤而下，山中蹬道蜿蜒起伏，趣味无穷。山体东面依墙堆高，直至南端高度仍然有 3.1 米，其上建聊避风雨亭，形成了山上另一高点，亦能俯赏全园，遥望孤山。与此同时，园主还利用聊避风雨亭下 3 米左右高度的假山一侧凿出洞壑，辟之为冰窖，人行至入口会感觉其内幽深莫测，似别有洞天（图 25）。

2. 理水

中国传统园林造景所运用的重要手段一个是掇山，另一个便是理水。古人曰："造园必水，无水难园。"水是大自然的景观之一，可以呈现多种多样的形态。在中国古典园林设计中常采用不规则的平面形式，以点缀富有自然情趣和文学意境的园林风景。水体在园林中按布局可分为集中与分散两种，一般在较小的庭院内修造集中而静止的水面，使整个园林看起来更加开阔；在大、中型庭院，多布置分散的水系，可

图 25 冰窖入口

以给人水路萦回、不可穷尽的感觉。

如果说上一部分提到的假山支撑起了整个山水庭院的脊梁，那么这一池碧水则可以说是全园景观的中心。水体的形态要与园林的整体布局相适应，中心山水庭院的水面采用集中用水的方法，将水面设计在庭院偏西的一侧，为东侧的假山留出空间。水池的面积大约占去了园中山水空间的三分之二，比假山的占地面积大了近一倍。水池东西驳岸自由，水面最宽处 17 米，最窄处 8 米；南北驳岸平直，宽度为 19 米左右，在整体上呈近长方形的曲岸形式。池南岸与十笏草堂之间相隔约 10 米，水体面积相对较大，约为池水的三分之一，是十笏草堂前院开敞空间的延伸，视野广阔，可饱览水岸风光；北端横列漏墙，形为云墙，墙上有一八角异形门，其后为砚香楼、春雨楼建筑组群，水边距砚香楼 9.8 米，与十笏草堂前院进深大致相等，而此处因设漏墙，仿佛东侧山石的延续，阻碍了自水池探来的视线，如此一来，漏墙便成为从南向北观赏水体景观时的背景，于池南隔水望去，隐约可以看见砚香楼院中心太湖石和零散的花木，风景绝佳。西侧游廊离驳岸约有半米的距离，行走其间，如置身水中，山石池水之景遂即扑入眉宇。

池中略偏北建有四照亭，为三开间水榭，用曲桥与岸相连，四面临水，且均设美人靠座凳，可以于此环览四周景色，是山水庭院的构图中心。这种处理手法一般常见于大园，因为水体占的面积很大，为了打破水面的单调性，往往会用小岛或假山分隔较大的水面，这样能使整体看上富有变化，如拙政园的中岛。四照亭与池北岸距离 5.4 米，与南岸距离 10.1 米，而拙政园中，中岛北端距水体北岸 8.3 米，距南岸 5.3 米，通过计算，两处与南北两岸距离之比大约均为 1∶2，而从上文中提及的黄金分割点的角度来看，拙政园中岛的位置更接近于黄金分割点的位置，在此项设计中，似乎更胜一筹，但考虑到丁家花园是依旧宅改造而来，能做到如此，更属不易。

由以上可以看出丁家花园的造园者深得江南私家园林山、水的营造手法和造园理念，经过自己的理解与加工，创造出了独具北方特色的苏州式私家园林。

（四）袖珍园林

丁家花园，占地面积仅 2600 平方米，不到十笏园总面积的三分之一，主体景观院落面积 840 平方米，其中山水空间占 490 平方米。在私家园林的营建方面，为了使空间更为开阔，其建筑的尺度一般比皇家园林中建筑的尺寸小很多。而丁家花园曾以十笏为名，寓意其小，更是以小取胜。作为规模更小的私家园林，为了保持古典园林中丰富的层次变化，园中各要素尺寸整体再被缩小，比江南的私家园林还要小，绝对称得上袖珍版的私家园林。

在园林设计中，建筑的体量要与环境相适应，尺寸大小随着环境的具体情况而定。一般情况下，地面越广阔，可视距离越远，环境容量越大，建筑的体量就会随之增加；反过来说，如果地形狭窄陡峭，视距会拉近，环境容量也会相应变小，建筑的体量也就应该适当缩小，否则建筑与环境的不协调，将破坏园林风景中的景致。所以，在丁家花园中便相应存在着许多袖珍版的园林建筑：

漪岚亭，位于水池东南角水中，南接池岸，边长 76.10 厘米，面积仅 2.30 平方米，檐高 2.14 米，总高 3.37 米，为十笏园中体量最小的单体建筑。10 号筒瓦屋面，宝顶呈宝瓜状；椽径 45 毫米 ×50 毫米，椽距 150 毫米；檐柱六根，柱径 130 毫米。

小沧浪亭，为四角攒尖草亭，位于水池西南岸，边长 1.85 米，面积 4.5 平方米，檐高 2.5 米，总高 3.5 米；柱子取四根自然树干稍作加工而成，柱头上平板枋和荷叶墩支撑檐檩，角梁与雷公柱相交支撑起屋顶；茅草屋面，草顶高宽比为 1:3，用麦草做成，宝顶为素方头。

蔚秀亭，为正六角攒尖亭，位于假山山顶。边长 87 厘米，面积 3.31 平方米，檐高 2.43 米，总高 3.98 米。10 号布瓦筒瓦屋面。六根由戗与雷公柱相交，构成屋架。椽径 45 毫米 ×50 毫米，椽距 100 毫米；檐柱六根，柱径 120 毫米。

单独仅看以上三座亭子的具体数据，或许只是觉得体量偏小，在此，我们选几处其他私家园林的亭子，对比一下相应的尺寸：

网师园的月到风来亭面积 13.4 平方米，是小沧浪亭面积的 3 倍，蔚秀亭面积的 4 倍，漪岚亭面积的 5.8 倍。

留园的濠濮亭面积 9 平方米，是小沧浪亭面积的 2 倍，蔚秀亭面积的 2.7 倍，漪岚亭面积的 4 倍。

除此之外，砚香楼、春雨楼和十笏草堂的占地面积约为 40 平方米至 50 平方米。而在江南私家园林中类似建筑的体量相对来说则大很多，像拙政园的远香堂用地为 170 平方米，艺圃的博雅堂占地面积 161 平方米，大约是丁家花园中厅堂单体占地面积的三倍。艺圃园中的响月廊开间和进深分别为 5.25 米和 2.62 米，比丁家花园中游廊的尺寸要大一倍左右。

通过以上对比数据，可以看出丁家花园中的建筑体量称之为袖珍绝不为过，而正因为它们的建造体量如此之小，反而更能与园林狭小的空间相协调，从而创造出了江北首屈一指的微型私家园林。

二 丁氏故居

如前一部分所介绍，丁氏故居现在的范围是十笏园东一、东二、东三、东四、东五路及丁家花园北侧的一排平房，现存较完整的院落共有 9 个，其中一进院落 7 个，二进院落 2 个。

（一）平面布局特点

山东民居在总体布局方面，受儒家思想的影响，遵礼制，建筑布局中规中矩，尊卑分明，主次有序，特别是大门大户的宅院，中轴线作用明显，并且强调左右对称。丁氏故居，作为鲁中地区代表性的民居宅院，其在总体布局中，具有明显的轴线式特点，但部分院落却并不拘泥于严格对称，布局相对灵活。

丁氏故居现存较完整的9个院落依次分布在东一、东二、东三、东四、东五路上，此五路建筑均有一条明显的中轴线，并且每个院落中的主体建筑均坐落于此条中轴线上，如：东一路中轴线上由南向北依次坐落有一进院过堂→碧云斋→二进院正房→三进院正房；东二路中轴线上由南向北依次坐落有一进院垂花门→厅房→二进院正房→绣楼（绣楼院虽已不完整，但还是可明显地看出绣楼在此院的主体地位）；东三路中轴线上由南向北依次坐落有一进院垂花门→一进院正房→芙蓉居；东四路中轴线上由南向北依次坐落有倒座房→一进院正房→二进院穿堂→二进院正房；东五路中轴线上由南向北依次坐落有一进院垂花门→一进院正房→二进院正房。带有强大聚合力的"中轴线"，代表着当时中国封建社会的道德观和封建礼俗，不仅使每一路的建筑聚合在一起，更是将宅院中的人紧紧联系在一起，通过这种平行式的中轴线来理顺整个丁氏家族各房之间错综复杂的血缘、人际、等级等关系，充分显示了宅院的时代性和社会性。

丁氏故居在每一路的中轴线两侧，大部分院落对称布置着东西耳房、东西厢房，但也有部分院落并没有拘泥于严格对称，比较有代表性的如：东一路二进院和东四路一进院。东一路二进院以北房作为整个院落的主体建筑，并且位于此路的中轴线上，但北房的南侧，却并没有对称布置东西厢房，而是仅在西侧设置了一单坡廊，作为园主人休闲之用。而东四路一进院，不对称的布置更加明显。院落以北房为整个院落的中心建筑，但此房的中线却并不严格与东四路的中轴线重合，而是向西侧偏移了1.5米，并且在院落组成上，仅设东耳房无西耳房，仅设东厢房而无西厢房。左右对称的布局，能给人以严谨、规矩的感觉，而在这种大背景下，又出现几处不对称的院落，从而使得对称的院落更加严整，不对称的院落更加灵动，给整个院落带来勃勃生机。

（二）合院形式

合院是华北地区民用住宅的主要形式，这种院落大都采用封闭性的组合空间形式，形式一般为正方形或长方形，尤其是山东的西部、北部的平原地带，如淄博、潍坊等地更为常见，丁氏故居作为潍坊地区的民居院落，具有典型的合院特点。

丁氏故居中的合院形式可谓是多种多样，主要有二进院式合院、三合院式合院及跨院式合院等。

1. 二进院式合院

东一路一进院和二进院是相连的两进院落，为"碧云斋"院及后院，是二进式合院。前院由正房和过堂及东、西院墙组成，无东、西厢房。后院与其他院落不同，只设一房一廊，留出大片院落休闲活动空间。

东三路一进院和二进院也是相连的两进院落，即二进式合院。两进院落由九座建筑组成，一进院有正房、东耳房、东厢房、西单坡廊、院门及院门两侧廊子；二进院仅设正房及一垂花门，垂花门位于二进

院的西院墙中部。其中，在前院正房西侧留有过道，
穿一道随墙门通向二进院。本路的院落布局从整体来
看并不属于典型北方合院的院落布局，在局部，打破
了合院严谨的对称关系，如前院正房两侧仅设东耳房
无西耳房，正房前西侧设廊而东侧设房，后院西侧单
设垂花门，这种合院布局在丁氏故居的合院中是独一
无二的（图26）。

2. 三合院式合院

东二路一进院、东二路二进院、东五路一进院均
为三合院式合院。

东二路一进院，由八座建筑组成，分别是正房、
东西耳房、东西厢房、大门及大门两侧廊子，其中，
在东、西耳房南侧分别设随墙门，与院落之间的过道
联通，院落布局较为紧凑。

东二路二进院，整个院落由四座建筑组成，分别
是正房、东西厢房及院门，院门设在院落中轴线南
面。本院的正房面阔五间，无耳房，正房为工字形平
面，东、西梢间的金墙外移至檐步，有效地扩大了房
间的使用面积，弥补了无耳房的缺陷。

东五路一进院，整个院落由六座建筑组成，分别
是正房、东西耳房、东西厢房及大门，其中，在东耳
房南侧设随墙门，与院落之间的过道连通（图27）。

3. 跨院式合院（图28）

东五路二进院，由主院和东跨院组成，也是十笏
园民居部分唯一一处带跨院的院落。主院为三合院院
落布局，跨院为合院院落布局。主院落由四座建筑组
成，分别是正房、西耳房、西厢房、垂花门，其中，
在东院墙中部设随墙门，与东跨院联通；东跨院由二
座建筑组成，分别是北房和南房，在东院墙中部设随
墙门，与十笏园外联通。

此外，东四路一进院的合院布局形式较为特殊，
从整体来看，布局形式类似四合院，整个院落由四座
建筑组成，分别是正房、耳房、东厢房及倒座，其
中，在院落东南角设院门，正对院门的东厢房山墙
设一照壁，进入院门后转向向西过二门，才可进入院

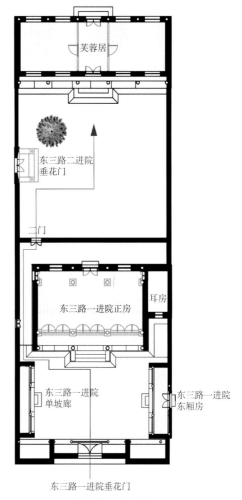

图 26　二进院式合院示意图

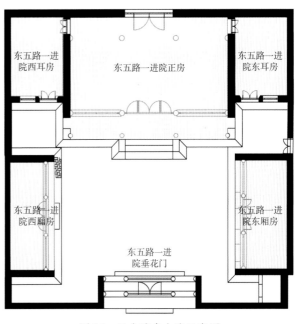

图 27　三合院式合院示意图

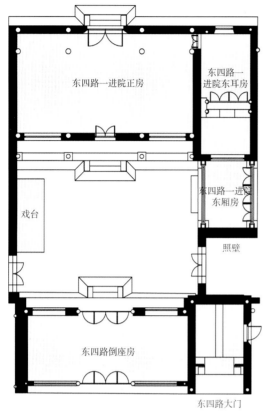

东四路一进院正房

东四路一进院东耳房

戏台

东四路一进院东厢房

照壁

东四路倒座房

东四路大门

图 28　跨院式合院示意图

内，院门北侧留有空间作为进入院落的缓冲地带。这种布局形式与标准的四合院形式相比，缺少了西厢房及西耳房，但使得整个院落布局更为灵活。

（三）与其他民居建筑群的比较与分析

1. 魏氏庄园"树德堂"院

魏氏庄园位于山东滨州市惠民县城东南 30 公里的魏集镇，是清代布政司理问、武定府同知魏肇庆的私人宅邸。庄园建于清代光绪十六至十九年（公元 1890~1893 年），是我国目前发现的最大、保存最完整的清代城堡式民居。

魏氏庄园包括三处魏氏家族的宅院，分别是"树德堂"（协和）、"徙义堂"（协增）和"福寿堂"院，三座宅院相距百余米，坐落于魏集村西部。"徙义堂"（协增）院位于"树德堂"（协和）院以北，其占地面积 1929 平方米。"福寿堂"院距"徙义堂"（协增）院西北 50 米，占地面积 624 平方米。三处宅院以魏氏家族十世魏肇庆营建的"树德堂"最为典型、完整，其占地面积 27613 平方米。

魏氏庄园"树德堂"当时为防御匪患、水患及居住生活需要而建，略如城堡，具备防御、居住、生产、休憩等功能。住宅建筑按照北方合院形制建造，外圈围以城垣，作为庄园的主防御体系。水塘、场院设置在城堡的东部和中部，以满足生产需要。南侧布置生活休憩的花园。

城墙之内，是庄园主人的居住宅院，按南北轴线对称布置有前、中、后三进院落，以中路作为主轴线，左右设次轴线，形成中、东、西三组纵列的院落组群。住宅大门在倒座以东、宅之巽位（东南隅），而不在正中，门内迎面建靠山影壁。进门转西入第一进院——前院，前院较窄，倒座房作为外客厅、账房。大门以东的小院为私塾院，院南倒座为南书房，作为私塾先生的住所，正厅为北书房，用作私塾学堂。前院向西穿过仪门，进入西跨院的第一进院——裁缝前院，由南屋倒座和北屋裁缝房组成，裁缝房现仅存遗址。前院正中纵轴线上设立雕饰精美的垂花门形式二门，进入第二进院——会客厅院。垂花门两侧连接抄手游廊联系东、西厢房及正房，正房为会客厅。会客厅的东、西两侧跨院分别是厨房院和裁缝后院，厨房现仅存遗址。第三进院为内宅院，分为中院及东、西跨院，内宅中院由东、西厢房组成，内宅东、西跨院各一座厢房，西跨院南屋分隔开裁房后院与内宅院。北大厅作为后罩楼横贯三组院落北端，长达 11 间，怀抱三座院落的四座厢房。宅院东、中、西三进九个院落以南北中线为中轴线形成了东西对称的布局。整个四合院以中轴线对称、等级分明、秩序井然。主院、跨院之间有仪门或里弄相通，联系紧密。

由图（图 29）可以看出，虽然魏氏庄园的"树德堂"院在整体布局中同样设置了由南向北的三条平行轴线，但其轴线的相互关系与丁氏故宅中的轴线是完全不同的。丁氏故宅中五条贯通南北的轴线，它

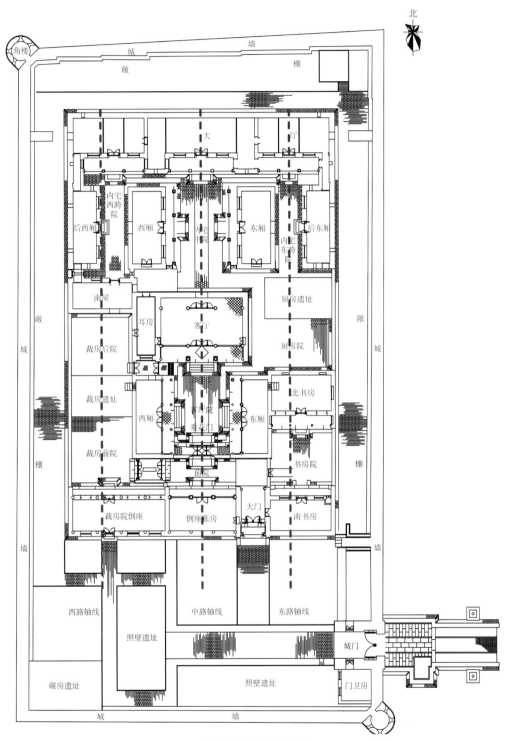

图 29　魏氏庄园轴线

们之间相互并列，不分主次，即五条轴线的地位是相等的；而魏氏庄园的"树德堂"院，其轴线明显有主
次之分，三条轴线以中间的轴线为主，东、西两侧的轴线次之。两大宅院的轴线布置相比较，魏氏庄园
的"树德堂"院聚合性更强，整个院落的整体性强于丁氏故宅，属于内向型院落；丁氏故宅中每一路的轴

线均具有聚合性，使每路的建筑聚合在此一路，而对其他路上的建筑影响很小，整个院落布局弹性较大，隐隐有向外扩张之势，属外扩型院落。

2. 牟氏庄园

牟氏庄园位于山东省栖霞市区北端的古镇都村，是胶东大地主牟墨林及其后裔居住之地。自清雍正年间开始营造至 20 世纪 30 年代建成，是中国规模最大、保存最完整、极富北方民居特色的套院式建筑，被誉为"中国民间小故宫"。

牟氏庄园，东、西宽达 158 米，南北进深 148 米，建筑面积达 7200 平方米，占地两万多平方米，建筑群内拥有包括堂屋、客厅、寝楼、厢房等 480 余间。总体上可分为三组六个院落，分别为主人牟墨林的六个孙子所居住。六组院落均以堂号命名，按其营建的先后顺序分别为：日新堂、西忠来、宝善堂、东忠来、南忠来和师古堂，各院落沿中轴线依次布置堂屋、穿堂、寝楼、小楼或群房，配以东西两厢相助，组成南北向长方形合院院落。

由图（图 30）可以看出，牟氏庄园所包含的六组院落每个院落均布置有中轴线，各院落的主体建筑坐落在轴线上，每个院落通过中轴线的聚合作用成为一个整体，且六条轴线地位相等，不分主次，这一点与丁氏故宅的轴线布置非常相似。但在各个院落的布局设计上，牟氏庄园与丁氏故宅还是有较大差距

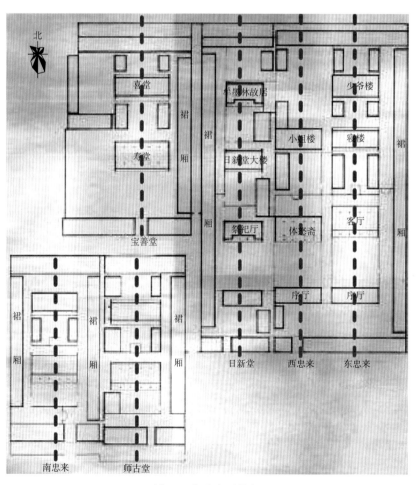

图 30　牟氏庄园轴线

的。首先，丁氏故宅位于老潍县城区内，居住人口相对密集，所以各个院落在布局设计上相对密集，而牟氏庄园位于郊区，相对来说地广人稀，所以各个院落在布局设计上相对疏朗。第二，两处宅院中的每个院落虽然都设置了彼此相连通的过道与便门，但丁氏故宅中院落的私密性远较牟氏庄园的私密性强，且牟氏庄园的多数院落采用无院墙的开敞式布局。第三，在中轴线两侧对称设计方面的不同。丁氏故宅中各院落布局设计中，大多数院落均是按着左右对称的形式布置的，只有极个别的院落采用了不对称的布局方式，起到点睛之用，使整个故宅的院落布局不至于过于呆板；而牟氏庄园各个院落外围由于都设置了裙厢，用作佣人居住、储藏杂物等，同时还起到了围墙的封闭作用，所以使得院落中厢房或有或无，以致形成了在当地被称为"刀把院"的不对称式的院落。

第三章　十笏园建筑形制分析

第一节　主要单体建筑形制

一　门

山东民居的院落一般用院墙全封闭，院落的出入口为大门，少数于后院开出入口为后门，大宅邸有的开旁门，俗称小门、便门，大门又称门楼、街门。大门不仅是人和物进出的重要地方，而且还体现了宅主的地位和身份。十笏园的大门形式多种多样，各有不同，如：门楼、穿堂门、垂花门、便门等。

1.门楼

具有门楼形式的门分别位于西路一进院、东二路一进院、东四路一进院、东五路一进院。

图 31　西路一进院门楼

西路一进院门楼（图 31），面阔一间，进深一间，硬山尖山顶屋面，花瓦正脊，正脊两端施蝎子尾，素垂脊，布瓦筒瓦屋面。通面阔 2.97 米，通进深 5.81 米，檐高 4.0 米，建筑总高 6.92 米，建筑面积 17.26 平方米。七架抬梁式木构架，后檐檩下安楣子，楣子心为步步锦样式；前檐为砖封护檐，檐下砖雕精细的卷草图案。墀头戗檐砖平雕精细"万"字锦图案。安装撒带式板门。山墙下碱为清水砖墙，上身白灰抹面。后檐两步如意台阶石，阶条石均为青石灰岩，地面为青方砖斜铺，方砖尺寸 360 毫米 ×360 毫米 ×60 毫米。室内梁架刷红色油饰，椽身刷白色油饰，椽头及楣子心刷绿色油饰，连檐瓦口、望板、木隔扇刷铁红色油饰，板门、过木刷黑色油饰，槛框做黑色油饰、线脚描红色油饰。

东二路一进院门楼（图 32），面阔一间，进深一间，硬山顶清水脊，布瓦筒瓦屋面；通面阔 3.46 米，进深 5.5 米，建筑面积为 17.47 平方米；屋架为抬梁式木构架，前后檐檩下安楣子；前金檩下安装槛框板门，戗檐砖墀头为精细砖雕图案；青石灰岩台阶、阶条石，青石地面；山墙为清水砖墙；梁架、椽望刷铁红油饰，槛框刷黑色油饰。

东四路一进院门楼（图33），面阔一间，进深一间，通面阔3.59米，通进深5.19米，建筑面积19.89平方米。抬梁式木构架，硬山顶，清水脊，布瓦筒瓦屋面。前金檩下安板门。山墙墀头及腰线以下为青砖清水墙，室外混水墙面抹白灰。地面中间铺条石，两侧墁300毫米×300毫米×60青方砖。青石灰岩阶条石、台阶石、椽望、连檐、瓦口、余塞板、走马板刷铁红油饰。槛框刷黑色油饰，线脚刷红色油饰。

东五路一进院门楼（图34），面阔一间，进深一间，通面阔3.57米，通进深4.69米，建筑面积16.74平方米。抬梁式木构架，后檐挑出牛腿和斜撑支撑檐檩。硬山顶，清水脊，布瓦仰合瓦屋面。前金柱上安装板门，前檐檩下安楣子，后檐檩下安挂落。山墙为青砖清水墙，室内混水墙面抹白灰。西山墙上设门洞与倒座相通。地面中心铺青石板，两侧铺蓝四丁砖，青石灰岩阶条石、台阶石。木构架、椽望、连檐、瓦口、前檐牛腿梁、檐檩、板门、走马板刷铁红油饰，牛腿梁头、斜撑、挂落作青绿彩绘，槛框、过梁刷黑色油饰，槛框线脚刷红色油饰。

图32　东三路一进院门楼

图33　东四路一进院门楼

图34　东五路一进院门楼

2. 穿堂门

穿堂形式的门分别位于东一路一进院、东四路二进院。

东一路一进院穿堂门（图35），面阔五间进深一间，硬山建筑，通面阔13米，进深4.65米，建筑面积为60.45平方米；布瓦筒瓦屋面，砖砌正脊和垂脊；屋架为五架抬梁式木构架，明次间做竹节式斜撑和抱头梁支撑出檐；门为隔扇门，窗为花格窗；青石灰岩台阶、阶条石、青条砖地面；山墙、梢间前后墙、前墙窗台以下为清水砖墙，前墙窗台以上为混水墙；梁椽望刷铁红油饰，槛框刷黑色油饰，斜撑、梁头做青绿彩绘。

东四路二进院穿堂门（图36），面阔五间，进深一间，通面阔13.33米，通进深4.89米，建筑面积65.18平方米。抬梁式木构架，硬山顶，清水花瓦脊，布瓦仰合瓦屋面，前后砖封护檐。明间前后设门，

图35　东五路一进院穿堂门

图36　东四路二进院穿堂门

图37　东二路一进院垂花门

门扇为板门。次间、梢间前后设直棂窗。室内明间和次间用隔断墙分隔。后墙、山墙、前墙为青砖清水墙，室内窗台以上墙面抹白灰。300毫米×300毫米×60毫米青方砖墁地，青石灰岩槛垫石、台阶石。室内梁架绘木纹彩绘，直棂窗心屉刷铁红油饰，槛框、过梁、板门刷黑色油饰。槛框线角刷红色油饰。

3. 垂花门

垂花门是民居建筑院落内部的门，也是院落中一道很讲究的门，其檐柱不落地，垂吊在屋檐下，成为垂柱，其下有一垂珠，通常彩绘为花瓣形式，故称为垂花门。十笏园中的垂花门十分精美，按照规模分为三开间形式和一开间形式两类。

三开间形式的垂花门位于东二路一进院、东三路一进院、东五路一进院。一开间形式的垂花门位于中路的后门、东三路二进院、东四路东五路夹道、东五路二进院、东五路东过道。

（1）三开间垂花门

东二路一进院垂花门（图37）为三开间形式，面阔三间进深一间，硬山顶垂花门，花瓦脊，布瓦筒瓦屋面；通面阔6.06米，进深2.2米，建筑面积为13.33平方米；屋架为抬梁式木构架，前檐安垂柱、楣子；明间安板门，次间砌金墙，山墙、门

套金墙下碱用清水砖砌成，墀头戗檐砖雕精美图案；青石灰岩台阶、阶条石，青方砖地面；梁架望刷铁红油饰，柱槛框刷黑色油饰。

东三路一进院垂花门（图38）、东五路一进院垂花门（图39）与东二路一进院垂花门同为三开间式垂花门、形制相似。

图38　东三路一进院垂花门

图39　东五路一进院垂花门

（2）一开间垂花门

东五路东过道垂花门（图40）为一开间形式，面阔一间，进深一间，通面阔2.75米，通进深2.7米，建筑面积7.43平方米；卷棚硬山顶，过垄脊，布瓦筒瓦屋面；五架抬梁式木构架，有四根立柱，后檐柱脚立于柱顶石上，前檐柱为短柱立于砖垛之上；中柱变为前檐柱，前坡两步架，四架麻叶抱头梁前悬垂帘柱，垂帘柱柱头为莲花瓣样式，前檐下安垂柱楣子；后坡三步架，后檐柱安装楣子。垂花门墀头青砖贴面；下碱青砖清水墙，墙心抹白灰；前檐砖垛下安装门枕石，后檐柱柱脚安装柱顶石，均为青石灰岩；蓝四丁青砖墁地；椽望、连檐、瓦口、楣子心屉刷铁红油饰，槛框、楣子框、檐柱及过梁刷黑色油饰，槛框线角用红色描绘。

中路的后门、东四路东五路夹道门（图41）、东三路二进院院门、东五路二进院门（图42）的形式同为一开间垂花门。

4. 便门

相对于垂花门形式来说，虽然便门较为简单，大都随墙而建，但十笏园的便门形状各不相同，如方形、月洞形、什锦形等，使得空间更加丰富、有层次。

十笏园内的便门主要位于西路一进院（图43、44）、砚香楼院、东一路一进院（图45）、东二路一进院、东二路二进院、东三路一进院、东五路一进院（图46）、东五路二进院（图47）等，下面就几个具有典型特征的便门做如下介绍：

图40　东五路东过道垂花门

图 41　东四路东五路夹道门

图 42　东五路二进院门

图 43　西路一进院便门

图 44　西路一进院便门

图 45　东一路一进院便门

东二路一进院西随墙门（图 48）：内圆外方门，墙厚 22 厘米，布瓦筒瓦墙帽，直径 1.84 米，外面安槛框和板门；青石灰岩台阶、槛垫石；门、槛框刷黑色油饰。

东二路二进院院门（图 49）：面阔一间进深一间，悬山卷棚顶式建筑，布瓦筒瓦屋面；通面阔 2.6 米，进深 0.5 米，建筑面积为 1.3 平方米；青石灰岩台阶、槛垫石；墙垛为清水砖墙；檩梁椽望刷铁红油饰；二郎担山式木构架，柱上部前后出竹节状斜撑承托檐檩，柱上安板门及槛框，檩下安挂落。

砚香楼东便门（图 50）、砚香楼东随墙门（图 51）、东三路一进院前西便门（图 52）、中路三进院东、西随墙门（图 53）等为什锦形便门，其形状有花瓶式、八边形两种。

5. 门廊

门廊，指一侧立面为随墙门样式，另一侧立面为廊子的建筑，其既有穿堂门、过道门的作用，又兼有廊子休息的作用。西路一进院过门、东一路一进院单坡廊、东五路一进院前东随墙门

图 46 东五路一进院便门

图 47 东五路二进院便门

图 48 东二路一进院西随墙门

图 49 东二路二进院院门

图 50 砚香楼东便门

图 51 砚香楼东随墙门

图 52 东三路一进院前西便门

图 53　中路三进院随墙门

（图 54）均为门廊。

西路一进院过门（图 55），面阔三间，进深一间，通面阔 5.54 米，通进深 2.01 米，面积 11.14 平方米。硬山卷棚顶，布瓦筒瓦屋面，过垄脊；明间前檐柱落地，次间前檐柱落在槛墙之上。抬梁式木构架，脊部为罗锅椽。前后檐檩下安步步锦式楣子；前墙次间为槛窗，槛墙上安压面石，槛窗心屉为套方花格；明间后墙安装板门，砖砌门套。青石灰岩台阶、阶条石、柱顶石，青砖"万"字锦样式铺墁地面；前墙槛墙及后墙下碱为清水砖墙，上身为白灰抹面；槛框刷黑色油饰，椽子刷白色油饰，椽头及楣子心刷绿色油饰，板门及槛窗心屉刷铁红色油饰。

东一路一进院单坡廊（图 56），为三间卷棚单面廊，布瓦筒瓦屋面；通面阔 4.58 米，进深 2.5 米，建筑面积为 11.45 平方米；屋架为抬梁式木构架；青石灰岩台阶、阶条石，小青砖地面；梁架、椽头、梁头做青绿彩绘，椽望刷铁红油饰，柱子黑色油饰。

图 54　东五路一进院前东随墙门

图 55　西路一进院过门

图 56　东一路一进院单坡廊

二　影壁

影壁，也称照壁，是建筑中重要的元素，与房屋、院落建筑相辅相成，组合成一个不可分割的整体。其作用为遮挡视线，在空间处理上有个过渡与收敛。

十笏园中的影壁主要分布在西路一进院、东三路二进院（院墙）、东四路一进院、东五路二进院（院墙）。

西路一进院影壁（图57）为硬山式"一"字影壁，清水脊，布瓦筒瓦屋面。青砖影壁带撞头，影壁心用白灰抹面，撞头及下碱为清水砖墙；前檐下砖雕垂柱、梁头、花牙子做工精细。影壁前面摆放一块景石，与照壁连相映成趣。

东三路二进院影壁（图58）和东五路二进院影壁均与院墙砌筑在一起，与西路一进院影壁形制相同。

图57　西路一进院影壁　　　　　　　　　　　图58　东三路二进院影壁

三　正房

正房也被人们称为堂屋或北屋，是宅院中的主房，合院建筑的中心，其进深和开间比院落中其他建筑的尺寸都大，以凸显正房尊贵的地位。

十笏园中的正房主要分为三开间前廊式、五开间局部带前廊式、平面"工"字形式、无廊式、二层楼式等几种类型。

1. 二层楼式

砚香楼（图59）为二层楼阁，十笏园建筑群中路第二进院的正房，是园内唯一的一座明代建筑。面阔三间，进深三间，通面阔10.85米，通进深5.66米，一层披檐檐高1.08米，二层檐高7.32米，建筑总高10.0米，建筑面积122.82平方米；硬山顶、清水花瓦脊、垂脊、布瓦筒瓦屋面；五檩抬梁式木构架。一层前檐加披檐，二层于前金柱间安装隔扇门，隔出前檐步为廊，楼梯设在室内西北角；一层明间设前后门，安装板门，次间安装花格窗，步步锦样式心屉；二层檐柱间设栏杆，檐檩下安倒挂楣子，套方楣子心屉；墀头上部施挑檐石，窗下安窗台石；正面伸出月台，台前为垂带式台阶，后檐台基以外为如意台阶，阶条石、挑檐石、台阶石均为青石灰岩；前檐月台青条砖拐子锦铺墁地面，室内方砖墁地；前后墙及山墙均为清水砖墙，室内窗台以上白灰抹面；后檐过木用青砖贴面，前檐过木刷黑色油饰，椽子刷白色油饰，楣子心屉及栏杆、椽头刷绿色油饰，门窗、木构架、楼梯、楼板刷铁红色油饰，梁头做青绿彩绘。

2. 三开间前廊式

西路二进院正房（深柳读书堂）（图60）为三开间带前廊式，前为披檐，后为檐廊，硬山建筑；面阔三间，进深三间，通面阔9.23米，通进深5.73米，面积55.26平方米；布瓦筒瓦屋面，正脊两端有升起并安装望兽，垂脊安装垂兽，兽前小兽四跑；抬梁式木构架，前坡三步架（不含披檐），后坡四步架；明间

图 59　砚香楼

图 60　深柳读书堂

前后为门，门扇为四抹头无裙板木隔扇，每两扇由折页连接，可折叠；东西次间前后墙设大窗，窗套用青砖贴面，面砖加工细致，门窗格心为直棂花格；三步如意台阶，与阶条石均为青石灰岩，室内、前披檐及后檐廊地面用 240 毫米 ×120 毫米 ×55 青砖作拐子锦形式铺墁；前墙窗台下及后墙下碱为清水砖墙，前披檐东端廊心墙上，镶嵌清末潍县文人张昭潜游园题诗碑；过木、槛框刷黑色油饰，椽子刷白色油饰，椽头及楣子、隔扇心屉刷绿色油饰，连檐、瓦口、望板刷铁红色油饰，梁头作青绿彩绘。

此外样式相同的还有东一路三进院正房、东二路一进院正房（图 61）、东三路一进院正房（图 62）、东五路一进院正房。

图 61　东二路一进院正房

图 62　东三路一进院正房

3. 五开间局部带廊式

雪庵（小书巢）（图 63）为五开间局部带廊式正房，硬山建筑，面阔五间，进深三间，通面阔 15.28 米，通进深 5.95 米，面积 124.8 平方米；抬梁式木构架，明间和东西次间前檐步为廊，两端设廊心窗；梢间无廊，金墙前移成为前檐墙；布瓦筒瓦屋，清水脊，正脊中间安雕花脊砖，垂兽前四小跑兽；前檐檩下做倒挂楣子，楣子心屉为步步锦；明间安装四抹木隔扇，次间安装花格窗，横披、门窗心屉均为步步锦样式；梢间做圆窗（一券一伏）冰裂纹样心屉；后檐下倚檐墙做单坡披檐，系后人为方便使用而增建；明间正面安装垂带台阶，台阶石、阶条石为青石灰岩，青条砖十字缝顺铺地面；金墙窗台以下及后墙为清水砖墙，室内外上身白灰抹面；椽子刷白色油饰，瓦口、连檐、望板及槛框刷铁红油饰，椽头、梁头及楣子做青绿彩绘，梁架做木纹彩绘。

4. 平面工字形

东二路二进院正房（图 64）面阔五间，进深三间，硬山顶清水脊，布瓦筒瓦屋面，通面阔 16.26 米，进深 7.9 米。建筑面积为 128.45 平方米。屋架为抬梁式木构架。明间次间前檐为廊，梢间金墙外移为前檐墙。前檐檩以下屋面铺木望板，以上铺望砖。明间安板门，次间安花格窗，梢间背面为圆窗。青石灰岩台阶、阶条石，青方砖地面。山墙、金墙窗台以下及后墙为清水砖墙。木构架彩绘木纹，檩椽望刷铁红油饰，柱槛框刷黑色油饰。

图 63　雪庵　　　　　　　　　　　　　　　　　图 64　东二路二进院正房

5. 五开间前廊式

芙蓉居（图 65）为五开间前廊式，面阔五间，进深三间，通面阔 13.54 米，通进深 6.31 米，建筑面积 85.44 平方米。抬梁式木构架前后四步，前檐布为廊。仰合瓦屋面，清水脊。明间设门口，安板门。次间梢间前后安直棂窗。前檐下安楣子，室内设木隔断分隔明间和次间。山墙及金墙窗台以下墙体为青砖清水墙。后墙及金墙窗台以上墙体为混水墙，白灰抹面。青方砖墁地。室内木构架未做油饰，木隔断框刷黑色、板刷铁红色油饰。前廊抱头梁、椽望、檐檩、楣子芯及直棂窗芯屉刷铁红色油饰。柱子、槛框及木过梁刷黑色油饰，槛框线脚刷红色油饰。

6. 无廊式

东五路二进院正房（图 66），硬山顶，正脊为清水脊，有升起，两端安装望兽，垂脊安装垂兽，兽前安四小跑。砖封护后檐，布瓦合瓦屋面；通面阔 10.64 米，通进深 6.83 米，建筑面积 72.67 平方米；七架抬梁式木构架，前坡五步架，前檐挑出牛腿梁，竹节样斜撑支撑檐檩，形成前厦，前檐安挂落；后坡四步架；明间安装带余塞框的隔扇门，次间安装码三箭直棂窗，砖砌门窗套，后墙、山墙及槛墙为青砖清水墙；室内外混水墙心抹白灰，300 毫米 ×300 毫米 ×60 毫米青方砖墁地，垂带台阶、阶条石为青石灰岩；室内木构架做木纹彩绘，椽望、连檐、瓦口、檐檩、门窗格芯刷铁红油铁饰，牛腿梁、斜撑、椽头、梁头作青绿彩绘，槛框、楣子框及过梁刷黑色油饰，槛框线角用红色描绘。

四　倒座

倒座是与正房相对的房屋，通常坐南朝北。十笏园中的倒座房主要有三种形式：三开间带竹节撑雨棚

图 65　芙蓉居

图 66　东五路二进院正房

式、五开间带竹节撑雨棚式、无廊式,主要位于十笏园南侧的沿街房中。

1. 三开间带竹节撑雨棚式

十笏草堂(图 67)为三开间带竹节撑前廊式倒座,面阔三间,进深二间,通面阔 8.39 米,通进深 5.74 米,面积 52.9 平方米;硬山顶,清水脊,布瓦筒瓦屋面;七架抬梁式木构架,前檐柱挑出牛腿和斜撑形成前厦,斜撑雕刻为竹节状;前檐檩下装挂落。明间安装六抹木隔扇,次间槛窗为四抹木隔扇窗,各为四扇,门窗心屉为步步锦花格;墀头上施挑檐石,槛窗下安装压面石,明间正面安装单步如意台阶,石构件皆为青石灰岩;青方砖铺地面;前墙窗台以下及后墙外皮和室内下碱为清水砖墙;过木、槛框及柱子刷黑色油饰,椽子刷白色油饰,室内梁架、瓦口、连檐、望板和隔扇门窗刷铁红油饰,椽头、梁头、竹节斜撑及挂落做青绿彩绘。

2. 五开间带竹节撑雨棚式

东五路一进院倒座(图 68)为五开间带竹节撑前廊式倒座,面阔五间,进深一间;通面阔 12.57 米,进深 4.5 米;硬山卷棚建筑,布瓦筒瓦屋面,砖封护檐;屋架为抬梁式木构架,门为隔扇门,窗为步步紧花格窗;青石灰岩台阶,青方砖地面;前墙窗台以下及后墙为清水砖墙;槛框刷黑色油饰,梁架红色油饰,柱、槛框刷黑色油饰。

图 67　十笏草堂

图 68　东五路一进院倒座

3. 无廊式

东一路一进院倒座(图 69)为无廊式,面阔六间,进深一间,通面阔 21.09 米,通进深 5.34 米,建筑面积 112.62 平方米。抬梁式木构架,硬山顶,清水脊,布瓦仰合瓦屋面,砖封护后檐。前檐挑出牛腿梁、斜撑支撑檐檩，形成前厦。檐下安挂落，正面安隔扇门、直棂窗。后墙，山墙腰线以下为青砖清水墙，室内外混水墙面抹白灰。地面用蓝四丁砖铺墁，青石灰岩阶条石、台阶石。室内木构架及椽望未做油饰，前檐椽望、连檐、瓦口、牛腿梁、檐檩、门窗隔扇刷铁红油饰，牛腿梁头、斜撑、挂落做青绿彩绘，槛框、过梁刷黑色油饰，槛框线脚刷红色。

图 69　东一路一进院倒座

五　厢房

厢房又被称为厢屋或偏房，一般是在正房的东西两侧。十笏园中的厢房类型主要有二层式、前廊式、无廊式、平面拐尺状等。

1. 二层式

春雨楼为中路第二进院（图 70）西厢房。卷棚庑殿顶，一层正面附加前廊，与由南而来的游廊相接。面阔三间，进深一间，通面阔 8.32 米，通进深 4.66 米，面积 38.77 平方米；布瓦筒瓦屋面，瓦面三叠，如汉明器中的层叠式屋面，第一、三叠为筒瓦屋面，第二叠为干槎瓦屋面，檐头下施两层菱角砖檐，一层檐廊为筒瓦屋面，明间高、次间低；抬梁式木构架，前后檐木椽平出，南面竹节斜撑抱头梁挑出檐檩，檐下设大窗，二抹四扇，码三箭心屉；室内上下层间安木楼板，靠北墙设楼梯；一层明间正面安装两扇五抹木隔扇，次间正面安装槛窗，步步锦心屉，次间南山墙上开设圆窗；二层明间正面为大窗，二抹四扇，码三箭心屉，窗套用青砖贴面，次间正面做圆窗，白毯纹菱花心屉；青石灰岩如意台阶、阶条石，青方砖铺墁地面；清水墙面和墙垛，白灰墙芯和内墙皮；椽子刷白色油饰，门窗、楣子心屉及竹节斜撑刷绿色油饰，木构架、楼梯、楼板刷铁红色油饰，梁头做青绿彩绘。

2. 平面拐尺状

东五路二进院西厢房（图 71），平面呈拐尺状，东西走向的房屋南北走向的房屋相接而成；两条正脊垂直相交，正面两房屋共用一条垂脊，与正脊呈 135° 交角；两房屋为硬山顶，清水脊，前后檐为砖缝护

图 70　春雨楼

图 71　东五路二进院西厢房

檐，布瓦合瓦屋面；面阔五间，进深一间，通面阔 8.56 米，通进深 6.86 米，建筑面积 50.94 平方米；五架抬梁式木构架，转角梁架梁头搭在两房屋相接墙的对角之上；正面隔扇门，码三箭直棂窗；侧面板门，门上悬山门罩，背面安装板门，通向东第二路第二进院；山墙、外檐墙、窗台以下为青砖清水墙，室内外墙心抹白灰；蓝四丁砖拐子锦铺墁，两步如意青石灰岩台阶石；椽子刷白色油饰，室内木构架上架做木纹彩绘，门罩梁、檩、窗扇刷铁红油饰；挂落、梁头作青绿彩绘；槛框、过梁、博缝板黑色油饰，槛框线角用红色描绘。

3. 前廊式

西路二进院西厢房（图 72）面阔三间，进深一间，外带前廊。硬山卷棚顶，后檐为砖封护檐，过垄脊，布瓦筒瓦屋面。通面阔 7.34 米，通进深 4.36 米，面积 39.6 平方米；五架抬梁式木构架，前坡三步架，后坡二步架；明间为门、次间为窗，门窗套用青砖贴面，门扇为五抹木隔扇、窗为二抹隔扇窗，前廊安楣子。门窗及楣子心屉安装为步步锦花格；两步如意台阶，与阶条石皆为青石灰岩，青方砖铺地面，前墙窗台下及后墙下碱为清水砖墙；椽子刷白色油饰，连檐、瓦口、望板、木构架及槛窗心屉刷铁红油饰，椽头、梁头做青绿彩绘。

4. 无廊式

西路一进院西厢房（图 73）即秋声馆静如山房为无廊式厢房，面阔七间，进深一间，硬山卷棚顶，过垄脊，布瓦筒瓦屋面。通面阔 18.06 米，通进深 3.6 米，前檐高 3.33 米，后檐高 3.42 米，建筑通高 4.76 米，面积 65.01 平方米。北端门口带歇山式屋顶抱厦。五檩抬梁式木构架，前后檐均为砖封护檐，前檐出砖椽。前檐自南向北第二间、第六间开门，安板门，其余间均开窗，安花格窗；后檐开五樘窗，均为花格窗，花格窗心屉为步步锦样式。前后槛墙为青砖清水墙，砖砌门套；上身白灰抹面；室内墙面抹白灰。室内地面小停泥条砖铺墁，条砖尺寸 280 毫米 × 140 毫米 × 70 毫米。青石灰岩台阶石、槛垫石。室内木构架做红色油饰，椽身刷白色油饰，绿椽头，柱刷黑色油饰，连檐瓦口、望板、木隔扇、板门刷铁红色油饰，槛框线脚描红色油饰，抱厦楣子格芯屉刷绿色油饰。

西路一进院西厢房、西路三进院西厢房与西路一进院的西厢房形制相同，都为无廊式厢房。

除此之外，还有一种厢房前檐虽不带廊，但在前檐由斜撑撑出部分屋面，作为雨棚，如东二路二进院东厢房、东二路二进院西厢房、东五路一进院西厢房。

图 72　西路二进院西厢房

图 73　西路一进院西厢房

东二路二进院西厢房（图74）为硬山卷棚顶，布瓦筒瓦屋面，通面阔 8.77 米，进深 4.08 米。建筑面积为 35.78 平方米。屋架为抬梁式木构架。前檐檩柱挑出牛腿和斜撑承托前檐，檩下安挂落。门为板门，窗为步步紧花格窗。青石灰岩台阶、阶条石。青条砖地面。山墙、前墙窗台以下及后墙为清水砖墙。室内构架未油饰。前檐檩条椽望刷铁红油饰，柱槛框刷黑色油饰，挂落梁头做青绿彩绘。

东五路一进院西厢房（图75）与东二路二进院西厢房形制基本相同，不同的是东五路一进院西厢房的前檐斜撑未用普通的竹节式斜撑，而是使用了雕刻精美的虬龙形斜撑，此种形制的斜撑在十笏园乃至潍坊地区都是极为少见的。

图 74　东二路二进院西厢房

图 75　东五路一进院西厢房

六　耳房

正房的两侧各有一间或两间进深、高度都较小的房间，称为耳房，其作用一般是用作储藏等。十笏园中的耳房位于东二路一进院、东三路一进院、东五路一进院。

东二路一进院东西耳房（图76），面阔各一间，进深二间，硬山卷棚顶，布瓦筒瓦屋面；通面阔 3.65 米，进深 5.55 米，建筑面积为 20.26 平方米；屋架为抬梁式木构架，前安隔扇，后为花格窗；青石灰岩台阶、阶条石，青方砖地面；山墙、后墙为清水砖墙；梁架椽望刷铁红油饰，柱槛框刷黑色油饰，右侧耳房曾作为丁氏家族的家庙。

东三路一进院耳房（图77）与东五路一进院耳房（图78）形制相同，但东三路一进院耳房因作为东银库使用，外立面无门，仅由正房山墙上的门相连。

七　廊

在十笏园中除正房、厢房、倒座等建筑元素之外，还有另一种建筑元素：廊，具有交通联系、遮阳、避雨等功能，也是人们

图 76　东二路一进院耳房

图77　东三路一进院耳房

休息和文化活动的场所，因而，这种空间具有很强的功能性，不仅满足了人们日常生活的使用需求，也形成了一种有层次的通透的空间效果，使得院落的空间更加宜人。十笏园中的廊共有两种形式，一种为九十度转角的游廊，另一种为硬山卷棚一字式单坡廊。

1. 九十度转角折尺形游廊（图79），位于中心山水庭院池塘西侧，后墙分别开设圆形什锦门和八方什锦门，连通西路第一进院。面阔十七间，进深一间，通面阔21.6米，通进深1.3米，前檐高2.7米，后檐高2.37米，建筑通高3.29米，建筑面积58.10平方米；卷棚硬山顶屋面，布瓦筒瓦屋面；四架抬梁式木构架，脊步架钉罗锅椽，东侧檐步设檐椽、飞椽，西侧檐头为砖椽封护檐；檐枋下安倒挂楣子，檐下柱间安坐凳楣子，楣子心屉有套方和盘长类花格；青石灰岩阶条石，廊内地面小停泥拐子锦铺墁，条砖尺寸280毫米×140毫米×70毫米。梁架、檩、枋刷铁红油饰，椽子刷白色油饰，椽头、心屉刷绿色油饰，柱

图78　东五路一进院耳房

图79　九十度转角折尺形游廊

图80　硬山卷棚一字式单坡廊

子刷黑色油饰，梁头做青绿彩绘。

2. 硬山卷棚一字式单坡廊，位于东一路二进院（图80），面阔三间，进深一间；布瓦筒瓦屋面，通面阔6.23米，进深1.3米，建筑面积8.1平方米；屋架为抬梁式木构架；青石灰岩台阶、阶条石。青条砖地面，山墙为清水砖墙，后墙为混水墙。

东三路一进院回廊（图81）、东二路一进院回廊（图82）与东一路二进院回廊形制同为硬山卷棚一字式单坡廊。

图 81　东三路一进院回廊

图 82　东二路一进院回廊

八　园林建筑

十笏园中除了以上介绍的民居部分的种类繁多的建筑形制形式之外，在丁家花园内还有着不少的经典园林建筑。

1. 小沧浪亭（图 83）

位于中路一进院，为四角攒尖草亭，位于水池西南岸，边长 1.85 米，檐高 2.5 米，建筑通高 3.5 米，面积 4.5 平方米；柱子取四根自然树干稍作加工而成，柱头上平板枋和荷叶墩支撑檐檩，角梁与雷公柱相交支撑起屋顶；茅草屋面，草顶高宽比为 1∶3，用麦草做成，宝顶为素方头；四面设坐凳楣子，亭正中条砖垒砌十字支撑青石灰岩圆桌；青石灰岩台阶石、柱顶石；青条砖拐子锦铺地，条砖尺寸 240 毫米 × 120 毫米 × 55 毫米。椽身刷白色油饰，望板、连檐瓦口、木构架及栏杆刷铁红色油饰，椽头、枋子及坐凳楣子心屉做青绿油饰。

2. 漪岚亭（图 84）

位于中路一进院，漪岚亭位于水池东南角水中，南接池岸，边长 76.10 厘米，檐高 2.14 米，建筑通高 3.37 米，面积 2.30 平方米；筒瓦屋面，宝顶呈宝瓜状；六根由戗与雷公柱支撑起屋顶，每个柱头上有圆形宝瓜状构件承上启下与檐檩相连；檐枋下安挂落，柱间安步步锦坐凳楣子；青石灰岩阶条石，菱形砖铺墁地面；柱子、椽头、花牙子刷绿色油饰，望板、檩枋、角梁、雷公柱及坐凳楣子框刷铁红色油饰，椽

图 83　小沧浪亭

图 84　漪岚亭

身刷白色油饰。

3. 四照亭（图 85）

位于中路一进院，面阔三间，进深三间，布瓦筒瓦屋面，瓦面三叠，如汉明器中的层叠式屋面，第一、三叠为筒瓦屋面，第二叠为干槎瓦屋面；通面阔 6.62 米，通进深 4.08 米，檐高 3.6 米，建筑通高 5.0 米，建筑面积 27.00 平方米。抬梁式木构架，顶步架施罗锅椽，檐下施一斗二升交麻叶斗栱，具有较浓的地方风格；檐枋下安倒挂楣子，楣子心屉为"万字锦"花格，檐柱间安装美人靠坐凳；室内方砖斜墁，方砖尺寸 360 毫米 ×360 毫米 ×60 毫米。正中内设八角石桌，石凳四个；青石灰岩阶条石、陡板石，曲桥路面铺片石。博缝板刷红色油饰，椽子刷白色油饰，绿椽头、方柱及楣子心刷绿色油饰，檐檩、栏杆及悬鱼、惹草刷铁红色油饰，花牙子、梁头及斗栱做青绿彩绘。西侧通过曲桥与游廊连接。

4. 蔚秀亭（图 86）

位于中路一进院，为正六角攒尖亭，位于假山山顶，名曰"蔚秀亭"。边长 87 厘米，檐高 2.43 米，建筑通高 3.98 米，面积 3.31 平方米。布瓦筒瓦屋面。六根由戗与雷公柱相交，构成屋架。檐枋下安拐子龙花牙子。檐下柱间砖砌坐凳楣子。青石灰岩阶条石，青条砖铺墁地面。望板、檩枋刷铁红色油饰，柱子刷黑色油饰，花牙子刷绿色油饰，椽身白色油饰、绿椽头。

图 85　四照亭

图 86　蔚秀亭

5. 稳如舟（图 87）

位于中路一进院水池东北角，假山脚下。面阔四间，进深一间，卷棚硬山顶，布瓦筒瓦屋面。通面阔 5.53 米，通进深 3.39 米，檐高 2.72 米，建筑通高 4.25 米，建筑面积 18.75 平方米。抬梁式木构架，南北立面檐柱向外挑出牛腿梁和斜撑支撑挑檐檩，檐檩设挂落。台基高出水面 0.5 米，西端临水面做成半圆形船头，沿船头布置四根柱子，中间两柱支撑悬山顶门罩，两侧柱子与竹节斜撑支撑翼角屋面，立面形象由歇山山面与卷棚悬山顶门罩有机组合而成，工艺精巧、造型生动。西山墙、南立面最东侧一间开门，安板门；南北立面其余开间均安花格窗，步步锦心屉。外墙皮及内墙皮窗台、腰线以下为清水砖墙。室内地面小停泥砖拐子锦铺墁，条砖尺寸 280 毫米 ×140 毫米 ×70 毫米。室内设石桌、石凳。青石灰岩阶条石。室内梁架刷红色油饰，椽身刷白色油饰，椽头及楣子心刷绿色油饰，连檐瓦口、望板、木隔扇及板门刷铁红色油饰，柱子、过木刷黑色油饰，槛框做黑色油饰、线脚描红色油饰，梁头做青绿彩绘。

6. 落霞亭（图 88）

为卷棚歇山顶亭子，位于假山南端，面西背东，东倚 39 号房西山墙；面阔三间，进深一间，通面阔 4.63 米，通进深 1.86 米，面积 8.61 平方米；布瓦筒瓦屋面，四架抬梁式木构架；柱头上施斗栱，檐枋下拐子纹花牙子，檐柱间安冰裂纹坐凳楣子；青石灰岩台阶石、阶条石、青方砖铺地面；柱子、椽头、花牙子刷绿色油饰，望板、檩枋、角梁及坐凳楣子框刷铁红色油饰，椽子刷白色油饰。

图 87　稳如舟

图 88　落霞亭

第二节　建筑形制小结

一　屋面

（一）屋面样式（图 89、90）

十笏园内建筑的屋顶样式非常丰富，除了有常见的硬山顶、悬山顶、攒尖顶等基本样式外，还有相当一部分具有浓厚地方特色的屋顶，如：春雨楼的三叠卷棚庑殿顶，四照亭的三叠卷棚悬山顶，稳如舟的硬山卷棚屋顶与歇山卷棚屋顶的组合屋顶，深柳读书堂的前出廊双层屋顶等，都是在其他建筑群中难得一见的样式。

图 89　春雨楼三叠屋面

图 90　四照亭三叠屋面

1. 三叠屋顶

春雨楼的屋顶为三叠卷棚庑殿顶，四坡屋顶，布瓦筒瓦屋面，瓦面三叠，如汉明器中的层叠式屋面，第一、三叠为筒瓦屋面，第二叠为干槎瓦屋面。第二叠出檐比第一叠出檐外扩 800 毫米，第三叠出檐比第二叠出檐外扩 1200 毫米，出檐比例为 2:3；第一叠筒瓦屋面投影面积为 6.47 平方米，第二叠干槎瓦屋面投影面积为 12.39 平方米，第三叠筒瓦屋面投影面积为 28.81 平方米，它们之间的面积比为 1:2:4.5。第一叠筒瓦屋面的高度为 490 毫米，第二叠干槎瓦屋面的高度为 370 毫米，第三叠筒瓦屋面的高度为 820 毫米，它们之间的高度比为 1:0.75:1.7。

四照亭的屋顶为三叠卷棚歇山顶，四坡屋顶，布瓦筒瓦屋面，瓦面三叠，第一、三叠为筒瓦屋面，第二叠为干槎瓦屋面。第二叠出檐比第一叠出檐外扩 600 毫米，第三叠出檐比第二叠出檐外扩 900 毫米，出檐比例为 2:3；第一叠筒瓦屋面投影面积为 8.63 平方米，第二叠干槎瓦屋面投影面积为 8.42 平方米，第三叠筒瓦屋面投影面积为 21.08 平方米，它们之间的面积比为 1:1:2.5。第一叠筒瓦屋面的高度为 450 毫米，第二叠干槎瓦屋面的高度为 400 毫米，第三叠筒瓦屋面的高度为 640 毫米，它们之间的高度比为 1:0.9:1.4。

由以上分析可知，春雨楼、四照亭虽然都是三叠屋顶，但是它们之间还是存在着相同点和不同点：

相同点：均是三叠卷棚屋面，以汉明器中的层叠式屋面为原型；第一、三叠为筒瓦屋面，第二叠为干槎瓦屋面；在第二叠、第三叠出檐的比例上，是相同的，均为 2:3；在高度方面，均是第二叠高度最低，第一叠次之，第三叠最高。

不同点：春雨楼的三叠卷棚屋顶为庑殿顶，四照亭的三叠卷棚屋顶为歇山顶，所以造成春雨楼第一叠屋面的垂脊是斜向的，而四照亭第一叠屋面的垂脊是垂直于建筑面阔的；在屋面投影面积比中可以看出，春雨楼的三叠屋面面积是层层扩大的，而四照亭的三叠屋面投影面积中，第一叠与第二叠屋面投影面积是基本相同的，均小于第三叠屋面。

2. 组合屋顶（图 91、92）

园林建筑稳如舟的屋顶是由硬山卷棚屋顶与歇山卷棚屋顶组合而成，布瓦筒瓦屋面。建筑的西端临水面做成半圆形船头，沿船头布置四根柱子，中间两柱支撑悬山顶门罩，两侧柱子与竹节斜撑支撑翼角屋面，立面形象由歇山山面与卷棚悬山顶门罩有机组合而成，工艺精巧、造型生动。

图 91　稳如舟屋面　　　　　　　　　　　　　图 92　深柳读书堂屋面

深柳读书堂为前出廊双层屋顶，即前廊的屋顶与室内的屋顶分成两层，上下层屋檐处均设勾头、滴水。这样的屋顶形式，可以在建筑下部形象不变的情况下，使上部屋顶更富有变化，打破大屋面呆板的样式，使屋面形象更有层次感，更为生动多姿。

（二）屋面做法

十笏园内屋面的瓦件均为布瓦，屋面做法主要有筒板瓦屋面、仰合瓦屋面、干槎瓦屋面和茅草屋面。

筒瓦屋面是用弧形片状的板瓦做底瓦，半圆形的筒瓦做盖瓦的瓦面做法。通常，在铺设筒瓦屋面时，先把板瓦按照脊上号好的垄成行铺设在灰背上，板瓦做到压七露三，垄与垄之间稍留空隙，然后在两垄之间铺设筒瓦，最后，使用夹垄灰将底瓦垄与盖瓦垄抹严，筒瓦与筒瓦之间用捉节灰勾缝。十笏园内90%的建筑屋面是此种做法（图93）。

仰合瓦屋面。合瓦在北方地区又叫阴阳瓦，其特点是盖瓦也使用板瓦，底、盖瓦按一反一正即"一阴一阳"排列。在十笏园中仰合瓦屋面很少出现，只是在民居部分的厢房中偶有出现（图94）。

图93　筒瓦屋面

图94　仰合瓦屋面

干槎瓦屋面，是由板瓦仰面成行铺设但在两行之间紧紧相连而不留空隙，在两行板瓦接缝处用泥灰填实一种屋面做法。这种屋面，相比于筒板瓦屋面与仰合瓦屋面，所用瓦的数量最少，屋面的重量最轻，所以，这是对木构件承重最有利的一种布瓦方式。在十笏园内，仅有两处出现了干槎瓦屋面，分别是春雨楼和四照亭三叠屋面中的第二叠（图95）。

小沧浪亭为四角攒尖草亭，是十笏园中唯一的茅草屋面建筑。茅草屋面，屋面为正方形，边长2.88米，投影面积8.3平方米，屋面高1.1米，高宽比约为1:3，屋面四角略有升起。茅草屋面搭配上不经斧斫的柱子，甚是古朴、自然（图96）。

（三）瓦件样式

十笏园内建筑大多为清代中晚期建筑，所以其瓦件的尺寸相对统一，差别不大，花纹略有不同。

1.勾头

十笏园中的勾头从尺寸方面分析，主要有三种尺寸，分别为：

图 95　春雨楼三叠屋面中间层干槎瓦屋面

图 96　小沧浪亭的茅草屋面

第一类长：220 毫米；宽：130 毫米；厚 20 毫米；烧饼盖直径：130 毫米。

第二类长：180 毫米；宽：120 毫米；厚 10 毫米；烧饼盖直径：120 毫米。

第三类长：180 毫米；宽：120 毫米；厚 10 毫米；烧饼盖直径：90 毫米。

第一、二类尺寸的勾头多数用在房子的屋面上，第三类勾头多数用在墙帽、小型的照壁、过道门上。

十笏园中的勾头从烧饼盖表面的花纹来分，主要有三种：分别为"寿"字花纹，龙纹及狮子纹（图 97、98、99）。从使用数量上来分析，狮子纹的勾头使用占据了大多数，约占总用量的 70%；"寿"字花纹、龙纹勾头的使用大体相当，各占 15%。从这三类勾头的整体保存情况来看，"寿"字花纹、龙纹勾头的使用年代要早于狮子纹样式的勾头。

图 97　寿字筒瓦

图 98　龙纹筒瓦

图 99　狮子纹筒瓦

2. 滴水

十笏园中的滴水从尺寸方面分析，主要有两种尺寸，分别为：

第一类滴水长：200 毫米；宽：200 毫米；厚：15 毫米；高：55 毫米。

第二类滴水长：160 毫米；宽：160 毫米；厚：15 毫米；高：50 毫米。

第一类尺寸的滴水与第一、二类尺寸的勾头搭配使用，多数用在房子的屋面上；第二类尺寸的滴水与第三类尺寸的勾头搭配使用，用在墙帽、小型的照壁、过道门上。

十笏园中的滴水从造型、表面的花纹来看，可分为两类。滴水的形状均为倒三角形，三角形两边做成如意曲线的形状，表面刻草形图案或蝴蝶图案。

二　门窗

在中国古建筑中，门窗一直在木装修中有着非常重要的地位，它们不仅能起到采光、通风、保温、防护和分隔空间的作用，而且还兼具艺术价值与美学价值。十笏园建筑中的门窗，无论是从其结构形式、艺术形式，还是承载的传统文化，均显现出较高的艺术内涵，从侧面反映出十笏园建筑艺术上的价值。

（一）门

十笏园中的门，大致可分为板门和隔扇门两种。

1. 板门

十笏园中的板门，主要是撒带式板门，依据其所用位置，可分为宅院门与居室屋门。

（1）宅院门

东二路大门中的板门，便是典型的撒带式板门。因其作为宅院的大门，所以在尺寸上，要远远大于作为居室的板门，并且在结构上也较居室的板门复杂。其长为 2600 毫米，宽为 980 毫米，厚为 35 毫米，两侧设有余塞门，中槛与上槛之间设走马板。整个板门表面涂黑色油饰，门框涂黑色油饰、红色线角，余塞板涂绿色油饰，走马板涂红色油饰。

（2）居室屋门

静如山房秋声馆中所用的板门，同样是撒带式板门，其结构形式便简单得多（图 100、101）。整樘门仅由门框、上下槛和门板组成，门板上设金色铺首，槛框为黑色油饰、红色线角，板门表面涂红色油饰。院内大多数板门式的屋门形式均与其相同，如芙蓉居，中路三进院东、西厢房，东二路二进院东、西厢房（图 102、103）；此外，也有个别建筑的居室门采用了宅院门的形式，但相对体量都较小，如东四路二进院正房、东厢房、西厢房（图 104、105）。

图 100　秋声馆板门

图 101　静如山房板门

图 102　芙蓉居板门　　　　　　　　　图 103　东四路二进院过堂板门

图 104　东四路二进院西厢房板门　　　　　图 105　东四路二进院正房板门

2. 隔扇门

隔扇门，是安装于建筑金柱或檐柱间，用于分隔室内外的一种装修。隔扇门由外框、隔扇心屉、裙板及绦环板组成，外框是隔扇的骨架，隔扇心屉安装在隔扇的上部，裙板是安装在外框下部的隔板，绦环板是安装在相邻两根抹头之间的小块隔板（图 106 ～ 109）。

十笏园中的隔扇门主要是六抹隔扇门，多数隔扇门在裙板及绦环板上做浮雕，隔扇门心屉的形式有步步锦、套方、码三箭等样式，高宽比集中在 1∶4 ～ 1∶5，厚在 60 ～ 80 毫米（图 110 ～ 113）。

3. 屏门

屏门，在十笏园中主要用于院落垂花门大门后，起到遮挡视线，分隔空间的作用。如东二路一进院垂花门，东三路一进院垂花门，东五路一进院垂花门，在大门的后侧均设置了屏门，屏门四扇为一组，表面涂暗红色油饰。屏门的门板比一般的撒带式板门要薄，多数厚度在 25 毫米左右，高宽比均约为 1∶4，略大于隔扇门的高宽比（图 114、115）。

图 106 深柳读书堂隔扇门

图 107 碧云斋隔扇门

图 108 东二路一进院东厢房隔扇门

图 109 东五路一进院东厢房隔扇门

图 110 东三路一进院正房隔扇门

图 111 东四路一进院东厢房隔扇门

图 112　东三路一进院东厢房隔扇门　　　　　　　图 113　西路倒座房隔扇门

图 114　东三路一进院垂花门屏门　　　　　　　　图 115　东五路一进院垂花门屏门

（二）窗

十笏园中的窗，主要分为花格窗、什锦窗二类。

1. 花格窗

花格窗由于其结构相对简单，布置灵活，形式多样，在明清时期多用于民居建筑中。十笏园中的花格窗在式样造型上，既有简单古朴的直棂窗（图116、117），又有步步锦（图118、119）、冰裂纹（图120）等心屉样式略复杂方窗（图121）、圆窗（图122），还有白毯纹菱花造型的圆窗（图123），可谓是繁简各异，风格各异（图124～127）。

2. 什锦窗

十笏园中的什锦窗实际为什锦漏窗，主要分布于丁家花园部分，起到装饰墙面的作用。通过在院墙上设置这种漏窗，使隔墙两侧的景观既有分隔又有联系，而且其本身又是一种装饰性极强的装修，同时

图 116 东四路二进院过堂直棂窗

图 117 芙蓉居直棂窗

图 118 十笏草堂步步锦窗扇

图 119 春雨楼步步锦窗扇

图 120 雪庵（小书巢）冰裂纹圆窗

图 121 东三路一进院东厢房套方窗

图 122　东三路倒座房冰裂纹圆窗

图 123　春雨楼白毡纹菱花圆窗

图 124　碧云斋槛窗

图 125　深柳读书堂槛窗

图 126　西路一进院西厢房槛窗

图 127　颂芬书屋槛窗

又兼有框景的作用（图128、129）。

通过以上的介绍，可以看出十笏园中的门窗设计花样繁多，风格迥异，看似是随心之作，实际却有着一定的规律。传统的儒家礼制主张君臣父子尊卑分明，门窗在结构、尺寸中等级分明，清晰地表明了这种传统的道德秩序。在十笏园中，位于中轴线上的建筑门窗在尺寸上均大于两厢或倒座的门窗，在样式的选择上，中轴线建筑的门窗也较其他建筑复杂。如东二路二进院院落中的东、西厢房，使用的是板门，而作为院落主要建筑的正房，便是使用的隔扇门；再如东四路二进院，虽然倒座与正房都是使用的板门，但正房的板门构造明显复杂于倒座的板门（图130）。

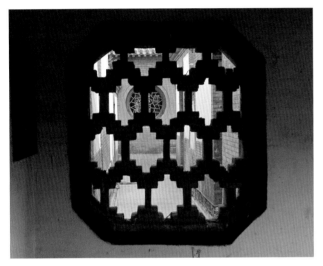
图128 游廊什锦窗

图129 东一路二进院南随墙门什锦窗

图130 板门对比

三　斜撑

潍坊市地处北温带季风区，南依山北靠海，气候适宜，冬冷夏热，四季分明，年平均降水量在650毫米左右。从天气降水的方面考虑，十笏园建筑上并不需要太长的挑檐甚至是做出檐步出廊的形式，所以，在能充分满足使用功能的情况下，十笏园中的很多建筑使用了斜撑挑檐的形式。

斜撑挑檐通常是在屋檐下用一根木材作为斜撑，下端顶在柱身上，上端支在撑枋下，屋面的荷载通过斜撑传递到柱子上，进而将荷载传至基础。考虑到传力的合理与立面的效果，斜撑通常都做成弧形。十笏园中的斜撑从制作的精细程度上，可分为三类：（1）斜撑表面无任何修饰，这种斜撑主要用在极次要的过道门、随墙门中。（2）将撑木做成竹子的形式，在当地被称为"竹撑"，是十笏园建筑中大多数采用的形式。（3）斜撑表面雕刻祥云、草龙，称为"草龙斜撑"，在十笏园仅在东五路一进院东、西厢房出现。

1. 竹撑（图131）

在十笏园中共有二十余处建筑的斜撑采用了竹撑的形式，即将斜撑雕刻成竹节形，并在表面施绿色油饰，这是潍坊十笏园建筑中所特有的一种装饰形式，在其他的建筑群中是很少见的。十笏园中的斜撑之所以大多数采用竹子的形象，应该是与以下两点因素是分不开的：

其一，竹文化的影响。竹文化是我国劳动人民在长期生产实践和文化活动中，把竹子形态特性总结成了一种做人的精神，如虚心、气节等，其内涵已紧密地与中华民族的民族气质合二为一，形成民族品质的象征。看到竹子，人们自然想到它不畏逆境、不惧艰辛、中通外直、宁折不屈的品格。

其二，名人效应的推动。提起竹子，便不得不提起一个人，那就是扬州八怪之一的郑板桥。郑板桥在潍县做县令期间，将竹文化在士绅阶层广泛传播，潍县的士绅纷纷以竹自比，表现自己高尚品质。郑板桥本人画竹成癖，整整画了40年，集古今画竹成就之大成，他画的墨竹疏淡飘逸，千姿百态，可以观照出宁静淡泊的性格，连他写的字也如片片竹叶。普普通通的竹子形成的竹风竹情、竹画竹诗成为竹文化的有效载体。在一定程度上反映了文人们性格中的刚毅、坚强的内涵。

2. 草龙斜撑（图132）

草龙斜撑，在十笏园内仅出现在两座建筑中，分别为东五路一进院东、西厢房。斜撑的表面雕刻

图131　前檐竹节斜撑

图132　草龙斜撑

成组的卷草、祥云，斜撑的上端与穿插枋的交汇处，雕出一个龙头，便形成了草龙的形象。整个斜撑雕工精美，惟妙惟肖。在封建社会，龙虽然象征皇帝，只有皇族才有使用的权利，但它早已是中华民族的图腾形象，具有神圣的象征意义，所以尽管朝廷禁止在民间建筑上用龙作装饰，但是除了在京城外，地方上仍有用龙作装饰的。这也是为什么在十笏园如此众多的建筑中，仅有两处建筑使用草龙斜撑的原因。

四　雕刻与题字

整个建筑群成为艺术的载体，木雕、砖雕等雕刻与书法匾额、楹联处处显示着宅院主人喜爱诗书的风范，渗透着浓郁的儒家思想和传统文化的魅力。

经过作画、雕坯、出细等多道工序，雕刻出各种高浮雕、浅浮雕等各种形式的作品。内容非常广泛，特别是融于整个建筑群的木雕、砖雕分别装饰着斗栱、雀替、挂落、栋梁、照壁、廊心、柱础石、墙基石、匾额、帘架、门罩等，雕刻题材丰富多彩，技法精致多样。内容包含：岁寒三友、四季花卉、莲生贵子、麒麟送子、佛家八宝等题材，花样繁多。

"鸢飞鱼跃"四字石刻，原为唐代韩愈于贞观二十年，贬为阳山令所书的自勉之作。字体飞动婉转，气贯长虹，有草篆隶笔意，安排得有正有欹，冶草篆隶于一炉，寓情于书，有形神兼备、意到笔随之妙。十笏园中此石刻为清中晚期书画家翟云升临摹，深得其精华，惟妙惟肖（图133）。

丁善宝撰、翰林丁良干书写的《十笏园》，记述了当时建园情况及其意图，是十笏园主人亲撰；还有由张昭潜撰、清末状元曹鸿勋书写的《十笏园记》，极具书法价值，同时也是十笏园最好的史料证明（图134）。

亭廊楹柱间所镶嵌张挂的石刻木联均出自名家手笔，与园林建筑名称的诗情画意，营造出浓厚高雅的民间文化氛围。

图133　"鸢飞鱼跃"四字石刻

图134　《十笏园记》题刻

　　游园题诗大多出自名人手笔，书法不一，是刻于墙壁上的书法作品，如康有为、安丘的王瑞麟、平度的白永修等的亲笔题诗，极具观赏价值（图135、136）。

　　十笏园的回廊墙壁上嵌有当时园主收集的郑板桥兰竹图画石刻和纯字石刻10通，其中包括"难得糊涂"和"吃亏是福"刻字2通，均具有较高的艺术价值（图137、138）。

图135　康有为碑刻

图136　白永修碑刻

图137　郑板桥兰竹图画石刻

图138　"难得糊涂"和"吃亏是福"刻字

五　包袱锦彩绘

　　十笏园内建筑梁架彩绘主要为包袱锦彩绘，包袱锦彩绘是苏式彩绘中的重要部分。"包袱"这一题材，最早源于中国古代以锦绣织品包裹梁架的做法，为华贵之表示，后逐渐演变为建筑上的彩绘艺术。东五路一进院正房的梁架表面，绘制的便是包袱锦彩绘。

如图所示（图139～142），东五路一进院正房架梁上的包袱锦彩绘在构图方面比较简洁，梁与枋作为一个整体，舍去了箍头、找头部分，仅保留了中间的包袱部分，原箍头、找头部分全部绘制成木纹彩绘作为背景。包袱线采用硬烟云形式。整体颜色以金色、蓝色、朱红为主。

图 139　包袱锦彩绘

图 140　包袱锦彩绘

图 141　包袱锦彩绘

图 142　包袱锦彩绘

第三节　建筑营造尺度与设计分析

在本节，我们对十笏园内的建筑营造尺度体系与设计作初步探讨，由于十笏园内的建筑形式相对统一，故选取最具有代表性的建筑进行尺度上的分析，得出结论。此外，由于砚香楼是十笏园古建筑群中仅存的明代建筑，所以在最后我们会单独对其进行比较分析，以此得出明、清建筑在营造尺度体系与设计上的异同点。

一　建筑营造尺度体系分析

营造尺，《辞源》注释为："唐以来历朝工部营造用的尺。也称部尺，俗称鲁班尺。"（清）《续文献通考》乐考·度量衡："商尺者，即今木匠所用曲尺，盖自鲁班传至于唐，唐人谓之大尺。由唐至今用之，名曰今尺，又名营造尺。"由此可知，营造尺系自鲁班而来，在唐时已成体系，为工匠所用。

营造尺在各个朝代有着不同的标准，如宋朝时，在浙江淮河等地的地方尺长度分别为27.43厘米和37厘米。在清代，京合营造尺为32厘米，中国国家博物馆所藏"康熙御制"铭残牙尺，每寸合3.2厘米，与紫金山天文台铜景表尺上的清营造尺长度完全一致；而在南方官尺多为29.86厘米。而且营造尺还受南北方对待传统的不同方式而产生不同差异，今时北方木工多支持律制，而南方木工却倾向承袭地域传统；还有不同的匠师派别也各自都有不同的用尺方法。

本报告以东五路一进院正房为例，将其平面柱网间距实测值、檐步标高实测值、梁架檩间距实测值分别列表分析，从而推断出其与清代营造尺的关系。

1. 建筑平面营造尺度分析

表1　东五路一进院正房平面柱网间距营造尺度分析表

部位名称		实测尺寸（毫米）	推定营造尺寸真值（尺）	营造尺长度推算结果	与前檐柱高比（H1=3770）	与后檐柱高比
宽	明间柱心距	3700	11.5	1尺≈321.74毫米	10：10.2	
	西次间柱心距	3510	11	1尺≈319.09毫米	10：10.7	
	东次间柱心距	3520	11	1尺≈320.00毫米	10：10.7	
进深	前檐廊进深	1480	4.5	1尺≈328.89毫米	10：25.5	
	前后金柱柱心距	4920	15.5	1尺≈317.42毫米	10：7.7	
	后金柱至后檐墙中线	1630	5	1尺≈326.00毫米	10：23	
分析结论		1. 面宽方向总尺寸 =11.5+11+11=33.5 营造尺 2. 进深方向总尺寸 =4.5+15.5+5=25 营造尺 3. 平均1营造尺的长度约为322.19 毫米				

2. 建筑立面营造尺度分析

表2　东五路一进院正房檐部标高营造尺度分析表

部位名称	实测尺寸（毫米）	推定营造尺寸真值（尺）	营造尺长度推算结果	与前后檐柱径比例（D1=340）
前檐柱高	3770	12	1尺≈314.17毫米	11.09D
前檐檩底高	4080	13	1尺≈313.85毫米	——
前檐檩底至脊檩底高	2420	7.5	1尺≈322.67毫米	——
后檐檩底高	4000	12.5	1尺≈320.00毫米	——
后檐檩底至脊檩底高	2500	8	1尺≈312.5毫米	——
分析结论	1. 前檐檩底皮设计标高为13营造尺 2. 正立面檐檩约在建筑总高度的1/2处 3. 后檐檩底皮设计标高为12.5营造尺 4. 背立面檐檩约在建筑总高度的1/2处 5. 平均1营造尺的长度约为316.64毫米			

3.建筑梁架檩间距营造尺度分析

表 3　东五路一进院正房檩条间距营造尺度分析表

部位名称	实测尺寸（毫米）	推定营造尺寸真值（尺）	营造尺长度推算结果
前檐檐檩心至前檐下金檩心间距	1340	4.2	1 尺 ≈ 319.05 毫米
前檐下金檩心至前檐上金檩心间距	1210	3.8	1 尺 ≈ 318.42 毫米
前檐上金檩心至脊檩心间距	1250	4	1 尺 ≈ 312.5 毫米
脊檩心至后檐上金檩心间距	1250	4	1 尺 ≈ 312.5 毫米
后檐上金檩心至后檐下金檩心间距	1210	3.8	1 尺 ≈ 318.42 毫米
后檐下金檩心至后檐檐檩心间距	1630	5.2	1 尺 ≈ 313.46 毫米
分析结论	1. 前后檐檩总跨距为 7890 毫米，可折合约 25 营造尺 2. 自前檐檐檩至后檐檐檩檩条实测间距分别为 4.2+3.8+4+4+3.8+5.2=25 营造尺 3. 平均 1 营造尺的长度约为 315.73 毫米		

营造尺度分析：

①建筑平面尺度分析

由表 1 分析计算得知，东五路一进院正房开间和进深尺度的设计采用了"丈、尺、寸、分、厘、毫"尺度体系，并呈现出开间、进深尺度整尺或半尺模数制的设计规律。

②建筑立面尺度分析

通过表 2 分析计算发现，东五路一进院正房前、后檐高度是对称的，前檐檐檩至室内地面的距离和前檐檐檩至正脊上皮距离大致相当，均约为 13 营造尺（前檐檐檩至正脊上皮距离 =7.5+5.2=12.7 营造尺，5.2 营造尺为脊檩以上的灰背层高加正脊高），前檐檐檩约在建筑总高度的 1/2 处。

③梁架水平步跨距分析

经表 3 分析计算，东五路一进院正房各"檩条"的水平间距与营造尺没有明显的整尺或半尺模数规律。但从总体上观察，前后檐檐檩间距却有明显的整尺或半尺模数规律，前、后檩跨距均为 25 营造尺。

通过以上的分析可以看出，十笏园虽然不是官式建筑群，但是其开间布置、柱子分布、檩条间距、屋身高度、建筑立面等决定建筑空间和结构形式的主要尺寸都是运用"丈、尺、寸、分、厘、毫"的传统十进位制尺度体系进行设计的。其尺度关系体系明确，逻辑构成关系清晰。关于十笏园古建筑群的营造尺尺度，考虑到在建筑营造时的施工误差及建成后又经过几百年的构件变形和结构位移，这里把营造尺长度推定为 1 营造尺 =320.00 毫米，与中国历史博物馆所藏"康熙御制"铭残牙尺的尺寸一致。

二　十笏园古建筑与清《工程做法则例》

清代于雍正年间钦定公布《工程做法则例》（以下简称《则例》）之后，北方的大部分公私建筑，在设计上均受《则例》影响。在本节，我们以东五路一进院正房为例，从平面设计、举架设计两个方面进行分析，进而总结出其在设计上的一些特点。

1. 建筑平面设计

古建筑平面设计，主要是各间面阔与进深尺寸的确定，而面阔与进深尺寸的确定，又与檐柱或金柱高关系密切，现将东五路一进院正房的面阔、进深、柱高的实测尺寸及相互比例列表如下：

表 4　东五路一进院正房面阔、进深、柱高比值对比分析表

部位名称		实测尺寸（毫米）	明间面阔与前檐柱高比例（H1=3770）	明间与次间面阔比例	进深与明间面阔比例
面宽	明间柱心距	3700	1:1		
	西次间柱心距	3510		1:0.95	
	东次间柱心距	3520		1:0.95	
进深	第一间进深	1480			1:2.5
	第二间进深	4920			1:0.75
	第三间进深	1630			1:2.26

从表 4 可以得出以下结论：

（1）东五路一进院正房明间面阔与前檐柱高比例为 1:1，而《则例》中明间面阔与前檐柱高比例通常在 1:0.8。这说明在这方面的设计中，十笏园古建筑更偏重于考虑场地条件与使用功能。

（2）东五路一进院正房明间与次（梢）间面阔比例为 1:0.95，而《则例》中相类似的小式建筑明间与次（梢）间面阔比例同样为 1:0.95。这说明在明间与次（梢）间面阔比例设计方面，十笏园古建筑受《则例》的影响较大。

（3）东五路一进院正房进深为三间，第一间进深与明间面阔比例为 1:2.5，第二间进深与明间面阔比例约为 1:0.75，第三间进深与明间面阔比例约为 1:2.6。说明在此方面设计中，十笏园古建筑显示出了民居布局灵活，偏重使用功能的特点。

2. 建筑步架、举架设计

屋顶作为中国古建筑的重要部分，对建筑设计的立面效果有着决定性的影响，而屋顶的形象完全取决于建筑步架、举架的设计。下面我们便将东五路一进院正房进行列表分析，同时在表中给出《则例》中建筑形式类似的小式建筑所选取的尺寸，分析十笏园建筑在此设计方面受《则例》影响的大小。

表 5　东五路一进院正房步架、举架尺寸分析表

部位名称	测量尺寸（毫米）	步架、举架比例（檐柱径 D=280）	《则例》常用步架、举架推算尺寸（毫米）	《则例》常用步架、举架比例（檐柱径 D=280）
前檐檐步	1340	4.8D	1120~1400	4D~5D
前檐金步	1210	4.3D	1120	4D
脊步	1250	4.5D	1120	4D
后檐金步	1210	4.3D	1120	4D
后檐檐步	1630	5.8D	1120~1400	4D~5D
檐步举架	780	五八举	670	五举
金步举架	730	六举	786.5	六五举
脊步举架	910	七三举	1062.5	八五举

经以上表格分析，可得出如下结论：

（1）东五路一进院正房的檐步尺寸分布在 4D~5D 之间（D 为檐柱径），金步步架与脊步步架的设计尺寸多数集中在 4D 左右，其尺寸选取与《则例》中小式建筑所规定的尺度大体相同，故在此方面受《则例》的影响较大。

（2）东五路一进院正房的檐步举架设计尺寸大于《则例》常用的举架比例五举，为五八举；脊步举架设计尺寸略小于《则例》常用的举架比例八五举或九举；中间金步举架尺寸略小于《则例》常用的举架比例。故在举架设计方面，十笏园古建筑受《则例》影响较小。

三 明代建筑——砚香楼的营造尺度与设计方法分析

砚香楼是十笏园古建筑群中仅存的明代建筑，在本小节，我们将其平面柱网间距实测值、檐步标高实测值、梁架檩间距实测值如东五路一进院正房列表分析，以便分析其与清代营造尺又存在着何种关系。

1. 砚香楼营造尺度分析

（1）建筑平面营造尺度分析

表 6　平面柱网间距营造尺度分析表

部位名称		实测尺寸（毫米）	推定营造尺寸真值（尺）	营造尺长度推算结果	与前檐柱高比（H1=3340）
面宽	明间柱心距	3210	10	1 尺 ≈ 321.00 毫米	10：10.4
	西次间柱心距	3210	10	1 尺 ≈ 321.00 毫米	10：10.4
	东次间柱心距	3210	10	1 尺 ≈ 321.00 毫米	10：10.4
进深	前檐柱柱心距至前檐金柱柱心距	1155	3.5	1 尺 ≈ 330.00 毫米	10：29
	前后金柱柱心距	2320	7.2	1 尺 ≈ 322.22 毫米	10：14.4
	后金柱至后檐墙中线	1330	4	1 尺 ≈ 332.50 毫米	10：25
分析结论		1. 面宽方向总尺寸 =10+10+10=30 营造尺 2. 进深方向总尺寸 =3.5+7.2+4=14.7 营造尺 3. 平均 1 营造尺的长度约为 324.62 毫米			

（2）建筑立面营造尺度分析

表 7　檐部标高营造尺度分析表

部位名称	实测尺寸（毫米）	推定营造尺寸真值（尺）	营造尺长度推算结果	与前檐柱径比例（D1=200）
一层高度	3120	9.5	1 尺 ≈ 328.42 毫米	——
二层前檐柱高	3340	10	1 尺 ≈ 334.00 毫米	16.7D
前檐檩底高	6680	20	1 尺 ≈ 334.00 毫米	——
前檐檩底至脊檩底高	1560	4.7	1 尺 ≈ 331.91 毫米	——
后檐檩底高	6680	20	1 尺 ≈ 334.00 毫米	——
后檐檩底至脊檩底高	1560	4.7	1 尺 ≈ 331.91 毫米	——
分析结论	1. 檐檩底皮设计标高为 20 营造尺 2. 立面檐檩约在建筑总高度的 1/5 处 3. 平均 1 营造尺的长度约为 332.37 毫米			

（3）建筑梁架檩间距营造尺度分析

表 8　檩条间距营造尺度分析表

部位名称	实测尺寸（毫米）	推定营造尺寸真值（尺）	营造尺长度推算结果
前檐檐檩心至前檐金檩心间距	1155	3.5	1 尺 ≈ 330.00 毫米
前檐金檩心至脊檩心间距	1125	3.5	1 尺 ≈ 321.43 毫米
脊檩心至后檐金檩心间距	1125	3.5	1 尺 ≈ 321.43 毫米
后檐金檩心至后檐檐檩心间距	1150	3.5	1 尺 ≈ 328.57 毫米
分析结论	1. 前后檐檩总跨距为 4555 毫米，可折合约 14 营造尺 2. 自前檐檐檩至后檐檐檩檩条实测间距分别为 3.5+3.5+3.5+3.5=14 营造尺 3. 平均 1 营造尺的长度约为 325.36 毫米		

营造尺度分析：

①建筑平面尺度分析

由表 6 砚香楼平面柱网布局现状测量成果分析测算得知，其开间尺度呈现出整尺的设计规律，但在进深尺度方面，14.7 营造尺与整尺或半尺模数略有差距。

②建筑立面尺度分析

通过表 7 分析计算可以发现，首先，砚香楼的层高，檩条标高，柱高在设计时均采取了整尺或半尺的设计模数制，如二层地面至一层地面距离为 9.5 营造尺，二层檐柱高为 10 营造尺。

③梁架水平步跨距分析

经表 8 分析计算，各"檩条"的水平间距大致均等，均约为 3.5 营造尺，符合半尺模数的设计规律。

综上所述，砚香楼在开间布置、柱子分布、檩条间距、屋身高度、建筑立面等设计时同样运用了"丈、尺、寸、分、厘、毫"的传统十进位制尺度体系进行设计，考虑到在建筑营造时的施工误差及建成后的构件变形和结构位移，这里把砚香楼的营造尺长度同样推定为 1 营造尺 =320.00 毫米，与清代建筑设计时所用的营造尺长度相同。

2. 砚香楼举架设计分析

在我国，官式建筑的屋面曲线设计，按时间先后大体遵从过两种制度，其一为宋《营造法式》中规定的举折制度，其二为清工部《工程做法则例》规定的举架制度。《工程做法则例》中的规定，一般是遵从檐步五举，金步六五举或七五举，脊步九举或九五举，从而得出屋面曲线。宋《营造法式》举折制度中规定（图 143），"以前后橑檐枋心相去远近分为四份，自橑檐枋背至槫背上四份中举起一份……以举高尺丈每尺折一寸，每架自上递减半为法。如举高二丈，即先从脊槫背上取平，下至橑檐枋背，其上第一缝折二尺，又从上第一缝槫背取平，下至橑檐枋背，于第二缝折一尺，若椽数多即逐缝取平，皆下至橑檐枋背，每缝并减上缝之半"（宋《营造法式·看详》"举折"条）。

民居的屋面设计，虽未有明确的设计规则，但相应时期的民居建造，还是多数受到《营造法式》或《工程做法则例》的影响。砚香楼为十笏园仅存的明代建筑，其所处的时期，正式《营造法式》已产生变化，《工程做法则例》逐渐形成的过渡时期，在此，我们便根据实测的举架尺寸，来分析砚香楼的举架设计受哪种制度的影响更大。

砚香楼梁架实测尺寸如下图：

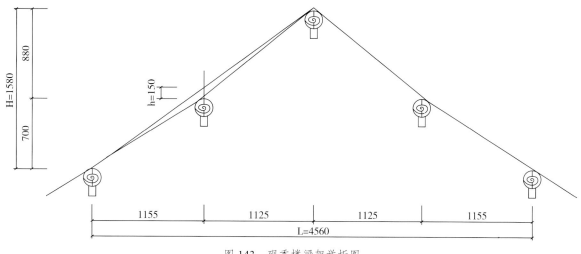

图 143 砚香楼梁架举折图

（1）按《工程做法则例》制度分析砚香楼举架：

如上图所示，檐步步距为 1155 毫米，脊步步距为 1125 毫米，檐步举架为 700 毫米，脊步举架为 880 毫米。

按《工程做法则例》制度，檐步举架一般取 5 举，脊步举架一般取 7 举，计算得

檐步举架 =577.5 毫米，脊步举架 =787.5 毫米。

计算步架尺寸与实测尺寸不同，即砚香楼举架设计并为受《工程做法则例》的影响。

（2）按《营造法式》制度分析砚香楼举架：

如上图所示，设前后檐檐檩中线距离为 L，檐檩上皮至脊檩上皮的距离为 H，按宋《营造法式》中规定的举折制度，有如下规律：

$$H = \frac{1}{3}L \sim \frac{1}{4}L, \quad h = \frac{1}{10}H$$

根据图上实测尺寸，L=4560 毫米，H=1580 毫米，h=150 毫米

理论值 $[h] = \frac{1}{10}H = \frac{1}{10} \times 1580 = 158$ 毫米

$[H] = \frac{1}{3}L \sim \frac{1}{4}L = \frac{1}{3} \times 4560 \sim \frac{1}{4}4560 = 1520 \sim 1140$ 毫米

实际值与理论值偏差：

[h]−h=158−150=8 毫米，偏差幅度 5%；

[H]−H=1520−1580=−60 毫米，偏差幅度 4%；

综上所述，砚香楼举架设计受《营造法式》制度影响较大。

第四章　十笏园勘察设计

第一节　勘察范围与对象

　　2004 年，山东省文物科技保护中心受潍坊市文化局委托，针对位于潍坊市潍城区胡家牌坊街中段，东至关帝庙巷子，西至曹家巷，南至胡家牌坊街，北至庙南街，占地面积 9000 余平方米的全国重点文物保护单位——十笏园进行了现场勘察，本次共勘察测绘十笏园范围内 104 座现存文物建筑，总建筑面积 3859.58 平方米（图 144）。

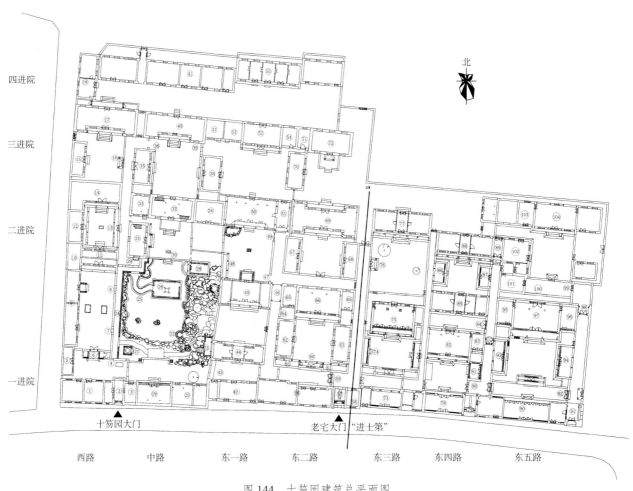

图 144　十笏园建筑总平面图

本次勘察测绘的主要有静如山房秋声馆、深柳读书堂、颂芬书屋、雪庵（小书巢）、十笏草堂、四照亭、春雨楼、砚香楼、碧云斋、绣楼、芙蓉居等文物建筑，以下为十笏园现场勘察测绘文物建筑建筑名称，建筑面积一览表（表9）：

表9　现场勘察测绘文物建筑列表

序号	建筑名称	建筑面积（平方米）	序号	建筑名称	建筑面积（平方米）	序号	建筑名称	建筑面积（平方米）
1	西路倒座房	71.6	32	砚香楼	123.86	63	东二路一进院东厢房	40.23
2	西路大门	19.33	33	砚香楼西耳房	25.1	64	东二路一进院西随墙门	0.72
3	十笏草堂西倒座房	15.45	34	砚香楼东耳房	42.34	65	东二路一进院东、西耳房	40.52
4	西路一进院影壁	1.69	35	中路三进院西厢房	43.79	66	东二路一进院正房	90.72
5	西路一进院西厢房	20.04	36	中路三进院东厢房	47.22	67	东二路二进院西厢房	35.78
6	西路一进院过门	10.44	37	中路三进院东耳房	22.14	68	东二路二进院东厢房	35.75
7	西路一进院南便门	0.34	38	中路三进院西随墙门	0.66	69	东二路二进院正房	128.45
8	西路一进院北便门	0.35	39	中路三进院东随墙门	0.48	70	东二路三进院西厢房	40.32
9	静如山房秋声馆	65	40	中路三进院正房	93.98	71	东二路三进院西耳房	15.76
10	深柳读书堂西耳房	23.02	41	中路四进院正房	128.61	72	绣楼	121.6
11	深柳读书堂	56.94	42	东一路倒座房	61.4	73	东三路倒座房	47.63
12	西路二进院西厢房	30.95	43	东一路一进院单坡廊	0.72	74	东三路一进院单坡廊	8.91
13	西路二进院随墙门	0.7	44	东一路一进院过堂	60.45	75	东三路一进院正房	80.58
14	颂芬书屋	83.8	45	碧云斋	82.04	76	东三路二进院垂花门	6.35
15	西路三进院西厢房	29.66	46	东一路东二路夹道南过门	9.32	77	芙蓉居	89.17
16	西路三进院随墙门	4.05	47	东一路二进院南随墙门	0.53	78	东四路倒座房	38.19
17	雪庵（小书巢）	120.68	48	东一路二进院西单坡廊	10.07	79	东四路大门	19.11
18	西路四进院西厢房	49.6	49	东一路二进院北随墙门	0.75	80	照壁	1.72
19	十笏草堂	51.5	50	东一路二进院正房	94.76	81	东四路一进院东厢房	12.58
20	十笏草堂东倒座房	50	51	东一路东二路夹道北过门	23.72	82	东四路一进院正房	78.69
21	小沧浪亭	4.49	52	东一路三进院正房	66.29	83	东四路一进院东耳房	15.72
22	漪岚亭	2.3	53	东一路三进院西耳房	22.14	84	东四路二进院东门	0.75
23	落霞亭	8.76	54	东一路三进院东耳房	19	85	东四路二进院过堂	68.84
24	游廊	58.62	55	东一路四进院正房	104.45	86	东四路二进院西厢房	16.44
25	平桥	8.07	56	东二路倒座房	100.91	87	东四路二进院东厢房	14.7
26	四照亭	27.22	57	东二路大门	16.9	88	东四路二进院正房	81.68
27	蔚秀亭	3.5	58	东二路大门侧房	16.04	89	东四路东五路夹道北过门	2.98
28	稳如舟	19.02	59	东二路一进院东便门	1.24	90	东五路倒座房	110.51
29	游廊北便门	0.79	60	东二路一进院垂花门	13.33	91	东五路大门	21.64
30	"鸢飞鱼跃"花墙	0.44	61	东二路一进院回廊	25.34	92	五路一进院前东随墙门	1.08
31	春雨楼	96.9	62	东二路一进院西厢房	40.28	93	东五路一进院西厢房	26.75

序号	建筑名称	建筑面积（平方米）	序号	建筑名称	建筑面积（平方米）	序号	建筑名称	建筑面积（平方米）
94	东五路一进院东厢房	31.41	98	东五路东过道垂花门	1.18	102	东五路二进院西厢房	47.25
95	东五路一进院西耳房	24.22	99	东五路二进院东前随墙门	0.59	103	东五路二进院西耳房	24.17
96	东五路一进院东耳房	24.77	100	东五路二进院照壁	2.46	104	东五路二进院正房	66.43
97	东五路一进院正房	100.35	101	东五路二进院西厢南房	29.1			

第二节　主要建筑现状勘察

一　建筑残损等级分类

依据《古建筑木构架维修与加固技术规范》（GB50165-92），结合《中国文物古迹保护准则》相关规定，将建筑残损等级分为四类：

1.残损现状属日常保养范畴类的建筑归为Ⅰ类建筑：承重结构中原有的残损点均已得到正确处理，尚未发现新的残损点或残损征兆。

2.残算现状属防护加固范畴类的建筑归为Ⅱ类建筑：承重结构中原先已修补加固的残损点，有个别需要重新处理；新近发现的若干残损迹象需要进一步观察和处理，但不影响建筑物的安全和使用。

3.残损现状属现状修整范畴类的建筑归为Ⅲ类建筑：承重结构中关键部位的残损点或其组合已影响结构安全和正常使用，有必要采取加固或修理措施，但尚不致立即发生危险。

4.残损现状属重点修复范畴类的建筑归为Ⅳ类建筑：承重结构的局部或整体已处于危险状态，随时可能发生意外事故，必须立即采取抢修措施。

按照上述建筑残损等级分类，现状勘察时针对文物建筑屋面、木基层、木构架、木装修、墙体墙面、地面、石作和油饰八个重要组成部分，制定了详细的分类等级标准，分类标准如表10所示，按照标准将十笏园104座建筑进行了残损等级分类的评定。

表10　残损等级分类表

等级	残损部位	残损情况
Ⅰ类建筑	屋面	屋面长草；屋面瓦件局部轻微破损
	木基层	椽望基本完好
	木构架	木构架基本完好；柱子轻微裂缝
	木装修	木装修仅存在油饰脱色
	墙体、墙面	墙体轻微酥碱；墙面局部轻微空鼓
	地面	地面保存完好，青砖局部轻微破损
	石作	石作基本完好
	油饰	油饰彩绘脱色

等级	残损部位	残损情况
Ⅱ类建筑	屋面	屋面局部破损，杂草丛生，局部瓦件残破
	木基层	橡望局部轻微糟朽
	木构架	梁架有轻微裂缝，柱子表面轻微糟朽，柱皮小局部糟朽
	木装修	基本完好，油饰彩绘轻微脱落
	墙体、墙面	墙体局部酥碱；灰缝轻微脱落；墙面局部脱落
	地面	地面基本完好，局部青砖破损
	石作	轻微破损、游离
	油饰	油饰彩绘脱落
Ⅲ类建筑	屋面	屋面漏雨、下沉、檐部变形、排山勾头、滴水破损严重，瓦件掰裂严重，夹垄灰脱落严重，正脊、垂脊残破严重
Ⅲ类建筑	木基层	望板糟朽、断裂严重，直橡、飞橡糟朽、缺失严重，连檐、瓦口糟朽严重
	木构架	梁架开裂程度较大，拔榫严重，梁枋等构件糟朽虫蛀；檩条开裂、糟朽、位移游离较为严重；柱子糟朽开裂部分较大，柱础石缺失、风化严重
	木装修	小木作残损，门窗严重糟朽、缺失或者后期不当维修导致门窗变更，油饰基本脱落
	墙体、墙面	墙体青砖酥碱严重，存在裂缝，灰缝脱落较为严重，存在歪闪，甚至局部墙体塌落；白灰墙面空鼓、脱落较为严重
	地面	地面砖破损严重，地面凹凸不平，后期不当维修导致地面砖铺砌方式或青砖尺寸变更
	石作	石作风化、游离严重，部分缺失或者存在较大裂缝，无法继续使用
	油饰	脱落严重，无法起到保护构件的作用
Ⅳ类建筑	屋面	屋面局部或者全部坍塌
	木基层	全部糟朽，局部或者大部缺失
	木构架	梁架糟朽特别严重，通体开裂，裂缝深度和宽度均大于构件直径的1/4，梁头出现横断裂纹，梁、枋、檩、瓜柱等出现歪闪、坍塌、断裂、严重糟朽等；柱子有较大裂缝，且严重影响构件的力学性能
	木装修	木装修缺失、糟朽严重
	墙体、墙面	墙体坍塌、歪闪严重，通体有裂缝，严重影响建筑安全；墙面脱落严重，外漏墙体，且存在较大裂缝
	地面	地面破损严重，坑坑洼洼，或者地面砖缺失
	石作	有较大裂缝，风化、破损特别严重
	油饰	油饰基本全部缺失

以表 10 为依据，结合十笏园建筑的残损记录，将十笏园建筑进行残损等级分类（图 145　建筑残损等级分布图），没有Ⅰ类建筑，Ⅱ类建筑共有 10 座，占建筑总数的 10%，Ⅲ类建筑共有 77 座，占建筑总数的 74%，Ⅳ类建筑共有 17 座，占建筑总数的 16%。

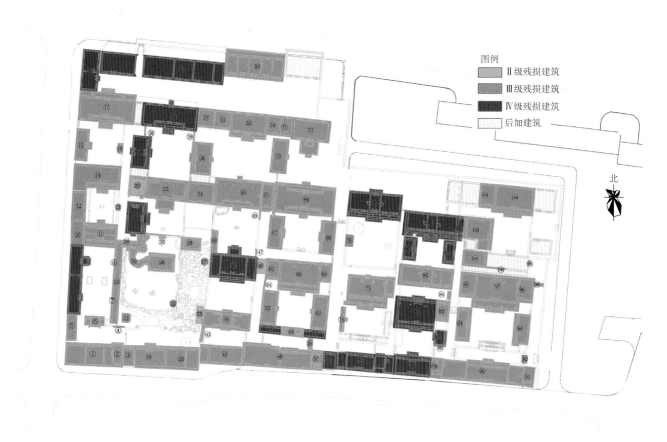

图 145　十笏园建筑残损等级分布图

表 11　十笏园各单体残损等级分类一览表

序号	建筑名称	残损等级类别
1	西路倒座房	Ⅲ
2	西路大门	Ⅲ
3	十笏草堂西倒座房	Ⅲ
4	西路一进院影壁	Ⅲ
5	西路一进院西厢房	Ⅲ
6	西路一进院过门	Ⅲ
7	西路一进院南便门	Ⅲ
8	西路一进院北便门	Ⅲ

序号	建筑名称	残损等级类别
9	静如山房秋声馆	IV
10	深柳读书堂西耳房	III
11	深柳读书堂	III
12	西路二进院西厢房	III
13	西路二进院随墙门	II
14	颂芬书屋	III
15	西路三进院西厢房	III
16	西路三进院随墙门	III
17	雪庵（小书巢）	III
18	西路四进院西厢房	IV
19	十笏草堂	III
20	十笏草堂东倒座房	III
21	小沧浪亭	III
22	漪岚亭	III
23	落霞亭	II
24	游廊	III
25	平桥	III
26	四照亭	III
27	蔚秀亭	II
28	稳如舟	III
29	游廊北便门	III
30	"鸢飞鱼跃"花墙	II
31	春雨楼	IV
32	砚香楼	III
33	砚香楼西耳房	II
34	砚香楼东耳房	III
35	中路三进院西厢房	IV

序号	建筑名称	残损等级类别
36	中路三进院东厢房	III
37	中路三进院东耳房	III
38	中路三进院西随墙门	II
39	中路三进院东随墙门	II
40	中路三进院正房	IV
41	中路四进院正房	IV
42	东一路倒座房	III
43	东一路一进院单坡廊	II
44	东一路一进院过堂	III
45	碧云斋	III
46	东一路东二路夹道南过门	II
47	东一路二进院南随墙门	III
48	东一路二进院西单坡廊	III
49	东一路二进院北随墙门	III
50	东一路二进院正房	III
51	东一路东二路夹道北过门	III
52	东一路三进院正房	III
53	东一路三进院西耳房	III
54	东一路四进院东耳房	III
55	东一路四进院正房	III
56	东二路倒座房	III
57	东二路大门	III
58	东二路大门 侧房	IV
59	东二路一进院东便门	III
60	东二路一进院垂花门	III
61	东二路一进院回廊	IV
62	东二路一进院西厢房	III

序号	建筑名称	残损等级类别
63	东二路一进院东厢房	Ⅲ
64	东二路一进院西随墙门	Ⅲ
65	东二路一进院东、西耳房	Ⅲ
66	东二路一进院正房	Ⅲ
67	东二路二进院西厢房	Ⅲ
68	东二路二进院东厢房	Ⅲ
69	东二路二进院正房	Ⅲ
70	东二路三进院西厢房	Ⅲ
71	东二路三进院西耳房	Ⅲ
72	绣楼	Ⅲ
73	东三路倒座房	Ⅳ
74	东三路一进院单坡廊	Ⅲ
75	东三路一进院正房	Ⅲ
76	东三路二进院垂花门	Ⅲ
77	芙蓉居	Ⅳ
78	东四路倒座房	Ⅳ
79	东四路大门	Ⅲ
80	照壁	Ⅲ
81	东四路一进院东厢房	Ⅳ
82	东四路一进院正房	Ⅳ
83	东四路一进院东耳房	Ⅲ
84	东四路二进院东门	Ⅲ
85	东四路二进院过堂	Ⅲ
86	东四路二进院西厢房	Ⅳ
87	东四路二进院东厢房	Ⅳ
88	东四路二进院正房	Ⅳ
89	东四路东五路夹道北过门	Ⅳ

序号	建筑名称	残损等级类别
90	东五路倒座房	Ⅲ
91	东五路大门	Ⅲ
92	五路一进院前东随墙门	Ⅲ
93	东五路一进院西厢房	Ⅲ
94	东五路一进院东厢房	Ⅲ
95	东五路一进院西耳房	Ⅲ
96	东五路一进院东耳房	Ⅲ
97	东五路一进院正房	Ⅲ
98	东五路东过道垂花门	Ⅲ
99	东五路二进院东前随墙门	Ⅱ
100	东五路二进院照壁	Ⅲ
101	东五路二进院西厢南房	Ⅲ
102	东五路二进院西厢房	Ⅲ
103	东五路二进院西耳房	Ⅲ
104	东五路二进院正房	Ⅲ

二　主要建筑残损记录表

由于十笏园单体建筑数量众多，故本书仅列举具主要建筑进行介绍，选取原则如下：

1. 建筑形制特点具有地方特色；

2. 建筑在十笏园文物建筑群中地位突出；

3. 建筑残损具有普遍代表性；

凡符合以上条件之一者，为本书列举介绍建筑。

根据以上原则，本书选取了西一路一进院影壁、西一路一进院过门、静如山房秋声馆、深柳读书堂、雪庵（小书巢）、十笏草堂、小沧浪亭、漪岚亭、游廊、四照亭、蔚秀亭、稳如舟、"鸢飞鱼跃"花墙、春雨楼、砚香楼、碧云斋、东二路大门、东二路一进院东便门、绣楼19座单体建筑物，分别从屋面、木基层、木构架、木装修、墙体墙面、地面、石作、油饰八个部位以列表的形式介绍其残损状况，残损记录表如下：

（一）西一路一进院影壁

表 12　西路一进院影壁残损记录表

序号	部位及名称	形制简介	修缮前主要残损状况
1	屋面	建筑为布瓦筒瓦硬山顶屋面，清水正脊，2 号（宽 110 毫米）布瓦筒瓦	正脊残损、变形，瓦件掰裂、缺失 80%； 正脊两端蝎子尾断裂缺失； 垂脊残损、变形，瓦件掰裂、缺失 80%； 屋面瓦件脱节，夹垄灰、捉节灰脱落，瓦件残破、掰裂 80%，滋生杂草； 勾头滴水残损、缺失 80%
2	墙体、墙面	青砖影壁带撞头，影壁心用白灰抹面，撞头及下碱为清水砖墙	白灰墙面空鼓脱落 80%

（二）西一路一进院过门

表 13　西路一进院过门残损记录表

序号	部位及名称		形制简介	修缮前主要残损状况
1	屋面		硬山卷棚顶，过垄脊，2 号（宽约 110 毫米）布瓦筒瓦屋面	屋面面瓦脱节现象严重，60% 瓦件残破、掰裂；垂脊瓦件松动、脱落； 勾头、滴水 20% 缺失，15% 残损； 整个屋面滋生杂草
2	木基层		脊部为罗锅椽，前檐飞椽尺寸为 65 毫米 ×50 毫米，椽距中到中 195 毫米	屋面椽糟朽 60%； 望板糟朽 70%； 直椽残损 30%； 飞椽糟朽 50%； 大连檐、小连檐、闸挡板糟朽 45%； 瓦口变形严重
3	墙体、墙面		前墙槛墙及后墙下碱为清水砖墙，上身为白灰抹面	外墙面勾缝灰脱落 50%
4	地面		青砖柳叶人字纹铺砌样式铺墁地面	后期更换为青砖"万"字锦样式铺墁地面
5	油饰	木基层	椽子刷白色油饰，椽头刷绿色油饰	椽望油饰脱落 65%； 连檐瓦口油饰起翘、脱落 80%；
		木构架	上架刷铁红色油饰，下架刷黑色油饰	月梁油饰褪色、脱落 40%； 四架梁油饰起翘、脱落 50%； 瓜柱油饰脱落 35%； 檩油饰脱落 50%
		木装修	槛框刷黑色油饰，槛窗心屉刷绿色油饰，枋心清式雄黄玉彩画，楣子心刷绿色油饰	门框油饰脱落 30%； 过木油饰褪色、脱落 40%； 隔扇窗油饰脱落 40%； 挂落油饰褪色、脱落 50%； 枋心彩绘褪色

（三）静如山房、秋声馆

表 14　静如山房、秋声馆残损记录表

序号	部位及名称	形制简介	修缮前主要残损状况
1	屋面	建筑分为主体和门楼两部分；主体建筑为硬山卷棚顶，过垄脊，2号（宽110毫米）布瓦筒瓦屋面。北端门口带歇山门楼，2号（宽110毫米）布瓦筒瓦屋面	屋面垂脊脊件松动、脱落；屋面大面积漏雨，屋面局部塌陷，前檐部分断裂下塌；屋面面瓦脱节现象严重，80% 瓦件残破、掰裂；勾头、滴水20% 缺失，15% 残损；门楼屋面面瓦80% 瓦件残破、掰裂；勾头、滴水20% 残损；门楼屋面盆脊脊件松动、脱落；整个屋面滋生杂草
2	木基层	主体为砖椽，尺寸80毫米×60毫米，椽距中到中200毫米；门楼飞椽尺寸为80毫米×60毫米，椽距中到中280毫米	屋面（主体）望砖酥碱60%；门楼屋面望板糟朽90%，局部断裂；屋面（主体）直椽糟朽80%，椽体错位歪闪现象严重；屋面（门楼）直椽糟朽80%，飞椽糟朽90%，6根罗锅椽均局部糟朽，方翼角椽糟朽8根，翘飞椽缺失2根；大连檐、小连檐、瓦口、机枋条、闸挡板糟朽变形严重
3	木构架	五檩抬梁式木构架，檩条直径均为140毫米；瓜柱柱径均为180毫米；三架梁尺寸200毫米×180毫米；五架梁尺寸200毫米×180毫米；柱子直径均为140毫米	屋面檩条70% 滚动错位；60% 檩条风化严重，部分檩条折断；62% 檩条两端风化开裂，部分檩条通体开裂；室内梁架被后人改为三角形梁架；门楼内南侧六架梁糟朽严重，已几乎失去承载能力；门楼内平板枋糟朽严重，已几乎失去承载能力；前后檐墙内柱子柱底糟朽严重，糟朽高度达400~1000毫米；静如山房照片上保留了原有的五檩抬梁式木构架
4	木装修	两明间安装五抹步步锦式隔扇门，北间安装两扇的步步锦式花格窗，南间安装三扇的步步锦式花格窗	秋声馆、静如山房前檐门被后人改为隔扇门形式；秋声馆、静如山房前檐5扇窗均已变形，影响正常开启且门窗框、门窗扇糟朽45%；秋声馆、静如山房后檐4扇窗均被封堵；秋声馆、静如山房前檐5扇窗均无玻璃；静如山房前檐门下槛糟朽；荷叶墩糟朽90%；门楼楣框整体变形
5	墙体、墙面	前后檐为砖封护檐；前墙窗台下及后墙为清水砖墙，砖砌门套	秋声馆、静如山房后檐窗洞被封堵；南、北山墙4份梢子均已断裂，存在安全隐患；后檐五层干摆冰盘檐中部出现竖向裂缝，裂缝长550毫米，最宽处20毫米，最深处30毫米，且整个封护檐向外歪闪；外墙面白灰墙面空鼓约25平方米，脱落约8平方米；外墙面清水墙灰缝脱灰35%；内墙面抹灰80% 空鼓，多处已脱落，白色涂料污染墙壁
6	地面	240毫米×120毫米×60毫米条砖铺地面	地面砖破裂损坏80%

序号	部位及名称	形制简介		修缮前主要残损状况
7	石作	静如山房、秋生馆门前均设槛垫石及踏跺		静如山房的槛垫石游离
8	油饰	木基层	椽身刷白色油饰；椽头及楣子心刷青绿油饰；连檐、瓦口刷铁红色油饰	椽子油饰地仗脱落严重，脱落约 80%
		木构架	上架刷红色油饰；过木刷黑色油饰；柱子刷黑色油饰	室内木构架油饰 60% 脱落
		木装修	门窗刷铁红色油饰；楣子挂落刷绿色油饰	门窗油饰脱落 20%；楣子挂落油饰脱落 30%

（四）深柳读书堂

表 15 深柳读书堂残损记录表

序号	部位及名称	形制简介	修缮前主要残损状况
1	屋面	布瓦筒瓦屋面，前为披檐，后为檐廊，硬山建筑；正脊两端有升起并安装望兽；垂脊安装垂兽，兽前小兽四跑	垂脊脊件松动脱落，垂兽、跑兽缺失；正吻残损 60%；前檐瓦面塌落变形，80% 瓦件破损，屋面已多处变形、下沉、漏雨；正脊脊件松动脱落；屋面长满杂草
2	木基层	飞椽截面尺寸为 60 毫米 ×70 毫米，椽距中到中 230 毫米	望砖酥碱 60%，前檐望板全部糟朽；屋面椽糟朽 30%；连檐、瓦口糟朽 70%；飞椽糟朽 10%
3	木构架	抬梁式木构架，前坡三步架（不含披檐），后坡四步架；脊瓜柱柱径 145 毫米；三架梁截面尺寸 240 毫米 ×180 毫米；五架梁截面尺寸 240 毫米 ×180 毫米；脊檩檩径 160 毫米；上金檩檩径 140 毫米；前坡中金檩檩径 140 毫米；后坡中金檩檩径 150 毫米；前坡下金檩檩径 125 毫米；后坡下金檩檩径 135 毫米；前坡檐檩檩径 130 毫米；后坡檐檩檩径 150 毫米	檩条明间前后檐檩糟朽，前檐檩压断；随檩枋明间与檐檩一起断裂
4	木装修	明间前后为门，门扇为四抹头无裙板木隔扇，每两扇由折页连接，可折叠；东西次间前后墙设大窗，门窗格心为直棂花格	原隔扇门后期被更换；窗残损 40%；次间楣子断裂

序号	部位及名称		形制简介	修缮前主要残损状况
5	墙体、墙面		前墙窗台下及后墙下碱为清水砖墙。前披檐东端廊心墙上,镶嵌清末潍县文人张昭潜游园题诗碑	前墙 30% 墙砖酥碱; 后墙墙砖酥碱 45%; 山墙墙砖酥碱 40%,梢子下塌; 墙面抹灰 80% 空鼓,部分已脱落
6	地面		室内、前披檐及后檐廊地面用 240 毫米 ×120 毫米 ×55 毫米青砖作拐子锦形式铺墁	地面砖破裂损坏严重 80%
7	石作		三步如意台阶,与阶条石均为青石灰岩	阶条石多处已断裂、位移; 台阶石踏跺断裂三处,个别位移
8	油饰	木基层	椽身刷白色油饰,椽头刷绿色油饰;连檐、瓦口、望板刷铁红色油饰	木基层椽望板白色油饰起皮、脱落,椽头油饰起翘脱落
		木构架	上架刷铁红色油饰,下架刷黑色油饰,梁头作青绿彩绘	室内木构架油饰起鼓,部分脱落,柱子尤为严重,柱头油饰脱落
		木装修	过木、槛框刷黑色油饰,门、窗刷铁红色油饰	木装修门窗隔扇铁红色油饰起翘 70%,部分脱落

(五)雪庵(小书巢)

表 16　雪庵(小书巢)残损记录表

序号	部位及名称	形制简介	修缮前主要残损状况
1	屋面	建筑分为主体和后厦两部分; 主体建筑为布瓦筒瓦硬山顶屋面,清水正脊,正脊中间安雕花脊砖,两端设望兽,2 号(宽 110 毫米)布瓦筒瓦; 主体后檐明间及次间设单坡披檐后厦;2 号(宽 110 毫米)布瓦筒瓦屋面	主体垂脊残损、变形,瓦件掰裂、缺失 80%; 主体跑兽、垂兽、仙人均已缺失; 主体正脊残损、变形,瓦件掰裂、缺失 80%; 主体正脊中砖雕残损,两端蝎子尾断裂、缺失; 主体屋面面瓦脱节现象严重,捉节灰、夹垄灰脱落,70% 瓦件残破、掰裂,屋面滋生杂草; 主体勾头、滴水残损 60%; 主体梢子均已断裂; 后厦屋面后改为石棉瓦屋面; 后厦两侧后加机砖瓦屋面
2	木基层	主体木基层檐部铺设望板,其他部位铺设望砖; 直椽截面尺寸 100 毫米 ×95 毫米,椽距中到中 210 毫米,望砖厚 30 毫米; 飞椽尺寸截面尺寸 80 毫米 ×80 毫米,椽距中到中 210 毫米,望板厚 30 毫米。 后厦木基层全部铺设望板; 直椽截面尺寸 100 毫米 ×90 毫米,椽距中到中 190 毫米,望板厚 20 毫米	主体木基层望砖酥碱 70%; 主体木基层望板糟朽 70%; 主体木基层直椽糟朽 60%; 主体木基层飞椽糟朽 70%; 主体木基层大连檐糟朽 60%; 主体木基层小连檐糟朽 70%; 主体闸挡板糟朽 60%; 后厦为石棉瓦屋面,木基层缺失

序号	部位及名称		形制简介	修缮前主要残损状况
3	木构架		五檩抬梁式前出廊木构架； 檩条直径均为 190 毫米； 瓜柱柱径均为 220 毫米； 三架梁截面尺寸 310 毫米 ×260 毫米； 五架梁截面尺寸 350 毫米 ×290 毫米； 柱子直径均为 215 毫米	主体西次间脊檩糟朽 70%，通体开裂，裂缝深度 50 毫米；随檩枋糟朽 80%，部分断裂； 主体后檐西次间下金檩糟朽 80%，通体开裂，裂缝深度 45 毫米；随檩枋糟朽 80%，部分断裂； 主体前檐东次间、西次间柱柱根糟朽深度 80 毫米，糟朽高度 350 毫米； 主体后檐东次间、西次间柱柱根糟朽深度 70 毫米，糟朽高度 380 毫米； 后厦檐檩糟朽 70%，通体开裂，裂缝深度 50 毫米
4	木装修		前檐檩下做倒挂楣子，楣子心屉为步步锦； 明间安装隔扇门，次间安装花格窗，门扇、窗扇心屉均为步步锦； 前檐梢间做圆窗（一券一伏），心屉均为冰裂纹	前檐门后改为现代门； 后檐门缺失； 前檐次间、梢间窗扇均为现代窗扇，玻璃缺失； 后檐窗均已缺失； 前檐门框糟朽 60%
5	墙体、墙面		前后檐槛墙、山墙均为清水砖墙，其余部分墙面白灰抹面	前檐墙青砖酥碱 125 块； 后檐门被封堵，后檐窗被封堵； 后厦两侧后砌砖墙走廊； 后檐墙青砖酥碱 176 块； 东山墙青砖酥碱 34 块； 西山墙青砖酥碱 571 块，存在长 100 厘米宽 2 厘米的裂缝； 室内墙面空鼓、脱落 70%
6	地面		360 毫米 ×360 毫米 ×60 毫米方砖铺地面	室内地面砖破裂残损 80%
7	石作		明间前后檐门前均安装垂带石台阶	前檐垂带石游离 5 厘米
8	油饰	木基层	椽身刷白色油饰； 望板刷铁红油饰； 椽头做青绿彩绘	椽望油饰脱落 80%
		木构架	过木刷青绿色油饰； 柱子刷黑色油饰； 梁头做青绿彩绘； 上架做木纹彩绘	过木油饰脱落 70%； 柱子油饰脱落 80%； 上架彩绘脱落 80%
		木装修	槛框刷铁红油饰，线脚刷黑色油饰； 门窗刷铁红色油饰； 楣子做青绿彩绘； 雀替刷青绿色油饰	槛框油饰脱落 70%； 门窗油饰脱落 70%； 楣子油饰脱落 60%； 雀替油饰脱落 60%

（六）十笏草堂

表 17　十笏草堂残损记录表

序号	部位及名称	形制简介	修缮前主要残损状况
1	屋面	建筑为布瓦筒瓦硬山顶屋面，清水正脊，两端设蝎子尾，2 号（宽 110 毫米）布瓦筒瓦	正脊残损、变形，瓦件开裂 80%； 垂脊残损、变形，瓦件开裂 80%； 正脊附件蝎子尾残损、松动； 屋面夹垄灰、捉节灰脱落严重，瓦件残损 70%，杂草丛生； 勾头、滴水残损、缺失 70%
2	木基层	木基层檐部铺设望板，其他部位铺设望砖； 直椽截面尺寸 75 毫米 ×70 毫米，椽距中到中 210 毫米，望砖厚 30 毫米； 飞椽截面尺寸 60 毫米 ×50 毫米，椽距中到中 210 毫米，望板厚 20 毫米	木基层望砖酥碱 70%； 木基层望板糟朽 80%； 木基层大连檐糟朽 70%； 木基层直椽糟朽 80%，部分直椽断裂； 木基层飞椽糟朽 80%，部分飞椽断裂
3	木构架	七檩抬梁式木构架；檩条截面直径均为 180 毫米；瓜柱柱径均为 145 毫米；三架梁截面尺寸 190 毫米 ×160 毫米；单步梁截面尺寸 190 毫米 ×160 毫米，七架梁截面尺寸 200 毫米 ×180 毫米；柱子截面直径均为 210 毫米	明间、次间脊檩糟朽 80%，通体开裂，裂缝深 50 毫米；随檩枋糟朽 80%，断裂； 后檐明间、次间檐檩糟朽 80%，通体开裂，裂缝深 50 毫米；随檩枋糟朽 80%，断裂； 三架梁糟朽 70%，糟朽深度 5.0 厘米； 七架梁糟朽 80%，糟朽深度 5.5 厘米； 单步梁糟朽 80%，糟朽深度 4.5 厘米； 金瓜柱糟朽 70%，糟朽深度 4.0 厘米； 脊瓜柱糟朽 80%，糟朽深度 4.0 厘米
4	木装修	前檐明间安装六抹花格门； 前檐次间安装四抹花格窗； 门窗心屉均为步步锦心屉； 前檐檩下安挂落	窗扇后改为现代窗扇，且玻璃缺失； 挂落松动、布满灰尘、蜘蛛网等杂物
5	墙体、墙面	前檐槛墙、后檐墙下碱、山墙均为清水砖墙，其余部分墙面白灰抹面	前檐槛墙青砖酥碱 62 块； 后檐墙下碱青砖酥碱 70 块； 东山墙（内墙），存在裂缝，裂缝长 90 厘米，最宽处 20 毫米，最深处 30 毫米； 后檐拔檐砖酥碱 80%，存在裂缝，裂缝长 550 毫米，最宽处 20 毫米，最深处 30 毫米； 内墙面空鼓，脱落 80%； 后檐墙墙面空鼓，脱落 80%
6	地面	360 毫米 ×360 毫米 ×60 毫米方砖铺地面	室内地面为木质地板 1000 毫米 ×200 毫米 ×30 毫米
7	石作	门前设槛垫石及阶条石	踏步石游离 3 厘米； 阶条石游离 4.2 厘米

序号	部位及名称		形制简介	修缮前主要残损状况
8	油饰	木基层	椽身刷白色油饰，望板刷铁红油饰，椽头刷青绿色油饰	椽子油饰脱落60%
		木构架	过木刷黑色油饰； 柱子刷黑色油饰； 上架刷铁红油饰，梁头做青绿彩绘	过木油饰脱落60%； 柱子油饰脱落60%； 室内上架油饰脱落50%
		木装修	槛框刷黑色油饰、线脚刷铁红色油饰； 隔扇窗刷铁红油饰； 隔扇门刷铁红油饰； 走马板刷铁红油饰； 挂落刷青绿色油饰； 竹节斜撑刷青绿色油饰	槛框油饰脱落70%； 窗扇油饰脱落60%； 门扇油饰脱落70%； 走马板油饰脱落60%； 挂落油饰脱落70%； 竹节斜撑油饰脱落60%

（七）小沧浪亭

表 18　小沧浪亭残损记录表

序号	部位及名称		形制简介	修缮前主要残损状况
1	屋面		为四角攒尖草亭，茅草屋面，用麦草做成，宝顶为素方头	屋面苇箔腐烂80%； 草顶茅草腐烂、缺失60%； 宝顶残损、风化30%
2	木装修		亭子四面设栏杆楣子	栏杆松动、布满灰尘
3	地面		240毫米×120毫米×55毫米青砖拐子锦铺地	地面砖残损、酥碱40%
4	石作		亭子入口设阶条石	阶条石游离30毫米
5	油饰	木基层	椽望刷白色油饰，椽头做青绿油饰	椽望油饰脱落60%
		木构架	木构架刷铁红色油饰； 梁头做青绿油饰	檩条（上架）油饰脱落70%； 枋子（上架）油饰脱落70%； 柱子（下架）油饰脱落70%
		木装修	栏杆刷铁红色油饰；楣子心屉做青绿油饰	栏杆油饰脱落70%

（八）漪岚亭

表 19　漪岚亭残损记录表

序号	部位及名称	形制简介	修缮前主要残损状况
1	屋面	为六角攒尖亭，2号（宽约110毫米）布瓦筒瓦屋面，宝顶呈宝瓜状	垂脊变形，瓦件残损、掰裂50%，宝顶残损30%，存在歪闪； 屋面面瓦脱节现象严重，瓦件残损、掰裂60%； 勾头、滴水残损、缺失50%

序号	部位及名称		形制简介	修缮前主要残损状况
2	木基层		直椽截面尺寸 60 毫米 ×50 毫米，椽距中到中 200 毫米，望板厚 20 毫米；飞椽截面尺寸 50 毫米 ×45 毫米，椽距中到中 200 毫米，望板厚 20 毫米	望板糟朽、断裂 60%；大连檐糟朽 70%；飞椽糟朽、断裂 40%；闸挡板糟朽 70%
3	木构架		六根由戗与雷公柱支撑起屋顶，每个柱头上有圆形宝瓜状构件承上启下与檐檩相连；檩条截面直径均为 130 毫米；仔角梁截面尺寸为 85 毫米 ×65 毫米	仔角梁糟朽 80%，且 6 根仔角梁均通体存在裂缝
4	木装修		柱间安步步锦坐凳楣子；檐枋下安花牙子、楣子	花牙子布满灰尘，蛛网等杂物；坐凳松动，布满灰尘
5	油饰	木基层	椽头刷绿色油饰，望板刷铁红色油饰，椽身刷白色油饰	椽望油饰脱落 70%
		木构架	柱子刷绿色油饰，檩枋、角梁、雷公柱刷铁红色油饰	檩条油饰脱落 60%；额枋油饰脱落 60%；柱子油饰脱落 70%
		木装修	花牙子刷绿色油饰，坐凳楣子框刷铁红色油饰	坐凳栏杆油饰脱落 70%；花牙子油饰脱落 70%

（九）游廊

表 20　游廊残损记录表

序号	部位及名称	形制简介	修缮前主要残损状况
1	屋面	四檩卷棚硬山顶，2 号（宽 110 毫米）布瓦筒瓦屋面	屋面垂脊脊件松动、脱落；屋面面瓦脱节现象严重，80% 瓦件残破、掰裂；勾头、滴水 15% 缺失，30% 残损；整个屋面滋生杂草
2	木基层	飞椽尺寸为 60 毫米 ×60 毫米，椽距中到中 210 毫米；直椽尺寸为 70 毫米 ×70 毫米，椽距中到中 200 毫米；脊步架钉罗锅椽	望砖酥碱 60%；直椽糟朽 80%，椽体错位歪闪现象严重；飞椽糟朽 75%；52 根罗锅椽均局部糟朽；大连檐、小连檐、瓦口、机枋条、闸挡板糟朽变形严重
3	木构架	四檩抬梁式木构架，瓜柱柱径 140 毫米，脊檩檩径 140 毫米，金檩檩径 160 毫米；月梁截面尺寸 200 毫米 ×170 毫米；四架梁截面尺寸 200 毫米 ×200 毫米	屋面檩条 45% 滚动错位拔榫；20% 檩条风化严重

续表

序号	部位及名称		形制简介	修缮前主要残损状况
4	木装修		后墙分别开设圆形什锦门和八方什锦门，连通西路第一进院；檐枋下安倒挂楣子，檐下柱间安坐凳楣子，楣子心屉有套方和盘长类花格	栏杆残损35%； 荷叶墩残损10块，缺失9块； 保护石碑木板残损20%
5	墙体、墙面		后檐为砖封护檐；后檐墙内墙面下碱为清水砖墙，上身为白灰抹面，后檐外墙面下碱为清水砖墙，上身为白灰抹面	青砖酥碱3块； 内墙面灰皮脱落2.763平方米； 砖雕残损1.5平方米
6	地面		龟背锦青砖地面	后期更改地面砖为拐子锦，砖尺寸280毫米×140毫米×70毫米
7	石作		青石灰岩阶条石	阶条石游离3厘米
8	油饰	木基层	椽子刷白色油饰	椽子油饰起翘、脱落60%
		木构架	上架刷铁红色油饰； 柱子刷黑色油饰； 梁头做清式小点金旋子彩画	柱子油饰起翘、脱落65%；瓜柱油饰脱落30%； 四架梁油饰脱落25%；月梁油饰起翘、脱落30%； 檩条油饰脱落55%；梁头彩绘褪色50%
		木装修	栏杆刷红色油饰	栏杆油饰脱落65%

（一〇）四照亭

表21 四照亭残损记录表

序号	部位及名称	形制简介	修缮前主要残损状况
1	屋面	布瓦筒瓦屋面，瓦面三叠，如汉明器中的层叠式屋面，第一、三叠为筒瓦屋面，第二叠为干槎瓦屋面	屋面瓦件松动、脱落，部分瓦件断裂，夹垄灰、捉节灰脱落； 垂脊残损60%； 岔脊残损50%； 滴水残损50%、勾头残损40%； 整个屋面夹垄滋生苔藓
2	木基层	顶步架施罗锅椽，檐下施一斗二升交麻叶斗栱；直椽截面尺寸为70毫米×70毫米，椽距中到中180毫米为飞椽截面尺寸为60毫米×40毫米，椽距中到中180毫米	望板糟朽45%； 大连檐、小连檐、瓦口弯曲变形； 直椽糟朽50%； 方翼角椽糟朽40%； 20根罗锅椽均局部糟朽； 飞椽糟朽48根； 翘飞椽糟朽40根
3	木构架	六檩抬梁式木构架；瓜柱柱径均为160毫米；月梁截面尺寸190毫米×190毫米；四架梁截面尺寸270毫米×240毫米；六架梁截面尺寸300毫米×270毫米；脊檩檩径160毫米；金檩檩径160毫米；檐檩檩径170毫米	老角梁糟朽35%； 仔角梁糟朽4根

续表

序号	部位及名称		形制简介	修缮前主要残损状况
4	木装修		枋下安倒挂楣子，楣子心屉为"万字锦"花格，檐柱间安装美人靠坐凳	坐凳美人靠残损 30%； 倒挂楣子松动； 栏杆变形，残损 65%
5	地面		室内方砖斜墁，方砖尺寸 360 毫米 ×360 毫米 ×60 毫米	室内地面后改为青条砖铺地，条砖尺寸：230 毫米 ×115 毫米 ×55 毫米
6	石作		正中内设八角石桌，石凳四个；青石灰岩阶条石、陡板石、曲桥路面铺片石	保存较好
7	油饰	木基层	椽身刷白色油饰，椽头刷绿色油饰；瓦口、连檐刷铁红色油饰	椽望油饰开裂，脱落 65%；
		木构架	方柱刷绿色油饰；上架刷铁红色油饰；梁头及斗栱做青绿彩绘	檩条油饰脱落 60%； 随檩枋油饰开裂、褪色 50%； 月梁油饰脱落 45%； 瓜柱油饰脱落 40%； 大梁油饰开裂、脱落 55%； 柱子油饰开裂、脱落 65%； 斗栱油饰起皮、褪色 60%
		木装修	博缝板刷红色油饰；楣子心刷绿色油饰；栏杆及悬鱼、惹草刷铁红色油饰；花牙子做青绿彩绘	博缝板油饰开裂、褪色 65%； 花牙子油饰褪色、脱落 50%； 花栏杆油饰褪色、开裂 70%
8	平桥	木装修	曲桥上装饰栏杆，栏杆间安装楣子，楣子心屉为冰裂纹心屉	平桥上栏杆糟朽 80%，基本废弃；
		油饰	栏杆楣子心屉刷绿色油饰；栏杆刷铁红色油饰	栏杆油饰脱落 80%；

（一）蔚秀亭

表 22　蔚秀亭残损记录表

序号	部位及名称	形制简介	修缮前主要残损状况
1	屋面	为正六角攒尖亭，2 号（宽 110 毫米）布瓦筒瓦屋面，宝顶呈宝瓜状	屋面夹垄灰、捉节灰脱落严重，瓦件残损、掰裂 60%； 勾头、滴水残损缺失 70%； 垂脊筒瓦缺失 80%
2	木基层	木基层檐部铺设望板，其他部位铺设望砖；直椽截面尺寸 65 毫米 ×60 毫米，椽距中到中 140 毫米，望砖厚 30 毫米；飞椽截面尺寸 40 毫米 ×50 毫米，椽距中到中 140 毫米，望板厚 20 毫米	望板糟朽 60%

序号	部位及名称		形制简介	修缮前主要残损状况
3	木装修		檐枋下安拐子龙花牙子，檐下柱间砖砌坐凳楣子	花牙子松动，糟朽30%
4	油饰	木基层	望板刷铁红色油饰，椽身刷白色油饰	椽望油饰脱落80%
		木构架	檩枋刷铁红色油饰；柱子刷绿色油饰	檩条油饰脱落70%；柱子油饰脱落70%
		木装修	花牙子刷绿色油饰	花牙子油饰脱落75%

（一二）稳如舟

表23　稳如舟残损记录表

序号	部位及名称		形制简介	修缮前主要残损状况
1	屋面		主体为卷棚硬山顶，2号（宽110毫米）布瓦筒瓦屋面，西侧悬山顶门罩，两侧翼角屋面	主体垂脊残损、变形，瓦件掰裂80%；主体屋面瓦件脱节，夹垄灰、捉节灰脱落，瓦件残破、掰裂80%，屋面多处漏雨，滋生苔藓；主体勾头、滴水残损、缺失60%；西侧出厦垂脊残损、变形，瓦件掰裂80%；西侧出厦屋面夹垄灰、捉节灰脱落，瓦件残破、掰裂70%，滋生苔藓；西侧出厦勾头、滴水残损、缺失60%
2	木基层		主体：直椽截面尺寸70毫米×60毫米，椽距中到中230毫米，望板厚20毫米；飞椽截面尺寸60毫米×60毫米，椽距中到中230毫米，望板厚20毫米；西侧出厦：直椽截面尺寸70毫米×60毫米，椽距中到中230毫米，望板厚20毫米；飞椽截面尺寸60毫米×60毫米，椽距中到中230毫米，望板厚20毫米	主体木基层望板糟朽80%；主体木基层大连檐糟朽80%；主体木基层飞椽糟朽50%，部分飞椽断裂；西侧出厦木基层望板糟朽75%
3	木装修		建筑大门均为木板门；窗为支摘窗，灯笼框心屉；柱与柱之间布置雀替	主体窗玻璃缺失；雀替松动，布满灰尘、蜘蛛网等杂物
4	地面		360毫米×360毫米×60毫米方砖铺地面	地面为水泥地面
5	油饰	木基层	椽子刷白色油饰；椽头刷绿色油饰；望板刷铁红油饰	椽望油饰脱落70%
		木构架	上架刷铁红色油饰；过木刷黑色油饰；柱子刷黑色油饰；梁头刷绿色油饰	上架油饰脱落60%；过木油饰脱落60%；柱子油饰脱落60%

序号	部位及名称		形制简介	修缮前主要残损状况
5	油饰	木装修	博缝板刷黑色油饰； 隔扇刷红色油饰； 竹节斜撑刷绿色油饰； 雀替心做青绿彩绘	西侧出厦博缝板油饰脱落60%； 主体隔扇窗油饰脱落60%； 主体竹节斜撑油饰脱落70%； 主体实踏门油饰脱落70%； 主体雀替油饰脱落60%

（一三）"鸢飞鱼跃"花墙

表24　"鸢飞鱼跃"花墙残损记录表

序号	部位及名称		形制简介	修缮前主要残损状况
1	墙帽、屋面		2号（宽110毫米）板瓦墙帽	墙帽瓦件残损、脱落30%
2	墙体、墙面		墙体为砖砌抛物线状透空花墙，下碱为清水砖墙，上身墙芯为砖砌"十字"花墙，漏窗芯为灯笼砖花墙	南立面墙体下碱灰缝脱落80%
3	油饰	木装修	八角门框刷青绿色油饰	八角门框油饰脱落80%

（一四）春雨楼

表25　春雨楼残损记录表

序号	部位及名称	形制简介	修缮前主要残损状况
1	屋面	三层屋面，顶层为卷棚庑殿顶，第一、三层为2号（宽约110毫米）布瓦筒瓦屋面，第二层为干槎瓦屋面； 一层正面附加前廊，与由南而来的游廊相接； 檐头下施两层菱角砖檐； 一层檐廊为2号（宽110毫米）布瓦筒瓦屋面，明间高、次间低	屋面面瓦脱节现象严重； 60%勾头残损，65%滴水残损、掰裂； 屋面局部漏雨； 整个屋面滋生杂草
2	木基层	前后檐木椽平出，一层飞椽截面尺寸65毫米×60毫米，椽距中到中180毫米； 二层飞椽截面尺寸为60毫米×60毫米，椽距中到中180毫米	主体望板糟朽严重，约60%； 主体前廊望板糟朽约50%； 主体大连檐糟朽45%； 主体小连檐糟朽50%； 主体瓦口变形、糟朽70%； 主体直椽糟朽50%； 主体飞椽糟朽40%； 主体方翼角椽糟朽35%； 前廊小连檐变形严重； 前廊直椽糟朽45%； 前廊翘飞椽糟朽50%； 前廊罗锅椽糟朽30%； 前廊瓦口弯曲、变形； 闸挡板糟朽55%

序号	部位及名称		形制简介	修缮前主要残损状况
3	木构架		七檩抬梁式木构架；瓜柱柱径均为 150 毫米；三架梁截面尺寸 195 毫米 ×170 毫米；五架梁截面尺寸 210 毫米 ×190 毫米；七架梁截面尺寸 230 毫米 ×200 毫米；檩径均为 160 毫米	五架梁开裂，裂缝最宽处约 4 厘米，布满雨渍；七架梁梁头糟朽严重，布满雨渍，存在裂缝，最宽处约 6 厘米；檩条裂缝，最宽处 3 厘米；随檩枋弯曲、变形；金瓜柱多处裂缝，最宽处 4 厘米，布满雨渍
4	木装修		南面竹节斜撑抱头梁挑出檐檩，檐下设大窗，二抹四扇，码三箭心屉；室内上下层间安木楼板，靠北墙设楼梯；一层明间正面安装两扇五抹木隔扇，次间正面安装槛窗，步步锦心屉，次间南山墙上开设圆窗；二层明间正面为大窗，二抹四扇，码三箭心屉，窗套用青砖贴面，次间正面做圆窗，白毯纹菱花心屉	楣子残损 60%；博缝板糟朽 75%
5	墙体、墙面		前后檐槛墙、山墙均为清水砖墙，其余部分墙面白灰抹面	前檐墙青砖酥碱 98 块；前檐鸡嗉檐残损 80%；外墙面毛石墙勾缝脱落 65%；内墙面起鼓、脱落 50%，细小裂缝 40%
6	地面		一层室内青方砖铺墁地面，方砖尺寸 360 毫米 ×360 毫米 ×60 毫米；二层为木楼板；前廊地面条砖拐子锦铺墁，条砖尺寸 280 毫米 ×140 毫米 ×70 毫米	一层室内地面后期更换为条砖拐子锦铺墁；前廊地面条砖残损 90%
7	石作		门槛下均设槛垫石；前檐明间门前设阶条石	阶条石游离 3 厘米
8	油饰	木基层	椽身刷白色油饰，绿椽头；连檐、瓦口刷红色油饰	椽身油饰脱落 65%；椽头油饰脱落 80%；连檐、瓦口油饰褪色、脱落 60%
		木构架	上架刷铁红色油饰；下架柱子刷黑色油饰；下架过木刷黑色油饰；下架楼板刷红色油饰；随墙门过木刷黑色油饰；梁头做青绿彩绘	上架油饰脱落、褪色 90%；下架柱子原黑色油饰后期更改为红色油饰；下架过木原黑色油饰后期更换为红色油饰；下架楼板油饰脱落 80%；随墙门过木油饰褪色、脱落 60%；梁头彩绘脱落 80%

序号	部位及名称		形制简介	修缮前主要残损状况
8	油饰	木装修	博缝板刷铁红色油饰； 竹节撑刷绿色油饰； 一层花格窗刷铁红色油饰，槛框刷黑色油饰，红色线脚； 二层白毡纹菱花心屉刷铁红色油饰，槛框刷黑色油饰，红色线脚； 二层板窗刷铁红色油饰； 二层直棂窗刷绿色油饰，槛框刷黑色油饰，红色线脚； 窗台板刷铁红色油饰； 楼梯刷铁红色油饰； 踢脚板刷铁红色油饰； 雀替刷绿色油饰； 花罩刷红色油饰	博缝板油饰褪色、脱落65%； 竹节撑油饰起皮脱落50%； 二层白毡纹菱花心屉原铁红色油饰，原黑色油饰槛框，红色油饰线脚后期更改为绿色油饰白毡纹菱花心屉，红色油饰槛框，绿色油饰线脚； 二层板窗油饰脱落70%； 二层直棂窗绿色油饰脱落50%，原黑色油饰槛框、红色油饰线脚后期更改为红色油饰槛框、红色油饰线脚； 楼梯及侧面板油饰褪色、脱落80%； 窗台板油饰脱落65%； 门油饰脱落45%； 门框原黑色油饰后期更改为红色油饰； 踢脚板油饰全部褪色； 雀替油饰褪色、脱落60%； 花罩油饰脱落50%

（一五）砚香楼

表26 砚香楼残损记录表

序号	部位及名称	形制简介	修缮前主要残损状况
1	屋面	建筑为布瓦筒瓦硬山顶屋面，花瓦正脊，两端设蝎子尾，2号（宽110毫米）布瓦筒瓦；一层前檐加披檐2号（宽110毫米）布瓦筒瓦屋面	正脊脊件松动、脱落； 铃铛排山脊脊件松动、脱落； 屋面面瓦脱节现象严重，70%瓦件残破、掰裂； 勾头、滴水15%缺失、30%残损； 花瓦脊、垂脊附件缺失； 蝎子尾残损； 铃铛排山脊陡板缺失； 筒瓦檐头附件35%缺失、10%残损； 墙帽屋面（前院墙）残损40%； 整个屋面滋生杂草
2	木基层	一层为砖椽，截面尺寸80毫米×60毫米，椽距中到中225毫米。二层直椽截面尺寸100毫米×80毫米，飞椽截面尺寸为80毫米×80毫米，椽距中到中220毫米	直椽糟朽60%，椽体错位歪闪现象严重； 飞椽糟朽75%； 机枋条、闸挡板、隔椽板部分缺失

续表

序号	部位及名称		形制简介	修缮前主要残损状况
3	木构架		五檩抬梁式木构架；瓜柱柱径均为170毫米；三架梁截面尺寸270毫米×210毫米；五架梁截面尺寸320毫米×250毫米；檩径均为200毫米	屋面檩条60%滚动错位； 随檩枋、扶背木风化开裂严重； 柱子糟朽40%； 木楼板残损50%
4	木装修		一层明间设前后设门，安装隔扇，次间安装花格窗，步步锦样式心屉；二层于前金柱间安装隔扇门，隔出前檐步为廊，二层檐柱间设栏杆，檐檩下安倒挂楣子，套方楣子心屉；楼梯设在室内西北角	二层前檐隔扇门后期更改为带玻璃木门； 一层隔扇窗残损20% 二层隔扇窗残损30%； 前檐门、后檐门后期更换为隔扇门； 木楼梯残损40%； 踢脚板残损80%
5	墙体、墙面		前后墙及山墙均为清水砖墙，室内窗台以上为混水墙，白灰抹面	前檐墙青砖酥碱5块； 东山墙博缝头酥碱2块； 东山墙博缝砖酥碱6块； 内墙面抹灰80%空鼓，多处已脱落； 外墙面灰缝脱落35%
6	地面		215毫米×105毫米×70毫米青条砖拐子锦铺墁地面	地面砖破裂损坏80%
7	石作		墀头上部施挑檐石，窗下安窗台石，正面伸出月台，台前为垂带式台阶；背面台基以外为如意台阶	明间踏跺石断裂
8	油饰	木基层	椽子刷白色油饰，椽头刷绿色油饰；瓦口、连檐刷铁红色油饰	连檐、瓦口、椽子油饰脱落80%
		木构架	过木刷黑色油饰；上架刷铁红色油饰；柱子刷黑色油饰；梁头做青绿彩绘	过木油饰脱落70%； 上架油饰脱落70%； 柱子油饰脱落70%
		木装修	门窗、楣子心屉及栏杆刷绿色油饰；楼梯、楼板刷铁红色油饰	楼板油饰起皮、脱落70% 楼梯油饰脱落60% 扶手、栏杆油饰脱落70% 抱框油饰褪色、脱落30% 门窗油饰脱落20%； 楣子挂落油饰脱落30%

（一六）碧云斋

表 27　碧云斋残损记录表

序号	部位及名称	形制简介	修缮前主要残损状况
1	屋面	建筑分为主体和后厦两部分； 主体为布瓦筒瓦硬山顶屋面，清水正脊，两端设望兽，2号（宽110毫米）布瓦筒瓦； 主体北立面明间设卷棚后厦，2号（宽110毫米）布瓦筒瓦屋面	主体正脊后改为过垄脊； 主体垂脊残损，瓦件开裂、缺失70%； 主体屋面面瓦捉节灰、夹垄灰脱落，瓦件残损、开裂70%，屋面滋生杂草； 主体前檐屋面大面积漏雨，部分塌陷； 主体勾头、滴水残损、缺失80%； 主体望兽、垂兽、跑兽全部缺失； 梢子均已断裂、缺失； 后厦垂脊、戗脊、博脊残损，瓦件开裂、缺失70%； 后厦屋面瓦件脱节，夹垄灰脱落，瓦件残损、开裂60%； 后厦勾头、滴水残损、缺失70%
2	木基层	主体木基层檐部铺设望板，其他部位铺设望砖； 主体：直椽截面尺寸90毫米×80毫米，椽距中到中240毫米，望砖厚35毫米； 飞椽截面尺寸80毫米×60毫米，椽距中到中240毫米，望板厚20毫米； 后厦木基层全部铺设望板； 后厦：直椽截面尺寸80毫米×70毫米，椽距中到中200毫米，望板厚20毫米； 飞椽截面尺寸60毫米×60毫米，椽距中到中200毫米，望板厚20毫米	主体木基层望砖酥碱60%，望板糟朽70%； 主体木基层大连檐糟朽70%，小连檐糟朽70%； 主体木基层直椽糟朽70%，飞椽糟朽70%； 主体闸挡板糟朽70%； 后厦木基层望板糟朽70%； 后厦木基层飞椽糟朽70%； 后厦木基层大连檐糟朽70%，小连檐糟朽70%； 后厦闸挡板糟朽70%
3	木构架	七檩抬梁式前出廊木构架；檩条直径均为160毫米；瓜柱柱径均为180毫米；三架梁截面尺寸260毫米×220毫米；五架梁截面尺寸200毫米×170毫米；七架梁截面尺寸340毫米×280毫米；柱子直径均为220毫米	檩条均存在30毫米至50毫米的游离
4	木装修	前檐明间及次间安装六抹隔扇门； 前檐梢间安装二抹隔扇窗； 后檐明间安装六抹隔扇门； 后檐次间及梢间安装二抹隔扇窗； 门窗心屉均为步步锦； 室内次间与梢间布置木隔断，心屉样式为冰裂纹	前檐明间门后改为现代门，抱框糟朽70%； 前檐两次间窗后改为现代窗，窗框糟朽70%，窗户无法正常开启； 前檐两梢间窗后改为现代窗，窗框糟朽70%，窗户无法正常开启； 前檐门窗玻璃均已缺失； 后檐西梢间窗缺失； 室内次间与梢间之间的隔断缺失； 后厦坐凳松动，布满灰尘，部分棂条断裂

序号	部位及名称		形制简介	修缮前主要残损状况
5	墙体、墙面		前后檐槛墙、山墙均为清水砖墙，其余部分墙面白灰抹面	前檐门被封堵； 前檐东梢间窗台下墙青砖酥碱 6 块； 后檐东梢间窗台下墙青砖酥碱 8 块； 后檐西梢间窗被封堵； 前檐墙白灰墙面空鼓、脱落 70%； 内墙面空鼓、脱落 60%
6	地面		室内地面为 360 毫米 × 360 毫米 × 60 毫米青方砖铺砌； 后厦地面为 280 毫米 × 140 毫米 × 70 毫米青砖拐子锦铺砌	室内地面砖破裂损坏 70%，且室内地面凹凸不平； 后厦地面砖残损 70%
7	石作		门槛下均设槛垫石；前檐明间门前设踏步	前檐踏步石残损 60%，通体存在裂缝
8	油饰	木基层	椽身刷白色油饰； 望板刷铁红色油饰； 椽头刷青绿色油饰	主体椽望油饰脱落 70%； 后厦椽望油饰脱落 60%
		木构架	上架刷铁红色油饰； 柱子及过木刷黑色油饰	主体上架油饰脱落 60%； 主体柱子油饰脱落 70%； 后厦上架油饰脱落 70%； 后厦柱子油饰脱落 70%
		木装修	门窗刷铁红色油饰； 槛框刷黑色油饰，线脚刷铁红色油饰； 楣子刷绿色油饰； 室内隔断、坐凳刷铁红色油饰	门窗油饰脱落 80%； 槛框油饰脱落 80%； 楣子油饰脱落 60%； 坐凳油饰脱落 70%

（一七）东二路大门

表 28 东二路大门残损记录表

序号	部位及名称	形制简介	修缮前主要残损状况
1	屋面	布瓦筒瓦硬山顶屋面，花瓦正脊，2 号（宽 110 毫米）布瓦筒瓦	屋面瓦件残损 50%，瓦件松动；滴水残损 35%、勾头残损 30%；吻兽缺失，垂兽缺失，跑兽缺失，花瓦脊缺失 30%；铃铛排山脊残损 46%；整个屋面滋生杂草
2	木基层	飞椽尺寸为 60 毫米 × 60 毫米，椽距中到中 210 毫米； 直椽尺寸为 70 毫米 × 70 毫米，椽距中到中 200 毫米	望板糟朽 7%；屋面椽糟朽 60%； 飞椽糟朽 70%，糟朽深度为 1~3 厘米； 连檐糟朽 55%，中部出现弯曲；瓦口糟朽 65%
3	木装修	前后檐檩下安装楣子；前檐金檩下安装槛框板门	板门糟朽 30%，深度 1~2 厘米；门下槛缺失； 挂落糟朽 60%，深度 0.5~1 厘米

序号	部位及名称		形制简介	修缮前主要残损状况
4	墙体、墙面		山墙为清水砖墙	青砖酥碱约40%；两山墙墀头部位出现裂缝；山墙内墙皮灰剥落40%
5	地面		青石地面、青砖地面	青石地面表面风化、青砖地面残损60%
6	石作		戗檐砖墀头为精细砖雕图案；青石台阶、阶条石	门枕石、阶条石表面风化
7	油饰	木基层	椽子刷白色油饰，椽头刷青绿油饰；连檐、瓦口刷铁红色油饰	椽子油饰起皮、脱落60%，椽头油饰脱落80%；连檐油饰脱落45%；瓦口油饰起翘、脱落70%
		木构架	上梁架刷铁红色油饰	上架油饰剥落、褪色80%
		木装修	板门刷黑色油饰，槛框刷黑色油饰，红色线脚；楣子心刷青绿油饰，楣子框刷黑色油饰，黄色线脚；挂落刷青绿油饰	板门油饰起甲、脱落65%；楣子油饰全部褪色；挂落油饰脱落45%

（一八）东二路一进院东便门

表29　东二路一进院东便门残损记录表

序号	部位及名称	形制简介	修缮前主要残损状况
1	屋面	悬山卷棚顶式建筑，2号（宽110毫米）布瓦筒瓦屋面	垂脊残损、变形，瓦件开裂80%；屋面瓦件脱节，夹垄灰脱落，瓦件开裂、缺失80%；勾头、滴水残损、缺失70%
2	木基层	直椽截面尺寸70毫米×60毫米，椽距中到中210毫米，望板厚20毫米；飞椽截面尺寸60毫米×60毫米，椽距中到中210毫米，望板厚20毫米	木基层望板糟朽80%；木基层大连檐糟朽70%；木基层直椽糟朽80%，部分直椽断裂；木基层飞椽糟朽80%，部分飞椽断裂；瓦口、小连檐、闸挡板糟朽70%
3	木构架	二郎担山式木构架，檩条截面直径均为160毫米；脊瓜柱柱径为170毫米；梁截面尺寸180毫米×160毫米	前檐檐檩糟朽80%，通体开裂，裂缝深5.0厘米；随檩枋糟朽80%，部分断裂
4	木装修	柱上部前后出竹节状斜撑，柱上安槛框及门框，檩下安挂落	板门缺失；下槛缺失；门框缺失

序号	部位及名称		形制简介	修缮前主要残损状况
5	石作		门前后均设阶条石、门槛下设槛垫石	槛垫石缺失； 阶条石缺失
6	油饰	木基层	椽望刷铁红色油饰	椽望油饰脱落 70%
		木构架	上架刷铁红色油饰	上架油饰脱落 70%
		木装修	槛框及板门刷黑色油饰； 竹节斜撑及挂落做青绿彩绘	槛框油饰脱落 70%； 竹节斜撑油饰脱落 60%； 挂落油饰脱落 60%

（一九）绣楼

表 30　绣楼残损记录表

序号	部位及名称	形制简介	修缮前主要残损状况
1	屋面	建筑分为主体和门楼两部分； 主体建筑为布瓦筒瓦硬山顶屋面，清水正脊，正脊中间安雕花脊砖，两端设望兽，2 号（宽110 毫米）布瓦筒瓦； 主体南立面一层明间带悬山门罩，2 号（宽110 毫米）布瓦筒瓦屋面	主体正脊严重变形，瓦件残损、缺失 70%； 砖雕断裂、残损 40%； 主体垂脊严重变形，瓦件残损、缺失 80%； 主体望兽、垂兽、跑兽均已缺失； 主体屋面面瓦脱节现象严重，夹垄灰、捉节灰脱落，瓦件残破、掰裂 70%，屋面滋生杂草； 主体勾头、滴水缺失、残损 70%； 主体梢子断裂、缺失 4 份； 门楼垂脊严重变形，瓦件残损、缺失 80%； 门楼屋面面瓦脱节现象严重，瓦件残损、掰裂 70%，屋面滋生杂草； 门楼勾头、滴水缺失、残损 70%
2	木基层	主体木基层檐部铺设望板，其他部位铺设望砖； 主体：直椽截面尺寸 90 毫米 ×80 毫米，椽距中到中 160 毫米，望砖厚 35 毫米； 飞椽截面尺寸 80 毫米 ×70 毫米，椽距中到中 160 毫米，望板厚 20 毫米； 门楼木基层檐部铺设望板，其他部位铺设望砖； 门楼：直椽截面尺寸 80 毫米 ×70 毫米，椽距中到中 240 毫米，望砖厚 35 毫米； 飞椽截面尺寸 70 毫米 ×70 毫米，椽距中到中 240 毫米，望板厚 20 毫米	主体望砖酥碱 60%，望板糟朽 70%，局部断裂； 主体直椽糟朽 70%，飞椽糟朽 80%； 主体大连檐糟朽 80%，小连檐糟朽 70%； 主体闸挡板糟朽 70%； 门楼屋面望砖酥碱 70%，望板糟朽 70%； 门楼直椽糟朽 70%，飞椽糟朽 80%； 门楼屋面大连檐糟朽 70%，小连檐糟朽 70%； 门楼闸挡板糟朽 70%
3	木构架	五檩抬梁式木构架；檩条截面直径均为 200 毫米；瓜柱柱径 210 毫米；三架梁截面尺寸 330 毫米 ×280 毫米；五架梁截面尺寸 390 毫米 ×330 毫米；柱子截面直径均为 160 毫米	门楼明柱柱根糟朽，糟朽高度 530 毫米，糟朽深度 73 毫米

序号	部位及名称		形制简介	修缮前主要残损状况
4	木装修		一楼前檐明间安装花格门，次间及后檐明间安装花格窗，心屉均为拐子锦；二楼窗为双层窗，外窗为正方格窗，内窗为板窗	主体一楼后檐窗扇后改为现代窗扇；主体二楼后檐窗的正方格窗缺失；主体屋顶安装纤维吊顶；主体楼梯板糟朽40%；主体一楼门扇、窗扇玻璃缺失
5	墙体、墙面		前后檐墙、山墙均为清水砖墙	前檐墙青砖酥碱512块；前檐月台严重破损，青砖酥碱60%，灰缝脱落80%；后檐墙青砖酥碱604块，墙体存在裂缝，裂缝长1.5米，宽2厘米；西山墙博缝砖酥碱3块，青砖酥碱483块；饿檐砖酥碱4块；东山墙青砖酥碱592块；内墙面白灰墙面空鼓、脱落70%
6	地面		360毫米×360毫米×60毫米方砖铺地面	室内地面为水泥地面
7	石作		主体前檐明间设月台	前檐月台严重破损，阶条石游离、缺失
8	油饰	木基层	椽望刷铁红油饰	椽望油饰脱落70%
		木构架	主体上架彩绘木纹；主体过木刷黑色油饰；门楼檐檩刷铁红油饰；门楼梁檩刷铁红色油饰；门楼柱子刷黑色油饰；门楼梁头绘青绿彩画	上架油饰脱落60%；过木油饰脱落60%；柱子油饰脱落60%
		木装修	主体槛框刷黑色油饰，线脚刷铁红色油饰；主体门窗刷铁红色油饰；门楼楣子挂落绘青绿彩画；主体楼梯刷铁红色油饰	主体槛框油饰脱落60%；主体窗油饰脱落60%；主体门油饰脱落60%；门楼挂落油饰脱落60%；楼梯油饰脱落60%

第三节　建筑残损原因分析

　　十笏园现分为丁家花园和丁氏故居两部分，导致丁家花园建筑残损的主要原因多为自然原因，而丁氏故居建筑一直作为民居使用，其残损原因主要是人为原因。

一　自然原因

　　1. 年久失修，加之风吹日晒雨淋等，导致各建筑屋面的瓦件残破，夹垄灰、捉节灰脱落严重，部分建筑屋面塌陷，严重漏雨（图146）；正脊、垂脊断裂、残损严重，大部分建筑望兽、垂兽、跑兽缺失（图147）；椽子、望板及木构件缺失、糟朽（图148）；各个建筑的柱子均存在不同程度的糟朽，尤其柱根较为严重，柱身存在劈裂等现象（图149）；部分梁架存在较深的通体裂缝，甚至断裂，特别是梁架位于前、后檐墙及山墙的构件糟朽尤为明显（图150）；另外梁架外露的部分，包括梁头、出挑等构件，由于长期受到雨水的侵蚀，故糟朽、腐烂相当严重；各建筑的构件均存在油饰的起皮、脱落现象（图151）。

图146　西路三进院西厢房屋面塌陷

图147　深柳读书堂望兽、垂首、跑兽缺失

图148　碧云斋前檐飞椽糟朽、缺失

图149　东五路一进院正房柱根糟朽

图150　静如山房、秋声馆檩条糟朽

图151　中路三进院西厢房油饰脱落

2.十笏园地理位置靠近白浪河，气候潮湿。各建筑屋面杂草丛生（图152）；暗柱由于通风不畅，防潮措施不到位，雨水渗漏，加之气候潮湿，故暗柱糟朽较为严重（图153）；墙体下碱青砖酥碱严重，部分墙体出现裂缝，各建筑的墙面均存在不同程度的空鼓、脱落（图154）；地面砖酥碱较为严重。

二　人为原因

后期拆改。部分建筑屋面全部或者局部后期被更改为机砖瓦屋面（图155）；个别建筑的梁架被更换，由抬梁式木构架改为三角形木构架，导致原梁柱节点的榫卯被破坏，出现拔榫、歪闪等情况；居民擅自更改建筑的木装修格局、形制，导致大部分建筑存在门窗被封堵，或者被更改为现代门窗的情况，且一部分临街建筑加装吊顶（图156、图157）；部分墙体被人为更改为红砖墙体（图158）；部分建筑后期在前檐墙、后檐墙或者山墙上加建简易棚，导致原本的墙面被损坏或者被拆砌（图159）；大部分室内地面被更改为水泥地面或木质地面。

图152　雪庵（小书巢）屋杂草丛生

图153　西路三进院西厢房暗柱糟朽

图154　东一路三进院正房墙面脱落

图155　东四路倒座房机砖瓦屋面

图 156 雪庵（小书巢）后檐门窗封堵

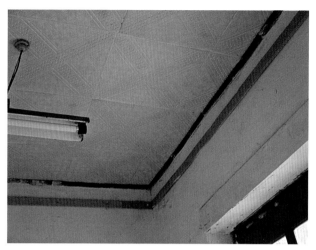

图 157 静如山房、秋声馆室内加装吊顶

图 158 西路四进院西厢房东山墙为红砖

图 159 雪庵（小书巢）后檐墙后加棚子

第四节 修缮依据、原则、思路与性质

一 修缮依据

①《中华人民共和国文物保护法》（2015 年修正）

②《古建筑木结构维护与加固技术规范》（GB50165—92）（1993 年 5 月 1 日实施）

③《中国文物古迹保护准则》（2015 版）

④《潍坊十笏园勘察报告》

⑤国家和行业有关技术标准和技术规范

二 修缮原则

①保护和修缮过程必须遵守"不改变文物原状"和"最小干预"的原则。现状维修和形制保护放在

首位，全面保留原历史信息，最大限度地保持其真实性和延续性。

②运用科学合理的保护措施，以现存建筑和考古勘测成果为依据，尽可能保存和展示文物建筑风格的完整性。尊重十笏园的传统建筑风格和手法，修缮过程中应以十笏园当地传统的营造做法为主，特别注重保留与继承当地的传统工艺。

③质量第一，采取适用的技术手段，保证文物建筑的稳定性和安全性。在修缮过程中，工程材料、修缮工艺等方面必须全面符合《中华人民共和国文物保护法》的相关规定。

④安全为主，充分考虑预防措施，有效控制其相关环境，消除安全隐患，保证人员和文物的双安全。

⑤坚持可逆性及可再处理性原则。在修缮过程中，坚持修缮过程的可逆性，保证修缮后的可再处理性。

三　修缮主要思路

①施工中采用传统工艺，施工过程符合文物的修缮的"四保存"原则，即保存原有工艺、形制、材料、结构，保存建筑原有的建筑风貌。各构件尺寸均按设计要求制作或采购；油饰地仗做法采用传统的单皮灰、一布四灰、一麻五灰等，不得使用现代的油饰、涂料；木构件制作、安装应采用人工剔凿和吊装，特别是榫卯的制作，不得采用现代机械进行切割和凿孔。

②当建筑主要承重结构损坏严重，需要落架维修时，可以局部或全部落架维修，但必须保证落架过程中的人员和其他构件的安全。修缮中允许使用加固结构和补强材料，可以更换残损严重的构件，但新添加的加固架构不得露明，新更换的构件应标注更换年代。

③在不影响建筑整体结构稳定的前提下，将存在歪闪、游离、塌陷、错乱的构件恢复原貌；拆除近现代以来新添加的无价值部分，十笏园部分建筑存在的吊顶、水泥地面、玻璃门窗等应予拆除；针对近现代以来由于维修不善导致形制变更的建筑，在获得相关证据，并申报获得批准后，应恢复原本的建筑形制。

④针对装修残损较为严重或者缺失的各建筑，进行装修的更换或补配。更换或补配应依据建筑的原始信息，如榫卯的形制及位置、残存的装修等；再通过对十笏园其他同类建筑的研究，结合十笏园的建筑风貌进行恢复。

四　保护对象修缮性质

根据《中国文物古迹保护准则》第二十八条明确规定：保护工程是对文物古迹进行修缮和相关环境进行整治的技术措施。对文物古迹的修缮包括防护加固、现状修整、重点修复三类建筑。

防护加固

防护加固是针对可能损坏的建筑构件，为防止构件损坏而采取的加固性措施。所采取的加固措施均不得对建筑造成损伤，不得破坏建筑的环境特征。新增加固构件应以安全、实用为主，并尽可能淡化新加构件的外观。

现状修整

现状修整是针对建筑虽存在残损，但不至于因结构失稳而导致房屋发生危险的情况下，进行的一般性工程措施。主要施工措施有：梁架墩接、檩条归安及部分替换、柱身墩接、椽望部分替换、屋面部分或者大部重做、装修整修及添配、墙体挖补或局部拆砌、地面部分重墁等。修缮过程中应当进行全部记录备案。

重点修复

重点修复是针对建筑结构失稳，导致建筑随时可能发生危险的情况下，进行的干预较大的修缮措施。主要施工措施有：梁架、柱子、檩条、椽望等构件部分或全部进行替换、屋面整体重做、墙体局部或者大部重砌等。尽管重点修复建筑均存在梁架失稳的状况，但选择落架需慎重，首先落架过程中必须保证人员和文物的安全；其次落架大修中，优先使用建筑的原构件，且新加构架必须与原构件相同；最后落架大修之后必须做好记录备案。

根据现状勘察结论，十笏园修缮工程中蔚秀亭、"鸢飞鱼跃"花墙等为防护加固；平桥、十笏草堂、稳如舟、西路一进院影壁、小沧浪亭、绣楼、雪庵（小书巢）、漪岚亭、四照亭、砚香楼、深柳读书堂、东二路大门、西路一进院过门、游廊等为现状修整；春雨楼、静如山房秋声馆、中路三进院正房、碧云斋、芙蓉居等为重点修复。

第五节　建筑修缮措施表

在本节，对应本章第三节的主要建筑残损记录表，给出其相应的建筑修缮措施表。修缮措施表中，同样以建筑的屋面、木基层、木构架、木装修、墙体墙面、地面、石作、油饰八个部位为分部工程，列表记录其修缮项目与做法，修缮工程量及相应备注。建筑修缮措施表如下：

一　西路一进院影壁

表 31　西路一进院影壁修缮措施表

序号	部位及名称	修缮项目与做法	修缮工程量	备注
1	屋面	摄像、拍照、编号后拆卸屋面瓦件至指定地点分类放置；补配勾头、滴水、筒瓦、板瓦	恢复清水脊 3.3 米；更换清水脊附件蝎子尾 2 份；恢复披水排山脊 1.8 米；重做筒瓦屋面 3.42 平方米；添配缺失、残损的勾头 26 个，滴水 22 个	搭设屋顶脚手架；瓦要求：敲击声音清脆，质地细腻，规格与原制相符，上架前应在青灰中浸泡，用以堵塞砂眼
2	墙体、墙面	墙面做法：铲除原墙皮后用白沙灰打底，白麻刀灰罩面。干燥后表面用白涂料粉刷	修复墙面 2.79 平方米	灰缝平直、灰浆饱满，砌筑风格严格与原貌保持一致

二 西路一进院过门

表 32 西路一进院过门修缮措施表

序号	部位及名称		修缮项目与做法	修缮工程量	备注
1	屋面		摄像、拍照、编号后拆卸屋面瓦件至指定地点分类放置;补配勾头、滴水、筒瓦、板瓦;屋面做法:20毫米厚护板灰;60毫米厚滑秸泥(分两次上完);20毫米厚麻刀灰;3:7掺灰泥挂瓦	重做2号(宽110毫米)筒瓦屋面21.24平方米;重做垂脊7.6米;添配筒瓦屋面滴水21个,勾头18个;屋面检修21.24平方米	搭设屋顶脚手架;瓦要求:敲击声音清脆,质地细腻,规格与原制相符,上架前应在青灰中浸泡,用以堵塞砂眼
2	木基层		对没有糟朽或糟朽极为轻微的木基层仅做防腐、防虫处理;对糟朽小于1/3椽径的木基层应进行剔补、加固处理;对糟朽超过1/3的木基层应该进行更换,更换的木基层均按原来尺寸和做法制作。所有木基层构件,隐蔽前均须涂刷防腐、防虫剂	直椽制安48根;望板制安7.08平方米;飞椽制安24根;大连檐制安5.9米;小连檐制安5.9米;闸挡板制安5.9米;机枋条制安5.9米;钉瓦口5.9米	材料要求:用落叶松复制;望板宽度不应小于150毫米,厚度25~30毫米,望板安装时应做好防腐处理;木材含水率不应大于16%
3	墙体、墙面		墙体裂缝大则按原工艺做法拆砌,小则挖补裂缝处断砖并灌浆黏结	旧墙做丝缝2.307平方米	灰缝平直、灰浆饱满,砌筑风格严格与原貌保持一致
4	地面		地面做法:垫层用3:7灰土,虚铺150毫米,夯实后达到120毫米。灰土垫层铺50毫米厚的C10混凝土防潮,220毫米×110毫米×30毫米柳叶人字纹铺砌	细墁砖地面,柳叶人字纹铺砌6.113平方米	墁地要求:正中为一块整砖,破头找于两山或后檐墙角之处,不妥之处用砖药打点
5	油饰	木基层	椽望三道灰;连檐瓦口三道灰	椽望21.24平方米;连檐瓦口1.475平方米;木材面刷防腐油7.08平方米	1.施工时,刮泥子应从上往下由左向右操作,尽量减少接头。刷油时要均匀一致,垂直表面最后一次应由上往下刷,水平表面最后一次应顺光线照射的方向进行
		木构架	月梁一布四灰;四架梁一布四灰;瓜柱一布四灰;檩一布四灰	月梁2.092平方米;四架梁4.955平方米;瓜柱0.437平方米;檩10.388平方米;木材面刷防腐油3.648平方米	

序号	部位及名称		修缮项目与做法	修缮工程量	备注
5	油饰	木装修	门框一麻五灰； 过木一麻五灰； 隔扇窗一麻五灰； 挂落一麻五灰下架； 清式雄黄玉彩画素枋心	门框 1.726 平方米； 过木 1.152 平方米； 隔扇窗 3.367 平方米； 挂落 1.067 平方米； 清式雄黄玉彩画素枋心 4 个 木材面刷防腐油 1.344 平方米	2. 油饰用的色油，用无机矿物颜料配制。

三 静如山房、秋声馆

表 33 静如山房、秋声馆修缮措施表

序号	部位及名称	修缮项目与做法	修缮工程量	备注
1	屋面	摄像、拍照、编号后拆卸屋面瓦件至指定地点分类放置； 补配勾头、滴水、筒瓦、板瓦； 屋面做法： 20 毫米厚护板灰； 60 毫米厚滑秸泥（分两次上完）； 20 毫米厚麻刀灰； 3∶7 掺灰泥挂瓦	重做主体垂脊 19.8 米，重做门楼屋面岔脊 2.2 米； 屋面拆修（主体）98.28 平方米，屋面拆修（门楼）7.8 平方米； 更换 2 号筒瓦（主体）2358 个，更换 2 号筒瓦（门楼）287 个； 更换 2 号板瓦（主体）5503 个，更换 2 号板瓦（门楼）437 个； 添配 2 号滴水（主体）38 个，添配 2 号勾头（主体）39 个； 更换 2 号滴水 29 个（主体），更换 2 号勾头（主体）30 个； 更换 2 号滴水（门楼）7 个，更换 2 号勾头（门楼）6 个 屋面检修（主体）98.28 平方米；屋面检修（门楼）7.8 平方米	搭设屋顶脚手架； 瓦要求：敲击声音清脆，质地细腻，规格与原制相符，上架前应在青灰中浸泡，用以堵塞砂眼
2	木基层	对没有糟朽或糟朽极为轻微的木基层仅做防腐、防虫处理；对糟朽小于 1/3 椽径的木基层应进行剔补、加固处理；对糟朽超过 1/3 的木基层应该进行更换，更换的木基层均按原来尺寸和做法制作。所有木基层构件，隐蔽前均须涂刷防腐、防虫剂	更换望砖 58.97 平方米； 更换望板厚 2.5 厘米内 7.02 平方米； 更换大连檐椽径 10 厘米内 3.9 米； 更换小连檐椽厚 3 厘米外 3.1 米； 更换瓦口 7 米； 更换直椽，椽径 8 厘米以内 288 米； 更换直椽，椽径 9 厘米以内（卷棚）0.049 米； 更换飞椽，椽径 9 厘米以内 0.046 米； 更换方翼角椽（卷棚）0.6 米； 添配罗锅椽 4 根（卷棚）； 添配翘飞椽（卷棚）2 根； 添配机枋条，椽径 6 厘米内 75.6 米； 添配闸挡板，椽径 10 厘米外 7 米	材料要求：用落叶松复制；望板宽度不应小于 150 毫米，厚度 25~30 毫米，望板安装时应做好防腐处理；木材含水率不应大于 16%

序号	部位及名称	修缮项目与做法	修缮工程量	备注
3	木构架	对檩条的更换应视其糟朽程度:拆除时,对糟朽深度超过1/3檩径的则更换。小于1/3檩径的应剔补、拼接,用铁箍箍牢,继续使用;对柱子,糟朽深度超过1/3柱径的应墩接,墩接时采用巴掌榫,搭接长度不小于40厘米,节点用铁箍箍牢。糟朽深度未超过1/3柱径的则应剔补加固,节点用铁箍箍牢。埋入墙内的柱子因长时间封闭在潮湿的环境中,糟朽相对较重,施工中视其情况予以更换或拼接;埋入墙内的梁头多数已糟朽,仅梁头糟朽严重的,实施拼接加固,连同梁身均糟朽严重的,则按原样更换;打箍用的带钢厚度为4毫米,表面刷防锈漆防腐。所有木构件均刷两遍防腐、防虫剂	更换檩条,檩径20厘米以内2.077立方米; 更换两端带搭角檩头的圆檩(卷棚)0.061立方米; 更换三架梁,截宽25厘米内0.288立方米; 更换五架梁1.141立方米; 更换卷棚六架梁(卷棚)0.044立方米; 更换随檩枋,截高20厘米内0.291立方米; 更换平板枋(卷棚)0.016立方米; 更换脊瓜柱,径20厘米内0.087立方米; 更换金瓜柱,柱径20厘米内0.079立方米; 更换扶背木0.121立方米	用落叶松复制,所施铁活需进行防锈处理,铁活做旧与梁身外侧保持一致,木材表面光滑,无戗槎,无锈印
4	木装修	糟朽槛框及过梁等装修构件,修缮时把糟朽部分剔除。糟朽深度不超过1/3断面的,剔补、拼接后继续使用;超过1/3断面的,用相同材质的新构件代替。拼接的构件用榫卯和铁箍固牢。新做门窗及心屉花格,参考十笏园现存实物设计。尺度与被修缮房屋的原构件痕迹相吻合	更换二抹隔扇窗(室外西墙)8.142平方米; 更换步步锦心屉1.5厘米内3.386平方米; 更换门下槛,厚7厘米内1.4米; 更换窗框(室外西山封墙)20.7米; 更换博缝板(卷棚)0.5平方米; 更换楣子,厚7厘米以内5.11米; 更换荷叶墩1块; 隔扇窗整修10.736平方米; 门下槛剔补1块; 楣框拆安(卷棚)0.75米; 坐凳心屉补换楞条1.071平方米; 添配实踏大门4.788平方米; 添配木窗带压条装玻璃3毫米9.907平方米; 添配后檐窗5个; 添配铁门钉20件	开关自如,起线均匀,心屉割角方正,榫卯严实,无戗槎,无锈印,表面光滑;材料要求用落叶松

序号	部位及名称		修缮项目与做法	修缮工程量	备注
5	墙体、墙面		墙体裂缝依安全状况现场酌情处理，对于砖墙裂缝较细微处（0.5厘米以下），挖补裂缝处断砖并灌浆黏结。对于较宽的裂缝（0.5厘米以上），按原工艺做法拆砌。 挖补酥碱砖，按照由下而上的顺序逐个挖补，使用的青砖规格和质量与原墙砖相同，按原砌法用白灰膏黏结，挖补时用锅铁碎片塞缝，白灰膏嵌缝。 墙面做法：铲除原墙皮后用白沙灰打底，白麻刀灰罩面，干燥后表面用白涂料粉刷	后檐后开窗洞 9.2 平方米； 新砌混水墙 0.624 立方米； 新砌混水墙（前后墙）2.268 立方米； 五层素冰盘檐 18.9 米； 新砌五层有砖橼冰盘檐 18.9 米； 新砌梢子 4 份； 墙面修复 9.616 平方米； 墙面修复（室内北）3.43 平方米； 墙面修复（室内南）4.615 平方米； 墙面修复山尖 10.8 平方米； 墙面修复前墙 3.725 平方米； 墙面修复后墙 5.6 平方米； 墙面修复 0.36 平方米； 墙面修复（室外西墙）29.17 平方米； 旧墙做丝缝 0.27 平方米	灰缝平直、灰浆饱满，砌筑风格严格与原貌保持一致
6	地面		地面做法：垫层用 3：7 灰土，虚铺 150 毫米，夯实后达到 120 毫米。灰土垫层铺 50 毫米厚的 C10 混凝土防潮，地面用 360 毫米×360 毫米×60 毫米细墁方砖	细墁小停泥砖 46.085 平方米	墁地要求：正中为一块整砖，破头找于两山或后檐墙角之处，不妥之处用砖药打点
7	石作		条石归安	条石归位 0.09 立方米	石构件表面无缺棱掉角，表面洁净，无残留脏物
8	油饰	木基层	主体橼望三道灰； 门楼橼望三道灰	橼望 98.28 平方米； 橼望（门楼）8.85 平方米； 木材面刷防腐油 14.86 平方米	1. 施工时，刮泥子应从上往下由左向右操作，尽量减少接头。刷油时要均匀一致，垂直表面最后一次应由上往下刷，水平表面最后一次应顺光线照射的方向进行 2. 油饰用的色油，用无机矿物颜料配制
		木构架	五架梁（上架）一布四灰； 三架梁（上架）一布四灰； 檩（上架）一布四灰； 瓜柱（上架）一布四灰； 门楼梁（上架）一布四灰； 门楼檩（上架）一布四灰； 平板枋（上架）一布四灰； 柱子（下架）一麻五灰； 过木（下架）一麻五灰	五架梁（上架）15.232 平方米； 三架梁（上架）7.35 平方米； 檩（上架）48.132 平方米； 瓜柱（上架）3.042 平方米； 门楼梁（上架）2.054 平方米； 檩（上架）门楼 5.603 平方米； 平板枋（上架）1.414 平方米； 柱子（下架）3.864 平方米； 过木（下架）6.714 平方米； 木材面刷防腐油：13.56 平方米	
		木装修	博缝板单皮灰； 门框（下架）单皮灰； 门窗扇（隔扇窗）单皮灰； 挂落单皮灰； 坐凳心屉单皮灰； 实踏门单皮灰； 花板三道灰	博缝板 0.3 平方米； 门框（下架）4.444 平方米 门窗（隔扇窗）11.368 平方米； 门窗扇 0.871 平方米； 门窗坐凳心屉 1.174 平方米； 实踏门 4.861 平方米； 花板 0.765 平方米； 木材面刷防腐油 6.574 平方米	

四　深柳读书堂

表 34　深柳读书堂修缮措施表

序号	部位及名称	修缮项目与做法	修缮工程量	备注
1	屋面	摄像、拍照、编号后拆卸屋面瓦件至指定地点分类放置； 补配勾头、滴水、筒瓦、板瓦； 屋面做法： 20 毫米厚护板灰； 60 毫米厚滑秸泥（分两次上完）平曲线； 20 毫米厚麻刀灰； 3∶7 灰土挂瓦	重做正脊 5.771 平方米； 重做铃铛排山脊，兽前 8.4 米； 重做铃铛排山脊 4.7 米； 重做披水排山脊 2.8 米； 重做筒瓦屋面 2 号 82.088 平方米； 苫灰背 82.088 平方米； 添配垂脊附件 4 条； 正吻安装 2 份； 抹护板灰 82.088 平方米； 青灰坡顶 82.088 平方米； 检修屋面，清理屋面杂草	搭设屋顶脚手架；瓦要求：敲击声音清脆，质地细腻，规格与原制相符，上架前应在青灰中浸泡，用以堵塞砂眼
2	木基层	对没有糟朽或糟朽极为轻微的木基层仅做防腐、防虫处理；对糟朽小于 1/3 椽径的木基层应进行剔补、加固处理；对糟朽超过 1/3 的木基层应该进行更换，更换的木基层均按原来尺寸和做法制作。所有木基层构件，隐蔽前均须涂刷防腐、防虫剂	铺望砖 82.088 平方米； 望板制安 28.855 平方米； 大连檐制安 9.95 米； 小连檐制安 9.95 米； 瓦口制作 19.9 米； 直椽制安 356.4 米； 飞椽制安 70 根； 隔椽板制安 9.95 米； 机枋条制安 49.75 米； 闸口板制安 19.9 米； 封堵椽挡 11.04 米	材料要求：用落叶松复制；望板宽度不应小于 150 毫米，厚度 25~30 毫米，望板安装时应做好防腐处理；木材含水率不应大于 16%
3	木构架	对檩条的更换应视其糟朽程度：拆除时，对糟朽深度超过 1/3 檩径的则更换。小于 1/3 檩径的应剔补、拼接，用铁箍箍牢，继续使用；对柱子，糟朽深度超过 1/3 柱径的应墩接，墩接时采用巴掌榫，搭接长度不小于 40 厘米，节点用铁箍箍牢。糟朽深度未超过 1/3 柱径的则应剔补加固，节点用铁箍箍牢。埋入墙内的柱子因长时间封闭在潮湿的环境中，糟朽相对较重，施工中视其情况予以更换或拼接；埋入墙内的梁头多数已糟朽，仅梁头糟朽严重的，实施拼接加固，连同梁身均糟朽严重的，则按原样更换；打箍用的带钢厚度为 4 毫米，表面刷防锈漆防腐。所有木构件均刷两遍防腐、防虫剂	更换檩条，径 20 厘米以内 1.915 立方米； 梁头剔补 0.1 平方米内 2 块； 圆形构件剔补 13 块； 方形构部件剔补 5 块； 更换抱头梁，截宽 25 厘米内 0.108 立方米； 更换随檩枋，截高 20 厘米内 0.007 立方米； 墩接柱子 2 根； 更换柱子 0.43 立方米； 更换扶脊木 0.08 立方米； 过木制安 0.366 立方米	用落叶松复制，所施铁活需进行防锈处理，铁活做旧与梁身外侧保持一致，木材表面光滑，无戗槎，无锈印

序号	部位及名称	修缮项目与做法	修缮工程量	备注
4	木装修	糟朽槛框及过梁等装修构件，修缮时把糟朽部分剔除。糟朽深度不超过1/3断面的，剔补、拼接后继续使用；超过1/3断面的，用相同材质的新构件代替。拼接的构件用榫卯和铁箍固牢。新做门窗及心屉花格，参考十笏园现存实物设计。尺度与被修缮房屋的原构件痕迹相吻合	更换隔扇门12.307平方米； 隔扇窗整修5.148平方米； 更换隔扇窗4.586平方米； 抱框制安，厚8厘米以内28.45米； 制安上槛8.2米； 制安下槛8.2米； 制安站框5.4米； 制安窗口15.6米； 连二槛制安0.24件； 走马板制安3.56平方米； 制安倒挂楣子2.174平方米； 补换压条37.44米； 添配木窗带压条装玻璃3毫米12.284平方米； 添配拉手、圆拉手2付； 添配木门枕制安12块； 添配绦环板雕刻4.743平方米； 添配步步紧心屉8.17平方米； 添配栓杆12根	开关自如，起线均匀，心屉割角方正，榫卯严实，无戗槎，无锛印，表面光滑；材料要求用落叶松
5	墙体、墙面	墙体裂缝依安全状况现场酌情处理，对于砖墙裂缝较细微处（0.5厘米以下），挖补裂缝处断砖并灌浆黏结。对于较宽的裂缝（0.5厘米以上），按原工艺做法拆砌。 挖补酥碱砖，按照由下面上的顺序逐个挖补，使用的青砖规格和质量与原墙砖相同，按原砌法用白灰膏黏结，挖补时用锅铁碎片塞缝，白灰膏嵌缝。 墙面做法：铲除原墙皮后用白沙灰打底，白麻刀灰罩面，干燥后表面用白涂料粉刷	前檐墙新砌混水墙5.188立方米； 后檐墙新砌五层有砖椽冰盘檐9.95米； 东山墙新砌清水墙（山尖）0.675平方米；新砌清水墙14.502平方米； 新砌梢子3份； 西山墙新砌梢子3份； 内墙面抹灰皮，月白灰38.03平方米； 刷浆打点（室内西墙）2.938平方米； 内墙面刷乳胶漆83.655平方米； 外墙面旧墙做丝缝2.714平方米； 抹灰皮，月白灰13.361平方米；外墙面刷乳胶漆3.36平方米；线枋子制安1.35米；挂落砖制安3.88米； 窗口内壁贴脸22.88米	灰缝平直、灰浆饱满，砌筑风格严格与原貌保持一致
6	地面	地面做法：垫层用3∶7灰土，虚铺150毫米，夯实后达到120毫米。灰土垫层铺50毫米厚的C10混凝土防潮，地面用360毫米×360毫米×60毫米细墁方砖	地面砖挖补小停泥砖（前廊下）94块； 细墁尺二方砖35.192平方米	墁地要求：正中为一块整砖，破头找于两山或后檐墙角之处，不妥之处用砖药打点
7	石作	条石归安	阶条石归位4.684平方米	石构件表面无缺棱掉角，表面洁净，无残留脏物

序号	部位及名称		修缮项目与做法	修缮工程量	备注
8	油饰	木基层	橡望三道灰	橡望 87.262 平方米； 木材面刷防腐油 24.15 平方米	1. 施工时，刮泥子应从上往下由左向右操作，尽量减少接头。刷油时要均匀一致，垂直表面最后一次应由上往下刷，水平表面最后一次应顺光线照射的方向进行 2. 油饰用的色油，用无机矿物颜料配制
		木构架	三架梁一布四灰； 五架梁一布四灰； 脊瓜柱一布四灰； 金瓜柱一布四灰； 抱头梁一布四灰； 檩一布四灰； 柱（下架）一麻五灰； 过木（下架）一麻五灰； 花架混凝土地仗	三架梁 3.518 平方米； 五架梁 7.392 平方米； 脊瓜柱 0.878 平方米； 金瓜柱 3.003 平方米； 抱头梁 8.353 平方米； 檩 34.86 平方米； 柱（下架）13.266 平方米； 过木（下架）5.122 平方米； 花架 28.931 平方米； 清式雄黄玉彩画素枋心 0.276 平方米 木材面刷防腐油 29.37 平方米	
		木装修	走马板一麻五灰； 窗框一麻五灰； 窗一麻五灰； 门一麻五灰； 门框一麻五灰	走马板 6.101 平方米； 窗框 7.175 平方米； 窗 9.736 平方米； 门 12.198 平方米； 门框 4.887 平方米 木材面刷防腐油 11.09 平方米	

五 雪庵（小书巢）

表 35 雪庵（小书巢）修缮措施表

序号	部位及名称	修缮项目与做法	修缮工程量	备注
1	屋面	摄像、拍照、编号后拆卸屋面瓦件至指定地点分类放置； 补配勾头、滴水、筒瓦、板瓦； 屋面做法： 20 毫米厚护板灰； 60 毫米厚滑秸泥（分两次上完）平曲线； 20 毫米厚麻刀灰； 3：7 掺灰泥挂瓦	恢复垂脊兽后有陡板（主体）9.6 米； 恢复垂脊兽前无陡板（主体）7.5 米； 添配垂兽 4 份，跑兽 16 个，仙人 4 个； 恢复清水正脊（主体）16 米； 更换正脊中间砖雕 0.259 平方米； 更换清水脊附件蝎子尾 2 份； 重做筒瓦屋面 2#（主体）149.73 平方米，清除杂草，屋面检修； 更换 2 号筒瓦（主体）3594 个，更换 2 号板瓦（主体）8385 个； 更换 2 号滴水（主体）62 个，更换 2 号勾头（主体）80 个； 重做灰背（主体）149.73 平方米； 新做筒瓦屋面 2#（后厦）28.39 平方米； 添配 2 号筒瓦（后厦）681 个，添配 2 号板瓦（后厦）1590 个； 添配 2 号滴水（后厦）75 个，添配 2 号勾头（后厦）76 个； 新做灰背（后厦）28.39 平方米	搭设屋顶脚手架； 瓦要求：敲击声音清脆，质地细腻，规格与原制相符，上架前应在青灰中浸泡，用以堵塞砂眼

续表

序号	部位及名称	修缮项目与做法	修缮工程量	备注
2	木基层	对没有糟朽或糟朽极为轻微的木基层仅做防腐、防虫处理；对糟朽小于1/3椽径的木基层应进行剔补、加固处理；对糟朽超过1/3的木基层应该进行更换，更换的木基层均按原来尺寸和做法制作。所有木基层构件，隐蔽前均须涂刷防腐、防虫剂	更换望砖（主体）144.9平方米；更换望板（主体）36.32平方米；更换直椽（主体）632.14米；更换飞椽（主体）72根；更换大连檐（主体）16.1米；更换小连檐（主体）16.1米；更换闸挡板（主体）16.1米；钉瓦口（主体）16.1米；添配望板（后厦）28.39平方米；添配直椽（后厦）117米	材料要求：用落叶松复制；望板宽度不应小于150毫米，厚度25~30毫米，望板安装时应做好防腐处理；木材含水率不应大于16%
3	木构架	对木构架，糟朽深度超过1/3柱径的应墩接，墩接时采用巴掌榫，搭接长度不小于40厘米，节点用铁箍箍牢。打箍用的带钢厚度为4毫米，表面刷防锈漆防腐。木构架糟朽深度超过1/3檩径的进行更换，檩条表面刷防锈漆防腐。更换和现存的木构架均须涂刷两遍防腐、防虫剂	更换檩条（主体）0.16立方米；更换随檩枋（主体）0.026立方米；墩接暗柱（主体）0.026立方米；更换檩条（后厦）0.368立方米	用落叶松复制，所施铁活需进行防锈处理，铁活做旧与梁身外侧保持一致，木材表面光滑，无戗槎，无锈印
4	木装修	新做门窗及心屉花格，参考十笏园现存实物设计。尺度与被修缮房屋的原构件痕迹相吻合	恢复隔扇门6.944平方米；恢复隔扇窗9.428平方米；恢复步步紧心屉6.692平方米；恢复后檐门框11.88米；恢复前檐门框5.46米；添配玻璃30.008平方米	开关自如，起线均匀，心屉割角方正，榫卯严实，无戗槎，无锈印，表面光滑；材料要求用落叶松
5	墙体、墙面	墙体裂缝依安全状况现场酌情处理，对于砖墙裂缝较细微处（0.5厘米以下），挖补裂缝处断砖并灌浆黏结。对于较宽的裂缝（0.5厘米以上），按原工艺做法拆砌。挖补酥碱砖，按照由下而上的顺序逐个挖补，使用的青砖规格和质量与原墙砖相同，按原砌法用白灰膏黏结，挖补时用锅铁碎片塞缝，白灰膏嵌缝。墙面做法：铲除原墙皮后用白沙灰打底，白麻刀灰罩面，干燥后表面用白涂料粉刷	前檐墙挖补青砖125块；后檐混水墙拆除0.51立方米；后檐墙挖补青砖176块；东山墙挖补青砖34块；西山墙挖补青砖571块；室内墙面修复19.6平方米	灰缝平直、灰浆饱满，砌筑风格严格与原貌保持一致

序号	部位及名称		修缮项目与做法	修缮工程量	备注
6	地面		地面做法：垫层用 3∶7 灰土，虚铺 150 毫米，夯实后达到 120 毫米。灰土垫层铺 50 毫米厚的 C10 混凝土防潮，地面用 360 毫米 × 360 毫米 × 60 毫米细墁方砖	细墁地面尺二方砖 93.845 平方米	墁地要求：正中为一块整砖，破头找于两山或后檐墙角之处，不妥之处用砖药打点
7	石作		垂带石归位	垂带石拆安归位（粘接）0.672 平方米	石构件表面无缺棱掉角，表面洁净，无残留脏物
8	油饰	木基层	建筑椽望三道灰	椽望油饰 175.802 平方米；木材面刷防腐油 30.154 平方米	1. 施工时，刮泥子应从上往下由左向右操作，尽量减少接头。刷油时要均匀一致，垂直表面最后一次应由上往下刷，水平表面最后一次应顺光线照射的方向进行。2. 油饰用的色油，用无机矿物颜料配制
		木构架	过木（下架）一麻五灰。柱子（下架）一麻五灰；脊瓜柱（上架）一布四灰；金瓜柱（上架）一布四灰；五架梁（上架）一布四灰；抱头梁（上架）一布四灰；檩条（上架）一布四灰；三架梁（上架）一布四灰；梁头（上架）一布四灰	过木油饰 13.358 平方米；柱子油饰 9.711 平方米；脊瓜柱彩绘 3.493 平方米；金瓜柱彩绘 3.749 平方米；五架梁彩绘 3.314 平方米；抱头梁彩绘 5.311 平方米；檩条彩绘 49.359 平方米；三架梁彩绘 15.3 平方米；梁头彩绘 0.19 平方米；木材面刷防腐油 29.562 平方米	
		木装修	槛框单皮灰；门窗一布四灰；楣子单皮灰；雀替单皮灰	上下槛油饰 10.94 平方米；站框油饰 9.164 平方米；门窗油饰 12.789 平方米；楣子油饰 1.728 平方米；雀替油饰 0.884 平方米；木材面刷防腐油 31.171 平方米	

六 十笏草堂

表 36 十笏草堂修缮措施表

序号	部位及名称	修缮项目与做法	修缮工程量	备注
1	屋面	摄像、拍照、编号后拆卸屋面瓦件至指定地点分类放置；补配勾头、滴水、筒瓦、板瓦屋面做法：20 毫米厚护板灰；60 毫米厚滑秸泥（分两次上完）平曲线；20 毫米厚麻刀灰；3∶7 灰土挂瓦	恢复正脊 4.903 平方米；恢复披水排山脊 16.2 米；更换清水脊附件蝎子尾 2 份；更换 2 号筒瓦 1621 个；更换 2 号板瓦 3783 个；更换 2 号滴水 39 个，更换 2 号勾头 51 个；重做筒瓦屋面 2#67.56 平方米；重做灰背 67.56 平方米；清除杂草，屋面检修	搭设屋顶脚手架；瓦要求：敲击声音清脆，质地细腻，规格与原制相符，上架前应在青灰中浸泡，用以堵塞砂眼

续表

序号	部位及名称	修缮项目与做法	修缮工程量	备注
2	木基层	对没有糟朽或糟朽极为轻微的木基层仅做防腐、防虫处理；对糟朽小于1/3椽径的木基层应进行剔补、加固处理；对糟朽超过1/3的木基层应该进行更换，更换的木基层均按原来尺寸和做法制作。所有木基层构件，隐蔽前均须涂刷防腐、防虫剂	更换望砖54.287平方米；更换望板8.9平方米；更换大连檐7.01米；钉瓦口7.01米；更换直椽195米；更换飞椽32根	材料要求：用落叶松复制；望板宽度不应小于150毫米，厚度25~30毫米，望板安装时应做好防腐处理；木材含水率不应大于16%
3	木构架	对木构架，糟朽深度超过1/3柱径的应墩接，墩接时采用巴掌榫，搭接长度不小于40厘米，节点用铁箍箍牢。打箍用的带钢厚度为4毫米，表面刷防锈漆防腐。木构架糟朽深度超过1/3檩径的进行更换，檩条表面刷防锈漆防腐。更换和现存的木构架均须涂刷两遍防腐、防虫剂	更换明间、次间脊檩1.11立方米；更换脊檩随檩枋0.2立方米；更换后檐明间、次间檐檩1.11立方米；更换后檐檐檩随檩枋0.2立方米；剔补三架梁0.20立方米；剔补七架梁0.64立方米；更换单步梁0.21立方米；墩接金瓜柱0.16立方米；墩接脊瓜柱0.04立方米	用落叶松复制，所施铁活需进行防锈处理，铁活做旧与梁身外侧保持一致，木材表面光滑，无戗槎，无锈印
4	木装修	新做门窗及心屉花格，参考十笏园现存实物设计。尺度与被修缮房屋的原构件痕迹相吻合	恢复四抹步步锦式花格窗5.8平方米；挂落清理除杂1.988平方米；添配玻璃5.8平方米	开关自如，起线均匀，心屉割角方正，榫卯严实，无戗槎，无锈印，表面光滑；材料要求用落叶松
5	墙体、墙面	墙体裂缝依安全状况现场酌情处理，对于砖墙裂缝较细微处（0.5厘米以下），挖补裂缝处断砖并灌浆黏结。对于较宽的裂缝（0.5厘米以上），按原工艺做法拆砌。挖补酥碱砖，按照由下而上的顺序逐个挖补，使用的青砖规格和质量与原墙砖相同，按原砌法用白灰膏黏结，挖补时用锅铁碎片塞缝，白灰膏嵌缝。墙面做法：铲除原墙皮后用白沙灰打底，白麻刀灰罩面，干燥后表面用白涂料粉刷	前檐墙青砖挖补62块；后檐墙青砖挖补70块；东山墙（内墙）拆砌0.45平方米；重砌五层有砖椽冰盘檐5.02米；室内墙面修复64.548平方米；后檐墙墙面修复12.805平方米	灰缝平直、灰浆饱满，砌筑风格严格与原貌保持一致

序号	部位及名称		修缮项目与做法	修缮工程量	备注
6	地面		地面做法：垫层用3：7灰土，虚铺150毫米，夯打后达到120毫米。灰土垫层增铺50毫米厚的C10混凝土防潮，地面用360毫米×360毫米×60毫米细墁方砖	拆除木质地板33.206平方米；细墁地面尺二方砖33.206平方米	墁地要求：正中为一块整砖，破头找于两山或后檐墙角之处，不妥之处用砖药打点
7	石作		更换破损踏步石、阶条石	踏步石拆安归位1.146平方米；阶条石拆安归位0.515立方米	石构件表面无缺棱掉角，表面洁净，无残留脏物
8	油饰	木基层	建筑椽望三道灰	椽望油饰14.615平方米木材面刷防腐油9.825平方米	1. 施工时，刮泥子应从上往下由左向右操作，尽量减少接头。刷油时要均匀一致，垂直表面最后一次应由上往下刷，水平表面最后一次应顺光线照射的方向进行2. 油饰用的色油，用无机矿物颜料配制
		木构架	过木（下架）一麻五灰；檩（上架）一布四灰；抱头梁（上架）一布四灰；柱子（下架）一麻五灰	过木油饰1.661平方米；檩条油饰5.178平方米；单步梁油饰1.071平方米；柱子油饰1.792平方米；木材面刷防腐油11.526平方米	
		木装修	上下槛单皮灰；站框单皮灰；窗单皮灰；门单皮灰；走马板单皮灰；挂落单皮灰；竹节斜撑单皮灰	上下槛油饰2.832平方米；站框油饰3.482平方米；窗油饰5.378平方米；门油饰6.517平方米；走马板油饰2.86平方米；挂落油饰1.988平方米；竹节斜撑油饰1.179平方米木材面刷防腐油11.943平方米	

七　小沧浪亭

表37　小沧浪亭修缮措施表

序号	部位及名称	修缮项目与做法	修缮工程量	备注
1	屋面	补配茅草，苇箔；屋面做法：20毫米厚护板灰；60毫米厚滑秸泥（分两次上完）平曲线；20毫米厚麻刀灰；40毫米厚苇箔；50毫米厚茅草	重新铺苇箔屋面8.64平方米；重新铺草顶8.64平方米；重做灰背8.64平方米；更换宝顶1份	搭设屋顶脚手架；瓦要求：敲击声音清脆，质地细腻，规格与原制相符，上架前应在青灰中浸泡，用以堵塞砂眼
2	木装修	整修门窗及心屉花格，尺度与被修缮房屋的原构件痕迹相吻合	栏杆整修3.339平方米	

序号	部位及名称		修缮项目与做法	修缮工程量	备注
3	地面		地面做法：垫层用3∶7灰土，虚铺150毫米，夯实后达到90毫米。灰土垫层铺50毫米厚1∶3石灰砂浆结合层，地面用240毫米×120毫米×55毫米细墁方砖	地面整修1.863平方米	
4	石作		更换破损条石	条石归位0.28立方米	石构件表面无缺棱掉角，表面洁净，无残留脏物
5	油饰	木基层	椽望三道灰	重做椽望油饰10.476平方米	1.施工时，刮泥子应从上往下由左向右操作，尽量减少接头。刷油时要均匀一致，垂直表面最后一次应由上往下刷，水平表面最后一次应顺光线照射的方向进行 2.油饰用的色油，用无机矿物颜料配制
		木构架	檩（上架）一布四灰；枋子（上架）一布四灰；柱子（下架）一麻五灰	重做檩条（上架）油饰2.52平方米；重做枋子（上架）油饰3.864平方米；重做柱子（下架）油饰4.025平方米	
		木装修	栏杆单皮灰	重做栏杆油饰3.708平方米	

八 漪岚亭

表38 漪岚亭修缮措施表

序号	部位及名称	修缮项目与做法	修缮工程量	备注
1	屋面	摄像、拍照、编号后拆卸屋面瓦件至指定地点分类放置；补配勾头、滴水、筒瓦、板瓦；屋面做法：20毫米厚护板灰；60毫米厚滑秸泥（分两次上完）；20毫米厚麻刀灰；3∶7掺灰泥挂瓦	恢复披水排山脊8.4米；更换宝顶1份；重做筒瓦屋面2#6.3平方米；重做灰背6.3平方米；更换勾头28个；更换滴水24个	搭设屋顶脚手架；瓦要求：敲击声音清脆，质地细腻，规格与原制相符，上架前应在青灰中浸泡，用以堵塞砂眼
2	木基层	对没有糟朽或糟朽极为轻微的木基层仅做防腐、防虫处理；对糟朽小于1/3椽径的木基层应进行剔补、加固处理；对糟朽超过1/3的木基层应该进行更换，更换的木基层均按原来尺寸和做法制作。所有木基层构件，隐蔽前均须涂刷防腐、防虫剂	更换望板5.4平方米；更换大连檐9米；更换飞椽7根；更换闸挡板9米；钉瓦口9米	材料要求：用落叶松复制；望板宽度不应小于150毫米，厚度25~30毫米，望板安装时应做好防腐处理；木材含水率不应大于16%

续表

序号	部位及名称		修缮项目与做法	修缮工程量	备注
3	木构架		对木构架的更换应视其糟朽程度:拆除时,对糟朽深度超过1/3木构架的则更换。现存木构件均刷两遍防腐、防虫剂	更换仔角梁6根	用落叶松复制,所施铁活需进行防锈处理,铁活做旧与梁身外侧保持一致,木材表面光滑,无戗槎,无锈印
4	木装修		整修门窗及心屉花格,尺度与被修缮房屋的原构件痕迹相吻合	花牙子整修0.468平方米;坐凳检查加固1.38平方米	
5	油饰	木基层	建筑椽望三道灰	重做椽望油饰13.776平方米;木材面刷防腐油2.13平方米	1. 施工时,刮泥子应从上往下由左向右操作,尽量减少接头。刷油时要均匀一致,垂直表面最后一次应由上往下刷,水平表面最后一次应顺光线照射的方向进行 2. 油饰用的色油,用无机矿物颜料配制
		木构架	檩(上架)一布四灰;额枋(上架)一布四灰;柱子(下架)一麻五灰	重做檩条油饰2.64平方米;重做额枋油饰1.021平方米;重做柱子油饰5.366平方米;木材面刷防腐油1.92平方米	
		木装修	坐凳栏杆单皮灰;花牙子单皮灰	重做坐凳栏杆油饰3.5平方米;重做花牙子油饰0.468平方米;木材面刷防腐油1.35平方米	

九　游廊

表 39　游廊修缮措施表

序号	部位及名称	修缮项目与做法	修缮工程量	备注
1	屋面	摄像、拍照、编号后拆卸屋面瓦件至指定地点分类放置;补配勾头、滴水、筒瓦、板瓦;屋面做法:20毫米厚护板灰;60毫米厚滑秸泥(分两次上完)平曲线;20毫米厚麻刀灰;3:7灰土挂瓦	重做2号筒瓦屋面129.85平方米;重做灰背129.85平方米;铺望砖129.85平方米;重做垂脊7米;重做筒瓦屋面2号勾头342个,滴水339个	搭设屋顶脚手架;瓦要求:敲击声音清脆,质地细腻,规格与原制相符,上架前应在青灰中浸泡,用以堵塞砂眼
2	木基层	对没有糟朽或糟朽极为轻微的木基层仅做防腐、防虫处理;对糟朽小于1/3椽径的木基层应进行剔补、加固处理;对糟朽超过1/3的木基层应该进行更换,更换的木基层均按原来尺寸和做法制作。所有木基层构件,隐蔽前均须涂刷防腐、防虫剂	直椽制安266.4米;罗锅椽制安83根;飞椽制安148根;大连檐制安37.1米;小连檐制安37.1米;闸挡板制安37.1米;机枋条制安37.1米;望板制安35.245平方米	材料要求:用落叶松复制;望板宽度不应小于150毫米,厚度25~30毫米,望板安装时应做好防腐处理;木材含水率不应大于16%

序号	部位及名称		修缮项目与做法	修缮工程量	备注
3	木构架		对檩条的更换应视其糟朽程度：拆除时，对糟朽深度超过1/3檩径的则更换。小于1/3檩径的应剔补、拼接，用铁箍箍牢，继续使用；打箍用的带钢厚度为4毫米，表面刷防锈漆防腐。所有木构件均刷两遍防腐、防虫剂	檩条找平整修56根；檩条制作0.227立方米	用落叶松复制，所施铁活需进行防锈处理，铁活做旧与梁身外侧保持一致，木材表面光滑，无戗槎，无锛印
4	木装修		糟朽的装修构件，修缮时把糟朽部分剔除。糟朽深度不超过1/3断面的，剔补、拼接后继续使用；超过1/3断面的，用相同材质的新构件代替。拼接的构件用榫卯和铁箍固牢	栏杆整修12.12平方米；荷叶墩制安19块；保护石碑制安木板13.335平方米	起线均匀，心屉割角方正，榫卯严实，无戗槎，无锛印，表面光滑；材料要求用落叶松
5	墙体、墙面		挖补酥碱砖，按照由下而上的顺序逐个挖补，使用的青砖规格和质量与原墙砖相同，按原砌法用白灰膏黏结，挖补时用锅铁碎片塞缝，白灰膏嵌缝。墙面做法：铲除原墙皮后用白沙灰打底，白麻刀灰罩面，干燥后表面用白涂料粉刷	挖补青砖3块；补抹灰皮2.763平方米；制安砖雕1.5平方米	灰缝平直、灰浆饱满，砌筑风格严格与原貌保持一致
6	地面		室内地面做法：垫层用3∶7灰土，虚铺150毫米，夯实后达到120毫米。灰土垫层铺50毫米厚的C10混凝土防潮，地面细墁龟背锦青砖	重做地面37.229平方米	墁地要求：正中为一块整砖，破头找于两山或后檐墙角之处，不妥之处用砖药打点
7	石作		条石归安	阶条石归位8.797平方米	石构件表面无缺棱掉角，表面洁净，无残留脏物
8	油饰	木基层	椽子一布四灰	椽子37.1平方米	1.施工时，刮泥子应从上往下由左向右操作，尽量减少接头。刷油时要均匀一致，垂直表面最后一次应由上往下刷，水平表面最后一次应顺光线照射的方向进行 2.油饰用的色油，用无机矿物颜料配制
		木构架	柱子（下架）一布五灰；四架梁（上架）一布四灰；月梁（上架）一布四灰；瓜柱（上架）一布四灰；檩条（上架）一布四灰；梁头（下架）清式小点金旋子彩画	柱子（下架）21.505平方米；四架梁（上架）16.32平方米；月梁（上架）7.997平方米；瓜柱（上架）2.475平方米；檩条（上架）9.275平方米；梁头（下架）0.491平方米	
		木装修	栏杆三道灰	栏杆29.545平方米	

一〇 四照亭

表 40 四照亭修缮措施表

序号	部位及名称	修缮项目与做法	修缮工程量	备注
1	屋面	摄像、拍照、编号后拆卸屋面瓦件至指定地点分类放置；补配勾头、滴水、筒瓦、板瓦；屋面做法：20 毫米厚护板灰；60 毫米厚滑秸泥（分两次上完）平曲线；20 毫米厚麻刀灰；3：7 灰土挂瓦	重做 2 号筒瓦屋面 36.52 平方米；重做干槎瓦屋面 14.64 平方米；重做岔脊 9.2 米；重做垂脊 6.8 米；添配屋面檐头附件滴水 160 个，勾头 70 个；检修屋面，清理屋面夹垄滋生的苔藓	搭设屋顶脚手架；瓦要求：敲击声音清脆，质地细腻，规格与原制相符，上架前应在青灰中浸泡，用以堵塞砂眼
2	木基层	对没有糟朽或糟朽极为轻微的木基层仅做防腐、防虫处理；对糟朽小于 1/3 椽径的木基层应进行剔补、加固处理；对糟朽超过 1/3 的木基层应该进行更换，更换的木基层均按原来尺寸和做法制作。所有木基层构件，隐蔽前均须涂刷防腐、防虫剂	更换望砖 51.16 平方米；更换望板 33 平方米；更换大连檐 26.4 米；更换小连檐 26.4 米；钉瓦口 26.4 米；更换直椽 97.6 米；更换方翼角椽 60 米；更换旧罗锅椽 20 根；更换飞椽 48 根；更换翘飞椽 40 根	材料要求：用落叶松复制；望板宽度不应小于 150 毫米，厚度 25 ～ 30 毫米，望板安装时应做好防腐处理；木材含水率不应大于 16%
3	木构架	埋入墙内的梁头多数已糟朽，仅梁头糟朽严重的，实施拼接加固，连同梁身均糟朽严重的，则按原样更换。没有更换的和已更换的大木构件，所有木构架，隐蔽前均须涂刷防腐、防虫剂	更换老角梁 0.091 立方米更换仔角梁 4 根	用落叶松复制，所施铁活需进行防锈处理，铁活做旧与梁身外侧保持一致，木材表面光滑，无戗槎，无锈印
4	木装修	糟朽槛框及过梁等装修构件，修缮时把糟朽部分剔除。糟朽深度不超过 1/3 断面的，剔补、拼接后继续使用；超过 1/3 断面的，用相同材质的新构件代替。拼接的构件用榫卯和铁箍固牢。新做门窗及心屉花格，参考十笏园现存实物设计。尺度与被修缮房屋的原构件痕迹相吻合	美人靠制安 1.28 米坐凳美人靠整修 13.202 平方米倒挂楣子检查加固 7.48 平方米栏杆制安 9.36 平方米	开关自如，起线均匀，心屉割角方正，榫卯严实，无戗槎，无锈印，表面光滑；材料要求用落叶松

序号	部位及名称		修缮项目与做法	修缮工程量	备注
5	地面		地面做法：垫层用 3：7 灰土，虚铺 150 毫米，夯实后达到 120 毫米。灰土垫层铺 50 毫米厚的 C10 混凝土防潮，地面用 360 毫米 ×360 毫米 ×60 毫米细墁方砖	重做室内地面 15.424 平方米，方砖斜墁，方砖尺寸 360 毫米 ×360 毫米 ×60 毫米	墁地要求：正中为一块整砖，破头找于两山或后檐墙角之处，不妥之处用砖药打点
6	石作			现状保存	石构件表面无缺棱掉角，表面洁净，无残留脏物
7	油饰	木基层	椽望三道灰	椽望 55.15 平方米	1. 施工时，刮泥子应从上往下由左向右操作，尽量减少接头。刷油时要均匀一致，垂直表面最后一次应由上往下刷，水平表面最后一次应顺光线照射的方向进行 2. 油饰用的色油，用无机矿物颜料配制
		木构架	檩条一布四灰；随檩枋一布四灰；月梁一布四灰；瓜柱一布四灰；大梁（上架）一布四灰；柱子（下架）一麻五灰；斗栱（下架）三道灰	檩条 9.482 平方米；随檩枋 6.001 平方米；月梁 13.86 平方米；瓜柱 0.924 平方米；大梁（上架）34.504 平方米；柱子（下架）19.698 平方米；斗栱（下架）3 平方米	
		木装修	博缝板一麻五灰；花牙子三道灰；花栏杆三道灰	博缝板 1.95 平方米；花牙子 1.008 平方米；花栏杆 27.194 平方米	
8	平桥	木装修	整修心屉花格，参考十笏园现存实物设计。尺度与被修缮房屋的原构件痕迹相吻合	恢复栏杆 9.36 平方米；	开关自如，起线均匀，心屉割角方正，榫卯严实，无戗槎，无锈印，表面光滑；材料要求用落叶松
		油饰	栏杆单皮灰	栏杆油饰 27.194 平方米	1. 施工时，刮泥子应从上往下由左向右操作，尽量减少接头。刷油时要均匀一致，垂直表面最后一次应由上往下刷，水平表面最后一次应顺光线照射的方向进行 2. 油饰用的色油，用无机矿物颜料配制

一一　蔚秀亭

表 41　蔚秀亭修缮措施表

序号	部位及名称		修缮项目与做法	修缮工程量	备注
1	屋面		摄像、拍照、编号后拆卸屋面瓦件至指定地点分类放置； 补配勾头、滴水、筒瓦、板瓦； 屋面做法： 20 毫米厚护板灰； 60 毫米厚滑秸泥（分两次上完）平曲线； 20 毫米厚麻刀灰； 3：7 灰土挂瓦	筒瓦屋面查补，更换残损瓦件 11.02 平方米； 更换 2 号筒瓦 264 个； 更换 2 号板瓦 617 个； 檐头整修 9.9 米，更换残损勾头 30 个、滴水 28 个； 垂脊整修 2.8 米，补配筒瓦 18 个	搭设屋顶脚手架； 瓦要求：敲击声音清脆，质地细腻，规格与原制相符，上架前应在青灰中浸泡，用以堵塞砂眼
2	木基层		对没有糟朽或糟朽极为轻微的木基层仅做防腐、防虫处理；对糟朽小于 1/3 椽径的木基层应进行剔补、加固处理；对糟朽超过 1/3 的木基层应该进行更换，更换的木基层均按原来尺寸和做法制作。所有木基层构件，隐蔽前均须涂刷防腐、防虫剂	更换望板 0.18 平方米	材料要求：用落叶松复制；望板宽度不应小于 150 毫米，厚度 25~30 毫米，望板安装时应做好防腐处理；木材含水率不应大于 16%
3	木装修		整修门窗及心屉花格，尺度与被修缮房屋的原构件痕迹相吻合。	花牙子整修 0.375 平方米	
4	油饰	木基层	椽望三道灰	椽望油饰 15.44 平方米	1. 施工时，刮泥子应从上往下由左向右操作，尽量减少接头。刷油时要均匀一致，垂直表面最后一次应由上往下刷，水平表面最后一次应顺光线照射的方向进行 2. 油饰用的色油，用无机矿物颜料配制
		木构架	檩（上架）一布四灰； 柱子（下架）一麻五灰	檩条 5.1 平方米； 柱子 5.664 平方米	
		木装修	花牙子单皮灰	花牙子油饰 0.375 平方米	

一二 稳如舟

表 42 稳如舟修缮措施表

序号	部位及名称	修缮项目与做法	修缮工程量	备注
1	屋面	摄像、拍照、编号后拆卸屋面瓦件至指定地点分类放置；补配勾头、滴水、筒瓦、板瓦；屋面做法：20毫米厚护板灰；60毫米厚滑秸泥（分两次上完）平曲线；20毫米厚麻刀灰；3：7灰土挂瓦	恢复披水排山脊（主体）9.1米；重做筒瓦屋面（主体）32.428平方米，屋面检修；更换2号筒瓦（主体）726个，更换2号板瓦（主体）1694个；更换2号滴水（主体）18个，更换2号勾头（主体）27个；重做灰背（主体）32.428平方米，恢复铃铛排山脊（西侧出厦）2.2米；重做筒瓦屋面（西侧出厦）6.548平方米，屋面检修；更换2号筒瓦（西侧出厦）157个更换2号板瓦（西侧出厦）367个；更换2号滴水（西侧出厦）8个，更换2号勾头（西侧出厦）10个；重做灰背（西侧出厦）6.548平方米	搭设屋顶脚手架；瓦要求：敲击声音清脆，质地细腻，规格与原制相符，上架前应在青灰中浸泡，用以堵塞砂眼
2	木基层	对没有糟朽或糟朽极为轻微的木基层仅做防腐、防虫处理；对糟朽小于1/3椽径的木基层应进行剔补、加固处理；对糟朽超过1/3的木基层应该进行更换，更换的木基层均按原来尺寸和做法制作。所有木基层构件，隐蔽前均须涂刷防腐、防虫剂	更换望板（主体）13.89平方米；更换大连檐（主体）7.25米；钉瓦口（主体）16.75米；更换飞椽（主体）16根；更换望板（西侧出厦）2.835平方米	材料要求：用落叶松复制；望板宽度不应小于150毫米，厚度25~30毫米，望板安装时应做好防腐处理；木材含水率不应大于16%
3	木装修	整修门窗及心屉花格，尺度与被修缮房屋的原构件痕迹相吻合	添配玻璃7.423平方米；检查加固雀替（主体）1.392平方米；检查加固雀替（西侧出厦）0.225米	
4	地面	地面做法：垫层用3：7灰土，虚铺150毫米，夯实后达到120毫米。灰土垫层铺50毫米厚的C10混凝土防潮，地面用360毫米×360毫米×60毫米细墁方砖	拆除水泥地面9.503平方米；墁地面尺二方砖9.503平方米	墁地要求：正中为一块整砖，破头找于两山或后檐墙角之处，不妥之处用砖药打点

序号	部位及名称		修缮项目与做法	修缮工程量	备注
5	油饰	木基层	主体橡望三道灰； 西侧出厦橡望三道灰	橡望油饰（主体）31.54 平方米； 橡望油饰（西侧出厦）11.624 平方米。 木材面刷防腐油 15.358 平方米	1. 施工时，刮泥子应从上往下由左向右操作，尽量减少接头。刷油时要均匀一致，垂直表面最后一次应由上往下刷，水平表面最后一次应顺光线照射的方向进行 2. 油饰用的色油，用无机矿物颜料配制
		木构架	檩条（上架）一布四灰； 月梁（上架）一布四灰； 抱头梁（上架）一布四灰； 柱子（下架）一麻五灰； 瓜柱（上架）一布四灰； 四架梁（上架）一布四灰； 过木（下架）一麻五灰	檩条（上架）油饰（主体）13.2 平方米； 月梁（上架）油饰（主体）0.66 平方米； 抱头梁油饰（主体）3.276 平方米； 柱子（下架）油饰（主体）9.504 平方米； 瓜柱（上架）油饰（主体）0.8 平方米； 四架梁（上架）油饰（主体）3.304 平方米； 过木（下架）（主体）1.331 平方米； 檩条（上架）油饰（西侧出厦）0.55 平方米； 柱子（下架）油饰（西侧出厦）3.744 平方米； 木材面刷防腐油 12.654 平方米	
		木装修	博缝板单皮灰； 隔扇单皮灰； 竹节斜撑单皮灰； 实踏门单皮灰； 雀替单皮灰	博缝板油饰（西侧出厦）0.69 平方米； 隔扇窗油饰（主体）4.778 平方米； 竹节油饰（主体）2.318 平方米； 实踏门油饰（主体）11.324 平方米； 雀替油饰（主体）1.066 平方米； 木材面刷防腐油 10.964 平方米	

一三 "鸢飞鱼跃"花墙

表43 "鸢飞鱼跃"花墙修缮措施表

序号	部位及名称		修缮项目与做法	修缮工程量	备注
1	屋面		摄像、拍照、编号后拆卸屋面瓦件至指定地点分类放置；补配勾头、滴水、筒瓦、板瓦	墙帽整修，更换残损、脱落的瓦件	搭设屋顶脚手架；瓦要求：敲击声音清脆，质地细腻，规格与原制相符，上架前应在青灰中浸泡，用以堵塞砂眼
2	墙体、墙面		墙体灰缝脱落，按照原建筑风格进行勾抹	南立面墙体下碱勾抹灰缝8.3 平方米	灰缝平直、灰浆饱满，砌筑风格严格与原貌保持一致
3	油饰	木装修	八角门框单皮灰	八角门框油饰1.383 平方米	1. 施工时，刮泥子应从上往下由左向右操作，尽量减少接头。刷油时要均匀一致，垂直表面最后一次应由上往下刷，水平表面最后一次应顺光线照射的方向进行 2. 油饰用的色油，用无机矿物颜料配制

一四　春雨楼

表 44　春雨楼修缮措施表

序号	部位及名称	修缮项目与做法	修缮工程量	备注
1	屋面	摄像、拍照、编号后拆卸屋面瓦件至指定地点分类放置；补配勾头、滴水、筒瓦、板瓦；屋面做法：20 毫米厚护板灰；60 毫米厚滑秸泥（分两次上完）平曲线；20 毫米厚麻刀灰；3：7 灰土挂瓦	重做筒瓦屋面 2 号 75.956 平方米；重做仰瓦屋面 2 号 26.28 平方米；苫灰背 122.92 平方米；苫灰背（卷棚）8.775 平方米；抹护板灰 87.43 平方米；青灰坡顶 87.43 平方米；青灰坡顶（卷棚）14.725 平方米；更换筒瓦屋面勾头 120 个，滴水 117 个；更换前廊筒瓦屋面勾头 31 个，滴水 30 个	搭设屋顶脚手架；瓦要求：敲击声音清脆，质地细腻，规格与原制相符，上架前应在青灰中浸泡，用以堵塞砂眼
2	木基层	对没有糟朽或糟朽极为轻微的木基层仅做防腐、防虫处理；对糟朽小于 1/3 椽径的木基层应进行剔补、加固处理；对糟朽超过 1/3 的木基层应该进行更换，更换的木基层均按原来尺寸和做法制作。所有木基层构件，隐蔽前均须涂刷防腐、防虫剂	更换望板 11.82 平方米；更换望板（卷棚）11.82 平方米；更换大连檐 21.95 米；更换小连檐 12.1 米；更换瓦口 15.8 米；更换小连檐（卷棚）9.85 米；更换直椽（卷棚）44 米；更换翘飞椽（卷棚）4 根；更换旧罗锅椽 16 根；更换直椽 20 米；更换飞椽 100 根；更换方翼角椽 3.2 米；瓦口制作（卷棚）9.85 米；闸挡板制安 34.09 米；封堵椽挡 24.2 米	材料要求：用落叶松复制；望板宽度不应小于 150 毫米，厚度 25～30 毫米，望板安装时应做好防腐处理；木材含水率不应大于 16%
3	木构架	对檩条的更换应视其糟朽程度：拆除时，对糟朽深度超过 1/3 檩径的则更换。小于 1/3 檩径的应剔补、拼接，用铁箍箍牢，继续使用；埋入墙内的梁头多数已糟朽，仅梁头糟朽严重的，实施拼接加固，连同梁身均糟朽严重的，则按原样更换；打箍用的带钢厚度为 4 毫米，表面刷防锈漆防腐。更换和现存木构件均刷两遍防腐、防虫剂	剔补檩条缝 28 块；剔补檩条缝（廊下）4 块；更换檩条 2.261 立方米；更换五架梁 0.16 立方米；更换七架梁 0.914 立方米；更换随檩枋 0.204 立方米；更换金瓜柱 0.067 立方米	用落叶松复制，所施铁活需进行防锈处理，铁活做旧与梁身外侧保持一致，木材表面光滑，无戗槎，无锈印

续表

序号	部位及名称	修缮项目与做法	修缮工程量	备注
4	木装修	新做门窗及心屉花格,参考十笏园现存实物设计。尺度与被修缮房屋的原构件痕迹相吻合	楣子制安 4.55 米; 博缝板制安 0.958 平方米; 木窗带压条装玻璃 10.669 平方米; 铁门钉安装 10 件	开关自如、起线均匀,心屉割角方正,榫卯严实,无戗槎,无锈印,表面光滑;材料要求用落叶松
5	墙体、墙面	墙体裂缝依安全状况现场酌情处理,对于砖墙裂缝较细微处(0.5 厘米以下),挖补裂缝处断砖并灌浆黏结。对于较宽的裂缝(0.5 厘米以上),按原工艺做法拆砌。 挖补酥碱砖,按照由下而上的顺序逐个挖补,使用的青砖规格和质量与原墙砖相同,按原砌法用白灰膏黏结,挖补时用锅铁碎片塞缝,白灰膏嵌缝。 墙面做法:铲除原墙皮后用白沙灰打底,白麻刀灰罩面,干燥后表面用白涂料粉刷	前檐墙挖补青砖 98 块; 前檐墙新砌鸡嗉檐 21.9 米; 内墙面修复 12.305 平方米; 内墙面修复(东)6.819 平方米; 内墙面修复(东过木上)0.766 平方米; 内墙面修复(西)13.011 平方米; 内墙面修复 30.712 平方米; 外墙面毛石墙勾缝 4.229 平方米; 外墙面修复 10.772 平方米	灰缝平直、灰浆饱满,砌筑风格严格与原貌保持一致
6	地面	室内地面做法:垫层用 3∶7 灰土,虚铺 150 毫米,夯实后达到 120 毫米。灰土垫层铺 50 毫米厚的 C10 混凝土防潮,地面用 360 毫米×360 毫米×60 毫米细墁方砖。 廊下地面做法:垫层用 3∶7 灰土,虚铺 150 毫米,夯实后达到 120 毫米。灰土垫层铺 50 毫米厚的 C10 混凝土防潮,细墁异形砖地面	细墁尺二方砖 29.835 平方米; 细墁异形砖地面(廊下)4.377 平方米	墁地要求:正中为一块整砖,破头找于两山或后檐墙角之处,不妥之处用砖药打点
7	石作	条石归安	条石归位 0.116 立方米	石构件表面无缺棱掉角,表面洁净,无残留脏物

续表

序号	部位及名称		修缮项目与做法	修缮工程量	备注
8	油饰	木基层	椽子三道灰； 连檐三道灰； 瓦口三道灰	前廊椽子 16.203 平方米； 室内椽子 86.35 平方米； 连檐瓦口 4.74 平方米 刷防腐油 21.4 平方米	1. 施工时，刮泥子应从上往下由左向右操作，尽量减少接头。刷油时要均匀一致，垂直表面最后一次应由上往下刷，水平表面最后一次应顺光线照射的方向进行 2. 油饰用的色油，用无机矿物颜料配制
		木构架	上架梁一布四灰； 上架瓜柱一布四灰； 上架檩一布四灰； 上架一楼梁一布四灰； 上架一楼檩一布四灰； 上架二楼檩一布四灰； 上架老角一布四灰； 上架仔角上架仔角； 上架三架梁一布四灰； 上架五架梁一布四灰； 上架七架梁一布四灰； 上架抱头梁一布四灰； 下架柱子一布五灰； 下架过木布五灰； 下架楼板一布五灰； 随墙门过木一布四灰； 梁头彩绘	上架梁 3.226 平方米 上架瓜柱 2.924 平方米 上架檩 32.22 平方米； 上架一楼梁 6.66 平方米； 上架一楼檩 12.69 平方米； 上架二楼檩 2.34 平方米； 上架老角 4.64 平方米； 上架仔角 2.32 平方米； 上架三架梁 1.696 平方米； 上架五架梁 3.77 平方米； 上架七架梁 6.606 平方米； 上架抱头梁 0.729 平方米； 下架柱子 1.064 平方米； 下架过木 12.267 平方米； 下架楼板 51.747 平方米； 随墙门过木 0.168 平方米； 梁头彩绘 0.206 平方米； 刷防腐油 28.3 平方米	
		木装修	博缝板一麻五灰； 竹节三道灰； 下架框单皮灰； 二层白毯纹菱花心屉单皮灰； 下架楼梯一布五灰； 下架楼梯侧面板一布五灰； 下架门框一布五灰； 下架窗框一布五灰； 下架窗台板一布五灰； 下架踢脚板一布五灰； 下架框一布五灰； 随墙门框一布四灰； 门单皮灰； 窗单皮灰； 花栏杆单皮灰； 直棂门窗楣栏三道灰； 板窗一布五灰； 雀替三道灰； 花罩三道灰	博缝板 1.08 平方米； 竹节撑 0.48 平方米； 下架框 4.531 平方米； 二层白毯纹菱花心屉 4.185 平方米； 二层板窗 3.159 平方米； 直棱窗、花格窗 10.526 平方米； 直棂门窗楣栏 4.185 平方米； 下架楼梯 2.76 平方米； 下架楼梯侧面板 3.3 平方米； 下架门框 2.485 平方米； 下架窗框 2.603 平方米； 下架窗台板 0.958 平方米； 下架踢脚板 3.859 平方米； 下架框 4.531 平方米； 随墙门框 1.43 平方米； 门 2.212 平方米； 花栏杆 1.386 平方米； 雀替 0.462 平方米； 花罩 9.909 平方米； 刷防腐油 13.352 平方米	

一五 砚香楼

表 45 砚香楼修缮措施表

序号	部位及名称	修缮项目与做法	修缮工程量	备注
1	屋面	摄像、拍照、编号后拆卸屋面瓦件至指定地点分类放置；补配勾头、滴水、筒瓦、板瓦；屋面做法：20毫米厚护板灰；60毫米厚滑秸泥（分两次上完）；20毫米厚麻刀灰；3：7掺灰泥挂瓦	重做正脊12.4米；重做铃铛排山脊、兽前9米；重做筒瓦屋面116.56平方米；重做灰背116.56平方米；补抹墙帽屋面（前院墙）1.892平方米；筒瓦檐头整修12.4米；添配铃铛排山脊陡板高40下3.92米；添配清水脊附件2份；添配垂脊附件4条；添配蝎子尾2份；屋面检修116.56平方米	搭设屋顶脚手架；瓦要求：敲击声音清脆，质地细腻，规格与原制相符，上架前应在青灰中浸泡，用以堵塞砂眼
2	木基层	对没有糟朽或糟朽极为轻微的木基层仅做防腐、防虫处理；对糟朽小于1/3椽径的木基层应进行剔补、加固处理；对糟朽超过1/3的木基层应该进行更换，更换的木基层均按原来尺寸和做法制作。所有木基层构件，隐蔽前均须涂刷防腐、防虫剂	更换直椽365.2米；更换飞椽88根；机枋条制安24.8米；闸挡板制安24.8米；隔椽板制安12.4米；封堵椽档12.4米	材料要求：用落叶松复制；望板宽度不应小于150毫米，厚度25~30毫米，望板安装时应做好防腐处理；木材含水率不应大于16%
3	木构架	对柱子，糟朽深度超过1/3柱径的应墩接，墩接时采用巴掌榫，搭接长度不小于40厘米，节点用铁箍箍牢。糟朽深度未超过1/3柱径的则应剔补加固，节点用铁箍箍牢。现存木构件均刷两遍防腐、防虫剂	檩条找平整修15根；更换随檩枋0.026立方米；柱子剔补4块；更换扶背木0.112立方米；添配木楼板11.781平方米	用落叶松复制，所施铁活需进行防锈处理，铁活做旧与梁身外侧保持一致，木材表面光滑，无戗槎，无锛印

序号	部位及名称	修缮项目与做法	修缮工程量	备注
4	木装修	糟朽槛框及过梁等装修构件，修缮时把糟朽部分剔除。糟朽深度不超过1/3断面的，剔补、拼接后继续使用；超过1/3断面的，用相同材质的新构件代替。拼接的构件用榫卯和铁箍固牢。新做门窗及心屉花格，参考十笏园现存实物设计。尺度与被修缮房屋的原构件痕迹相吻合	更换隔扇门（边抹宽0.06米）23.267平方米； 更换绦环板雕刻8.567平方米； 添配实踏大门6.926平方米； 修补隔扇窗6.056平方米； 添配什锦窗贴脸（前东院墙）2份； 更换抱框27.45米； 更换门下槛1.7米； 更换踢脚板11.01米； 添配木门枕9块； 修补木楼梯3.686平方米； 添配玻璃14.278平方米； 添配锁鼻5个； 添配铁门钉20件； 添配拉手，圆拉手3付； 添配替木2块； 添配连二楹9件； 添配步步紧心屉添配（棂宽0.015米）8.017平方米； 添配栓杆9根	开关自如，起线均匀，心屉割角方正，榫卯严实，无戗槎，无锈印，表面光滑；材料要求用落叶松
5	墙体、墙面	墙体裂缝依安全状况现场酌情处理，对于砖墙裂缝较细微处（0.5厘米以下），挖补裂缝处断砖并灌浆黏结。对于较宽的裂缝（0.5厘米以上），按原工艺做法拆砌。挖补酥碱砖，按照由下而上的顺序逐个挖补，使用的青砖规格和质量与原墙砖相同，按原砌法用白灰膏黏结，挖补时用锅铁碎片塞缝，白灰膏嵌缝。 墙面做法：铲除原墙皮后用白沙灰打底，白麻刀灰罩面，干燥后表面用白涂料粉刷	前檐墙挖补青砖5块； 东山墙剔补博缝头2块； 东山墙剔补镜砖（博缝砖）6块； 东山墙新砌梢子4份； 新砌清水墙（室内）1.163平方米； 新砌混水墙（室内）0.288立方米； 砌糙砖墙清夹混（室内）0.233立方米； 墙面修复（室内）1.071平方米； 墙面修复（东西）14.104平方米； 墙面修复（前后）25.92平方米； 墙面修复（东西）（前后过木上）1.122平方米； 墙面修复（东西）14.362平方米； 墙面修复（南）13.064平方米； 墙面修复（北）13.064平方米； 墙面修复（门上）1.131平方米； 墙面修复（扣窗）3.102平方米； 外墙面修复0.148平方米； 外墙面毛石墙勾缝1.364平方米； 外墙面墙面修复（前墙）16.692平方米	灰缝平直、灰浆饱满，砌筑风格严格与原貌保持一致

续表

序号	部位及名称		修缮项目与做法	修缮工程量	备注
6	地面		地面做法：垫层用3：7灰土，虚铺150毫米，夯实后达到120毫米。灰土垫层铺50毫米厚的C10混凝土防潮，地面用360毫米×360毫米×60毫米细墁方砖	细墁尺二方砖52.87平方米	墁地要求：正中为一块整砖，破头找于两山或后檐墙角之处，不妥之处用砖药打点
7	石作		条石环氧树脂裂缝封堵	条石裂缝封堵	石构件表面无缺棱掉角，表面洁净，无残留脏物
8	油饰	木基层	连檐三道灰；瓦口三道灰；椽子三道灰	连檐、瓦口3.72平方米 椽子116.56平方米 木材面刷防腐油16.136平方米	1.施工时，刮泥子应从上往下由左向右操作，尽量减少接头。刷油时要均匀一致，垂直表面最后一次应由上往下刷，水平表面最后一次应顺光线照射的方向进行 2.油饰用的色油，用无机矿物颜料配制
		木构架	过木一麻五灰；瓜柱（上架）一布四灰；梁（上架）一布四灰；枋（上架）一布四灰；檩（上架）一布四灰；趴梁（上架）一布四灰；柱子（下架）一布五灰；清式小点金旋子彩画（下架）	过木10.336平方米；瓜柱（上架）3.478平方米；梁（上架）25.052平方米；枋（上架）22.8平方米；檩（上架）71.364平方米；趴梁（上架）10.062平方米；柱子（下架）9.83平方米；清式小点金旋子彩画（下架）0.202平方米；木材面刷防腐油22.1平方米	
		木装修	楼板一麻五灰；楼梯一麻五灰；扶手单皮灰；抱框单皮灰；板门单皮灰；窗单皮灰；隔扇窗单皮灰；挂落单皮灰	楼板126.54平方米；楼梯20.5平方米；扶手2.59平方米；栏杆5.269平方米；抱框4.303平方米；板门6.615平方米；窗9.989平方米；隔扇窗33.69平方米；挂落10.944平方米；木材面刷防腐油39.7平方米	

一六　碧云斋

表 46　碧云斋修缮措施表

序号	部位及名称	修缮项目与做法	修缮工程量	备注
1	屋面	摄像、拍照、编号后拆卸屋面瓦件至指定地点分类放置；补配勾头、滴水、筒瓦、板瓦；屋面做法：20毫米厚护板灰；60毫米厚滑秸泥（分两次上完）；20毫米厚麻刀灰；3∶7掺灰泥挂瓦	恢复清水正脊（主体）13.5米；恢复铃铛排山脊兽前（主体）8.2米；恢复铃铛排山脊兽后（主体）13.4米；添配望兽2份，垂兽4份，跑兽16个；重做筒瓦屋面（主体）2#145.8平方米；重做灰背（主体）2#145.8平方米；更换2号筒瓦（主体）3500个，更换2号板瓦（主体）8165个；更换2号滴水94个（主体），更换2号勾头（主体）89个；恢复梢子4份；恢复披水排山脊（后厦）3.2米；恢复戗脊（后厦）3米；恢复博脊（后厦）1.5米；重做筒瓦屋面10#（后厦）11.16平方米；重做灰背（后厦）10#11.16平方米；更换2号筒瓦（后厦）268个，更换2号板瓦（后厦）625个；更换2号滴水（后厦）19个，更换2号勾头（后厦）28个	搭设屋顶脚手架；瓦要求：敲击声音清脆，质地细腻，规格与原制相符，上架前应在青灰中浸泡，用以堵塞砂眼
2	木基层	对没有糟朽或糟朽极为轻微的木基层仅做防腐、防虫处理；对糟朽小于1/3椽径的木基层应进行剔补、加固处理；对糟朽超过1/3的木基层应该进行更换，更换的木基层均按原来尺寸和做法制作。所有木基层构件，隐蔽前均须涂刷防腐、防虫剂	更换望砖（主体）132.3平方米；更换望板（主体）51.66平方米；更换大连檐（主体）27米；更换小连檐（主体）27米；更换直椽（主体）496.5米；更换飞椽（主体）106根；更换闸挡板（主体）27米；更换隔椽板（主体）27米；钉瓦口（主体）27米；更换望板（后厦）11.16平方米；更换大连檐（后厦）6.8米；更换小连檐（后厦）6.8米；更换飞椽（后厦）21根；更换翘飞椽（后厦）10根；更换闸挡板（后厦）6.8米；钉瓦口（后厦）6.8米	材料要求：用落叶松复制；望板宽度不应小于150毫米，厚度20毫米，望板安装时应做好防腐处理；木材含水率不应大于16%
3	木构架	现存木构件均刷两遍防腐、防虫剂	檩条整修30根	

序号	部位及名称	修缮项目与做法	修缮工程量	备注
4	木装修	新做门窗及心屉花格,参考十笏园现存实物设计。尺度与被修缮房屋的原构件痕迹相吻合	恢复六抹隔扇门(前檐门)12平方米; 恢复抱框(前檐门)39.3米; 恢复二抹隔扇窗3.6平方米; 添配窗框14.88米; 添配玻璃13.714平方米; 添配步步锦心屉(门窗)10.635平方米; 恢复室内隔断16.4平方米; 整修坐凳,更换坐凳楞条(后厦)1.74平方米	开关自如,起线均匀,心屉割角方正,榫卯严实,无戗槎,无锛印,表面光滑;材料要求用落叶松
5	墙体、墙面	墙体裂缝依安全状况现场酌情处理,对于砖墙裂缝较细微处(0.5厘米以下),挖补裂缝处断砖并灌浆黏结。对于较宽的裂缝(0.5厘米以上),按原工艺做法拆砌。 挖补酥碱砖,按照由下而上的顺序逐个挖补,使用的青砖规格和质量与原墙砖相同,按原砌法用白灰膏黏结,挖补时用锅铁碎片塞缝,白灰膏嵌缝。 墙面做法:铲除原墙皮后用白沙灰打底,白麻刀灰罩面,干燥后表面用白涂料粉刷	前檐混水墙拆除6.24立方米; 挖补青砖(前墙)6块; 挖补青砖(后墙)8块; 混水墙拆除(后墙窗)1.342立方米; 前檐墙墙面修复13.224平方米; 内墙面修复83.732平方米	灰缝平直、灰浆饱满,砌筑风格严格与原貌保持一致
6	地面	室内地面做法:垫层用3:7灰土,虚铺150毫米,夯实后达到120毫米。灰土垫层铺50毫米厚的C10混凝土防潮,地面用360毫米×360毫米×60毫米细墁方砖。 后厦地面做法:垫层用3:7灰土,虚铺150毫米,夯打后达到90毫米。灰土垫层增铺50毫米厚的C10混凝土防潮,地面用280毫米×140毫米×70毫米细墁青砖	细墁地面尺二方砖(室内)60.67平方米; 细墁小停泥砖(后厦)2.897平方米	墁地要求:正中为一块整砖,破头找于两山或后檐墙角之处,不妥之处用砖药打点
7	石作	更换残损踏步石	更换踏步石1.074平方米	石构件表面无缺棱掉角,表面洁净,无残留脏物

续表

序号	部位及名称		修缮项目与做法	修缮工程量	备注
8	油饰	木基层	建筑椽望三道灰	椽望（主体）油饰 145.8 平方米； 椽望（后厦）油饰 17.955 平方米； 木材面刷防腐油 30.523 平方米	1. 施工时，刮泥子应从上往下由左向右操作，尽量减少接头。刷油时要均匀一致，垂直表面最后一次应由上往下刷，水平表面最后一次应顺光线照射的方向进行 2. 油饰用的色油，用无机矿物颜料配制
		木构架	檩（上架）一布四灰； 月梁（上架）一布四灰； 四架梁（上架）一布四灰； 六架梁（上架）一布四灰； 抱头梁（上架）一布四灰； 三架梁（上架）一布四灰； 大梁（上架）一布四灰； 平板枋（上架）一布四灰； 瓜柱（上架）一布四灰； 梁头（上架）一布四灰； 柱子（下架）一麻五灰； 过木（下架）一麻五灰	檩条（主体）油饰 52.155 平方米； 脊瓜柱（主体）油饰 2.646 平方米； 金瓜柱（主体）油饰 4.172 平方米； 三架梁（主体）油饰 14.04 平方米； 大梁（主体）油饰 26.95 平方米； 柱子（主体）油饰 13.515 平方米； 抱头梁（主体）油饰 3.616 平方米； 梁头（主体）彩画 0.202 平方米； 雕刻板（主体）彩画 7.994 平方米； 过木（主体）油饰 8.096 平方米； 檩条（后厦）油饰 7.641 平方米； 月梁（后厦）油饰 0.552 平方米； 四架梁（后厦）油饰 0.976 平方米； 六架梁（后厦）油饰 4.84 平方米； 柱子（后厦）油饰 4.32 平方米； 平板枋（后厦）油饰 3.562 平方米； 瓜柱（后厦）油饰 0.48 平方米； 木材面刷防腐油 38.685 平方米	
		木装修	上下槛单皮灰； 框单皮灰； 窗扇单皮灰； 门扇单皮灰； 栏杆单皮灰； 走马板单皮灰； 楣子单皮灰	门框、窗框、抱框油饰 26.977 平方米； 走马板油饰 21.588 平方米； 隔断框油饰 23.726 平方米； 坐凳栏杆油饰 1.911 平方米； 窗扇油饰 10.27 平方米； 门扇油饰 20.8 平方米； 楣子油饰 1.607 平方米； 心屉油饰 12.277 平方米； 木材面刷防腐油 27.560 平方米	

一七 东二路大门

表 47 东二路大门修缮措施表

序号	部位及名称	修缮项目与做法	修缮工程量	备注
1	屋面	摄像、拍照、编号后拆卸屋面瓦件至指定地点分类放置； 补配勾头、滴水、筒瓦、板瓦； 屋面做法： 20 毫米厚护板灰； 60 毫米厚滑秸泥（分两次上完）平曲线； 20 毫米厚麻刀灰； 3：7 灰土挂瓦	重做 2 号筒瓦屋面 29 平方米； 更换滴水 12 个、勾头 11 个； 重做铃铛排山脊兽前 4.64 米； 重做铃铛排山脊兽后 9.76 米； 添配正吻 2 份； 添配跑兽 16 个； 添配垂兽 4 个； 重做花瓦脊 3.2 米； 屋面检修，清理杂草	搭设屋顶脚手架； 瓦要求：敲击声音清脆，质地细腻，规格与原制相符，上架前应在青灰中浸泡，用以堵塞砂眼

序号	部位及名称	修缮项目与做法	修缮工程量	备注
2	木基层	对没有糟朽或糟朽极为轻微的木基层仅做防腐、防虫处理;对糟朽小于1/3椽径的木基层应进行剔补、加固处理;对糟朽超过1/3的木基层应该进行更换,更换的木基层均按原来尺寸和做法制作。所有木基层构件,隐蔽前均须涂刷防腐、防虫剂	望板制安2.5平方米;苫灰背(厚3厘米)青灰坡顶145平方米;飞椽制安6根;大连檐制安5.6米;小连檐制安5.6米;闸挡板制安5.5米;瓦口制作5.6米	材料要求:用落叶松复制;望板宽度不应小于150毫米,厚度25~30毫米,望板安装时应做好防腐处理;木材含水率不应大于16%
3	木装修	糟朽槛框及过梁等装修构件,修缮时把糟朽部分剔除。糟朽深度不超过1/3断面的,剔补、拼接后继续使用;超过1/3断面的,用相同材质的新构件代替。拼接的构件用榫卯和铁箍固牢。新做门窗及心屉花格,参考十笏园现存实物设计。尺度与被修缮房屋的原构件痕迹相吻合	补配门下槛;修补糟朽的板门2.5平方米;更换挂落4个	开关自如,起线均匀,心屉割角方正,榫卯严实,无戗槎,无锈印,表面光滑;材料要求用落叶松
4	墙体、墙面	墙体裂缝依安全状况现场酌情处理,对于砖墙裂缝较细微处(0.5厘米以下),挖补裂缝处断砖并灌浆黏结。对于较宽的裂缝(0.5厘米以上),按原工艺做法拆砌。挖补酥碱砖,按照由下而上的顺序逐个挖补,使用的青砖规格和质量与原墙砖相同,按原砌法用白灰膏黏结,挖补时用锅铁碎片塞缝,白灰膏嵌缝。墙面做法:铲除原墙皮后用白沙灰打底,白麻刀灰罩面,干燥后表面用白涂料粉刷	重做墙面23.28平方米;西山墙内墙面青砖剔补106块,东山墙内墙面青砖剔补193块;更换博缝砖尺二方砖42块	灰缝平直、灰浆饱满,砌筑风格严格与原貌保持一致
5	地面	地面做法:垫层用3:7灰土,虚铺150毫米,夯实后达到120毫米。灰土垫层铺50毫米厚的C10混凝土防潮,地面用360毫米×360毫米×60毫米细墁方砖	细墁尺二方砖5.2平方米	墁地要求:正中为一块整砖,破头找于两山或后檐墙角之处,不妥之处用砖药打点
6	石作	现状保存		石构件表面无缺棱掉角,表面洁净,无残留脏物

序号	部位及名称		修缮项目与做法	修缮工程量	备注
7	油饰	木基层	椽望三道灰	椽望20平方米	1. 施工时，刮泥子应从上往下由左向右操作，尽量减少接头。刷油时要均匀一致，垂直表面最后一次应由上往下刷，水平表面最后一次应顺光线照射的方向进行 2. 油饰用的色油，用无机矿物颜料配制
		木构架	五架梁一布四灰； 三架梁一布四灰； 檩一布四灰； 瓜柱一布四灰	五架梁3.5平方米 三架梁3平方米 檩2.8平方米 瓜柱2.7平方米	
		木装修	门框（下架）一麻五灰； 板门一麻五灰； 楣子、挂落一麻五灰	门框、板门12.1平方米 楣子、挂落4.2平方米	

一八　东二路一进院东便门

表48　东二路一进院东便门修缮措施表

序号	部位及名称	修缮项目与做法	修缮工程量	备注
1	屋面	摄像、拍照、编号后拆卸屋面瓦件至指定地点分类放置； 补配勾头、滴水、筒瓦、板瓦； 屋面做法： 20毫米厚护板灰； 60毫米厚滑秸泥（分两次上完）平曲线； 20毫米厚麻刀灰； 3∶7灰土挂瓦	恢复披水排山脊4.8米； 更换2号筒瓦96个； 更换2号板瓦224个； 更换2号滴水16个，更换2号勾头22个； 重做筒瓦屋面2#4.0平方米； 重做灰背4.0平方米	搭设屋顶脚手架； 瓦要求：敲击声音清脆，质地细腻，规格与原制相符，上架前应在青灰中浸泡，用以堵塞砂眼
2	木基层	对没有糟朽或糟朽极为轻微的木基层仅做防腐、防虫处理；对糟朽小于1/3椽径的木基层应进行剔补、加固处理；对糟朽超过1/3的木基层应该进行更换，更换的木基层均按原来尺寸和做法制作。所有木基层构件，隐蔽前均须涂刷防腐、防虫剂	更换望板4.0平方米； 更换大连檐5.2米； 钉瓦口5.2米； 更换直椽30米； 更换飞椽24根； 更换大连檐5.2米； 更换小连檐5.2米； 更换闸挡板5.2米	材料要求：用落叶松复制；望板宽度不应小于150毫米，厚度25~30毫米，望板安装时应做好防腐处理；木材含水率不应大于16%
3	木构架	檩条糟朽深度超过1/3檩径的进行更换，檩条表面刷防锈漆防腐。更换和现存的木构架均须涂刷两遍防腐、防虫剂	更换前檐檐檩0.16立方米； 更换随檩枋0.05立方米	
4	木装修	新做门窗及心屉花格，参考十笏园现存实物设计。尺度与被修缮房屋的原构件痕迹相吻合	添配板门3平方米； 添配下槛1.8米； 添配门框3.8米	开关自如，起线均匀，心屉割角方正，榫卯严实，无戗槎，无锈印，表面光滑；材料要求用落叶松

序号	部位及名称		修缮项目与做法	修缮工程量	备注
5	石作		添配缺失的槛垫石、阶条石	添配槛垫石 0.18 立方米； 添配阶条石 0.22 立方米	石构件表面无缺棱掉角，表面洁净，无残留脏物
6	油饰	木基层	建筑椽望三道灰	椽望油饰 4.0 平方米	1. 施工时，刮泥子应从上往下由左向右操作，尽量减少接头。刷油时要均匀一致，垂直表面最后一次应由上往下刷，水平表面最后一次应顺光线照射的方向进行 2. 油饰用的色油，用无机矿物颜料配制
		木构架	上架一布四灰	上架油饰 14 平方米	
		木装修	槛框单皮灰； 竹节斜撑单皮灰； 挂落单皮灰； 板门单皮灰	槛框油饰 2.832 平方米； 竹节斜撑油饰 1.179 平方米； 挂落油饰 1.988 平方米； 板门油饰 6.5 平方米	

一九 绣楼

表 49 绣楼修缮措施表

序号	部位及名称	修缮项目与做法	修缮工程量	备注
1	屋面	摄像、拍照、编号后拆卸屋面瓦件至指定地点分类放置； 补配勾头、滴水、筒瓦、板瓦； 屋面做法： 20 毫米厚护板灰； 60 毫米厚滑秸泥（分两次上完）； 20 毫米厚麻刀灰； 3：7 掺灰泥挂瓦	恢复有陡板正脊（主体）9.87 米； 更换正脊砖雕（主体）0.32 平方米； 恢复铃铛排山脊兽前（主体）11.8 米； 恢复铃铛排山脊兽后（主体）7.4 米； 重做筒瓦屋面（主体）2#103.68 平方米； 更换 2 号筒瓦（主体）2488 个； 更换 2 号板瓦（主体）5806 个； 主体更换梢子 4 份； 更换 2 号滴水（主体）59 个，更换 2 号勾头（主体）80 个； 重做灰背（主体）103.68 平方米； 添配望兽 2 份，垂兽 4 份，跑兽 20 个 恢复铃铛排山脊（门楼）4.2 米； 重做筒瓦屋面 2#（门楼）6.09 平方米； 更换 2 号筒瓦（门楼）146 个； 更换 2 号板瓦（门楼）341 个； 更换 2 号滴水（门楼）18 个，更换 2 号勾头（门楼）29 个； 重做灰背（门楼）6.09 平方米	搭设屋顶脚手架； 瓦要求：敲击声音清脆，质地细腻，规格与原制相符，上架前应在青灰中浸泡，用以堵塞砂眼

序号	部位及名称	修缮项目与做法	修缮工程量	备注
2	木基层	对没有糟朽或糟朽极为轻微的木基层仅做防腐、防虫处理；对糟朽小于1/3椽径的木基层应进行剔补、加固处理；对糟朽超过1/3的木基层应该进行更换，更换的木基层均按原来尺寸和做法制作。所有木基层构件，隐蔽前均须涂刷防腐、防虫剂	更换望砖（主体）100.608平方米； 更换望板（主体）31.44平方米； 更换直椽（主体）198米； 更换飞椽（主体）81根； 更换大连檐（主体）20.96米； 更换小连檐（主体）20.96米； 更换闸挡板（主体）20.96米； 钉瓦口（主体）20.96米； 更换望砖（门楼）5.19平方米； 更换望板（门楼）2.697平方米； 更换直椽（门楼）14.4米； 更换飞椽（门楼）12根 更换大连檐（门楼）2.9米； 更换小连檐（门楼）2.9米； 更换闸挡板（门楼）2.9米； 钉瓦口（门楼）2.9米	材料要求：用落叶松复制；望板宽度不应小于150毫米，厚度25~30毫米，望板安装时应做好防腐处理；木材含水率不应大于16%
3	木构架	对柱子，糟朽深度超过1/3柱径的应墩接，墩接时采用巴掌榫，搭接长度不小于40厘米，节点用铁箍箍牢。打箍用的带钢厚度为4毫米，表面刷防锈漆防腐。所有木构件均刷两遍防腐、防虫剂	墩接明柱2根	用落叶松复制，所施铁活需进行防锈处理，铁活做旧与梁身外侧保持一致，木材表面光滑，无戗槎，无锈印
4	木装修	新做门窗及心屉花格，参考十笏园现存实物设计。尺度与被修缮房屋的原构件痕迹相吻合	恢复后檐一楼二抹隔扇窗3.996平方米； 恢复后檐二楼正方格心屉2.694平方米； 纤维板吊顶拆除100.608平方米； 更换遭朽的木楼梯板0.242平方米； 添配玻璃7.679平方米	开关自如，起线均匀，心屉割角方正，榫卯严实，无戗槎，无锈印，表面光滑；材料要求用落叶松
5	墙体、墙面	墙体裂缝依安全状况现场酌情处理，对于砖墙裂缝较细微处（0.5厘米以下），挖补裂缝处断砖并灌浆黏结。对于较宽的裂缝（0.5厘米以上），按原工艺做法拆砌。 挖补酥碱砖，按照由下面上的顺序逐个挖补，使用的青砖规格和质量与原墙砖相同，按原砌法用白灰膏黏结，挖补时用锅铁碎片塞缝，白灰膏嵌缝。 墙面做法：铲除原墙皮后用白沙灰打底，白麻刀灰罩面，干燥后表面用白涂料粉刷	前檐墙挖补青砖493块； 前檐墙重砌清水墙（月台）7.09平方米，重砌混水墙（月台）1.418立方米； 后檐墙挖补青砖591块； 西山墙博缝砖补换3块，挖补青砖462块； 戗檐砖补换4块； 东山墙挖补青砖558块； 内墙面修复49.298平方米	灰缝平直、灰浆饱满，砌筑风格严格与原貌保持一致

序号	部位及名称		修缮项目与做法	修缮工程量	备注
6	地面		地面做法：垫层用 3∶7 灰土，虚铺 150 毫米，夯实后达到 120 毫米。灰土垫层铺 50 毫米厚的 C10 混凝土防潮，地面用 360 毫米 ×360 毫米 ×60 毫米细墁方砖	细墁尺二方砖 42.594 平方米	墁地要求：正中为一块整砖，破头找于两山或后檐墙角之处，不妥之处用砖药打点
7	石作		更换残损踏步石	恢复前檐月台 10.3 立方米	石构件表面无缺棱掉角，表面洁净，无残留脏物
8	油饰	木基层	建筑椽望三道灰	椽望油饰 117.2 平方米；木材面刷防腐油 20.15 平方米	1. 施工时，刮泥子应从上往下由左向右操作，尽量减少接头。刷油时要均匀一致，垂直表面最后一次应由上往下刷，水平表面最后一次应顺光线照射的方向进行 2. 油饰用的色油，用无机矿物颜料配制
		木构架	过木（下架）一麻五灰；柱子（下架）一麻五灰；脊瓜柱（上架）一布四灰；金瓜柱（上架）一布四灰；五架梁（上架）一布四灰；檩条（上架）一布四灰；三架梁（上架）一布四灰	过木油饰 14.25 平方米；柱子油饰 6.61 平方米；脊瓜柱油饰 3.25 平方米；金瓜柱油饰 3.48 平方米；五架梁油饰 3.41 平方米；檩条油饰 32.9 平方米；三架梁油饰 14.5 平方米；木材面刷防腐油 25.78 平方米	
		木装修	上下槛单皮灰；站框单皮灰；窗单皮灰；门单皮灰；挂落单皮灰；楼梯板单皮灰	上下槛油饰 2.832 平方米；站框油饰 3.482 平方米；窗油饰 20.58 平方米；门油饰 6.517 平方米；挂落油饰 1.988 平方米；楼梯油饰 10.58 平方米；木材面刷防腐油 35.78 平方米	

第五章 修缮工程施工

第一节 修缮工程目标

作为不可移动文物，十笏园保护修缮工程的目标是最大限度地保留其历史价值、科学价值、文化价值和艺术价值，清除文物所存在的各种隐患，整改近现代不当维修及人为增改的部分，保持文物的原真性，从而使文物建筑所代表的文化、艺术、工艺等"源远流长"。为此，需要制定以下分项目标。

安全目标：

1. 文物建筑的安全目标：施工过程中严格执行事先制定的防护措施，杜绝在施工中对文物建筑造成破坏。

2. 施工工作人员的安全目标：杜绝重大伤亡事故，实现"五无"（即无重伤、无死亡、无倒塌、无中毒、无火灾）。

修缮目标：

1. 保护和修缮十笏园文物建筑，忠实地保存和传承其明清建筑所特有的结构特征、建筑风格、历史信息及其文化价值。

2. 保护和整治十笏园的庭院环境，忠实地保存和传承其明清园林特有的建筑布局特点和院落景色，使其历史、艺术、科学及人文情感等历史信息传于后人。

3. 综合治理，标本兼顾，全面修缮，立足于彻底排除存在于建筑内的各类残损险情和结构隐患。

质量目标：

工程涉及修缮、复原文物建筑均应符合方案设计要求。

第二节 修缮工程分期

由于《潍坊十笏园古建筑群保护方案》中涉及建筑数量较多，为方便施工管理与保证施工质量，在施工时分为两期分别施工，两期施工内容如下：

一期施工中包括建筑：

西路建筑，共包括 1 个建筑：西路四进院西厢房。

中路建筑，共包括 1 个建筑：中路四进院正房。

东一路建筑，共包括 1 个建筑：东一路四进院正房。

东二路建筑，共包括 9 个建筑：东二路一进院正房（厅房）、东二路一进院西厢房、东二路一进院东厢房、东二路一进院垂花门、东二路大门（进士第）及侧房、东二路一进院东随墙门、东二路一进院西随墙门、东二路一进院回廊、东二路三进院西耳房。

东三路建筑，共包括 15 个建筑：东三路一进院正房、东银库、东三路一进院东厢房、东三路倒座房、东三路一进院垂花门、东三路大门、东三路一进院前东便门、东三路一进院前西便门、东三路一进院西随墙门、东三路一进院后随墙门、东三路一进院单坡廊、芙蓉居、东三路二进院垂花门、东三路二进院东随墙门、东三路二进院照壁。

东四路建筑，共包括 16 个建筑：东四路一进院正房、东四路一进院东耳房、东四路一进院东厢房、东四路倒座房、东四路大门、东四路一进院东便门、东四路一进院西便门、照壁、戏台、东四路二进院正房、东四路二进院西厢房、东四路二进院东厢房、东四路二进院过堂、东四路二进院东门、东四路东五路夹道南过门、东四路东五路夹道北过门。

东五路建筑，共包括 22 个建筑：东五路一进院正房、东五路一进院西耳房、东五路一进院东耳房、东五路一进院东厢房、东五路一进院西厢房、东五路倒座房、东五路一进院垂花门、东五路大门、东五路一进院前东随墙门、东五路一进院西随墙门、东五路一进院后东随墙门、东五路二进院正房、东五路二进院西耳房、东五路二进院西厢房、东五路二进院西厢南房、东五路二进院照壁、东五路二进院东前随墙门、东五路二进院西随墙门、东五路二进院东后随墙门、东五路二进院院门、东五路东过道垂花门、东五路东过道南便门。

一期工程于 2003 年 5 月开工，2006 年 6 月结束，历时 13 个月，修缮总面积 1738.24 平方米，主要完成了十笏园丁氏故居的修缮。

二期施工中包括建筑：

西路建筑，共包括 18 个建筑：深柳读书堂、深柳读书堂西耳房、西路一进院西厢房、静如山房秋声馆、西路一进院过门、西路倒座房、西路大门、西路一进院东月亮门、西路一进院南便门、西路一进院北便门、西路一进院影壁、颂芬书屋、西路二进院西厢房、西路二进院随墙门、雪庵（小书巢）、雪庵前随墙门、西路三进院西厢房、西路三进院随墙门。

中路建筑，共包括 31 个建筑：十笏草堂、十笏草堂西倒座房、十笏草堂东倒座房、游廊北便门、小沧浪亭、漪岚亭、落霞亭、平桥、游廊、四照亭、蔚秀亭、稳如舟、"鸢飞鱼跃"花墙、砚香楼、砚香楼西耳房、砚香楼东耳房、春雨楼、砚香楼院西便门、砚香楼院东随墙门、砚香楼院东跨院东月亮门、砚香楼院东便门、中路三进院正房、中路三进院西厢房、中路三进院东耳房、中路三进院东厢房、中路三进院西随墙门、中路三进院东随墙门、中路后门、中路三进院东厢房南仓库、中路三进院西厢房南仓库、过道门。

东一路建筑，共包括 19 个建筑：碧云斋、碧云斋院落东便门、东一路一进院过堂、东一路倒座房、东一路一进院单坡廊、东一路一进院东便门、东一路二进院正房、东一路二进院南随墙门、东一路二进院北随墙门、东一路二进院西单坡廊、东一路三进院正房、东一路三进院东耳房、东一路三进院东随墙门、东一路东二路夹道南过门、东一路东二路夹道北过门、东一路四进院东耳房、东一路四进院东耳房南侧月亮门、东一路四进院东耳房东侧便门、东一路三进院西耳房。

东二路建筑，共包括 12 个建筑：东二路一进院东（家庙）西耳房、东二路倒座房、东二路一进院东便门、东二路一进院西便门、东二路一进院后东随墙门、东二路二进院正房、东二路二进院东厢房、东二路二进院西厢房、东二路二进院院门、绣楼、东二路三进院西厢房、东二路东三路夹道北过门。

东四路建筑，共包括3个建筑：东三路东四路夹道北便门、办公区新加房、办公区新增房南侧随墙门。

东五路建筑，共包括5个建筑：地暖房、东五路二进院东跨院北房、东五路二进院东跨院南房、东五路二进院东跨院院门、东五路二进院卫生间。

二期工程于2012年8月启动，至2013年12月实施完成，历时17个月，修缮总面积2445.52平方米，主要完成了十笏园丁家花园的修缮。

第三节　修缮工程前期准备和施工顺序

一　工程前期准备

1.组织准备

成立十笏园保护修缮工程领导小组，建立十笏园保护修缮工程项目部，建立健全岗位责任制及分项工程责任到人的制度。对施工场地进行规划、做好临时设施建设，达到"三通一平"的施工要求。

2.技术准备

首先，进行图纸会审及技术交底。为使施工单位全面掌握设计文件的设计意图、施工要求、质量目标等，由建设单位召集设计单位及施工单位进行图纸会审及技术交底，双反就疑难问题进行深入探讨，深刻领会设计人员的理念和修缮要求。

其次，施工单位在修缮前再次对文物建筑进行现场勘察，明确修缮要求与施工范围，对各文物建筑的残损情况进行详细登记，确定修缮措施及工程做法，查询相关技术资料。对建筑各处构造、各个节点、各种做法在修缮前作全面的文字编写、现状影像及图片资料记录，为在修缮过程中保持文物建筑原状提供详细的实物资料。具体列出各种材料的用量与明细表，特别是屋顶瓦件、条砖和方砖的型号及补配，工程实施中特殊材料的预订，脚手架采购等，都制订出详细的规格、数量、到货时间等计划。

3.材料备料

根据现场再次勘察的材料的用量与明细表进行备料。确定补配量后挑选样品并到厂家定制，必须确保材料的质量，最后材料到达后应按照施工顺序依次进场。

二　工程施工顺序

（一）搭设脚手架与保护罩棚

1.外檐脚手架

十笏园内所有的建筑在实施保护修缮之前，根据本工程建筑、结构形式，结合施工现场的实际特点，选择脚手架支搭方案：搭设双排钢管脚手架，在脚手架外侧满挂（全高全封闭）安全网。

脚手架支搭要求：

材料要求：脚手架严禁钢竹、钢木混搭，禁止扣件、绳索、铁丝塑料混用；不得使用有严重锈蚀、压扁或裂纹的钢管；严禁将外径不同的钢管混合使用；各杆件端头伸出扣件盖板边缘的长度不应小于100毫米。

支搭要求：十笏园内的所有建筑，为满足施工人员的通行，明间脚手架第一步的高度不得小于1.8米；建筑的前后檐及两山墙搭设的脚手架的高度应满足拆除工程、柱头拨正、椽望铺钉、更换屋面檐口瓦的需求；在建筑的前檐东侧设登临脚手架的一字马道，前檐设上料平台，搭设吊葫芦；建筑内脚手架与外檐齐檐脚手架一体合成；建筑内脚手架的钢管距离梁枋构件至少0.6米，给保护彩绘及各构件预留足够的操作空间，便于实施建筑的保护修缮。

注意事项：外脚手架每一层支搭完毕后，经项目部安全员验收合格后方可使用。任何人未经同意不得拆除脚手架部件；严格控制施工荷载，脚手板不得集中堆料施荷；施工时不允许多层同时作业；定期检查脚手架，如发现问题和隐患，在施工作业前，及时维修加固，确保施工安全。

相关规定：钢管安装应横平竖直、扣件牢固、结构稳定；立杆下脚稳定；相邻横杆扣件牢固；戗杆与地面夹角为60度；脚手板铺放平稳，两端用镀锌铁丝箍绕2~3圈固定，不得悬空；横杆立杆的上下、左右间距适当，满足施工要求；各类脚手架根据不同的使用功能进行搭接，但是必须满足上述的安全条件；在距底座下皮20厘米处的立柱上安装扫地杆，然后按照要求依次向上搭接脚手架（边支搭边根据实际情况进行适当调整）。

支搭步骤：根据脚手架支搭要求及施工需要，在各建筑的前后檐及两山墙用钢卷尺量出立杆距檐口、墙体的距离，并做好标记。用钢卷尺按国标间距及建筑内的构架量出立杆位置，并做好立杆位置标记。同时计算出脚手架搭设所需的钢管型号与数量。支搭前需在准确的定位线上先垫板，垫板必须铺放平稳，不得悬空（当在松软地面上搭设架子时，必须进行夯实处理后再搭）。各建筑根据自身高度确定对接杆的高度。在东南西北四面支设戗杆，戗杆与地面夹角定为60度，然后按常规方法向上搭接，最上一步横杆要高出檐口2米。脚手架要满挂密目式安全网，安全网采用1.8米×6米规格。作业层网应高于平台1.2米，并在作业层下步架处设一道水平网兜。

2. 搭建围挡

为避免施工中高空构件不慎跌落造成损伤，在各建筑脚手架向外2米的位置搭设防护围挡；在各建筑门口贴设提示标语：非施工人员不得入内、进入施工现场必须佩戴安全帽等强制性标语，保证施工中文物及人员的双安全。

（二）拆卸与登记

在文物建筑修缮工程中拆卸与登记必须同时进行，因为一些构造部位只能在拆卸之后，才会发现隐蔽处的榫接方式和构造做法，故需要做到边拆卸边记录，拆卸工程大致分成拆卸前、拆卸中、拆卸后三个阶段。

1. 屋面拆除

在建筑的整个拆卸过程中，按修缮保护方案要求，均配有技术人员对屋面的现状进行拍照、记录（图160、图161）。①拆卸前，采用文字记录、绘制表格、图纸大样的方式将瓦顶拆卸前的构件质地、排布方式、构件规格、残损情况及补配量进行登记，并挑选样品提前定制补配；二次对屋面弧度进行水平等

图160 西路三进院随墙门（技术人员在屋面拆除前记录现状）

图161 中路三进院正房（技术人员在屋面拆除过程中
测量记录原灰背的情况）

距测量，并绘制独立的屋面弧度大样图；②拆卸中，要对瓦顶泥背的构成方式及材料配比进行分析记录，特别是瓦件、吻兽、脊桩内铁件的分布、规格及做法，内部材料配比及特殊工艺的分析、总结；

（1）拆卸前，首先对大型梁枋原位打牮戗固，对所有柱子、构件包裹后方可进行屋面拆卸。

（2）拆卸中，先从檐头开始，卸除勾头、滴水，然后进行坡面揭瓦（图162）。自瓦顶一端开始，一垄筒瓦、一垄盖瓦的进行，以免踩坏瓦件。坡面瓦揭完后，再依次卸除翼角上的戗脊、垂兽、垂脊、正脊。根据现场屋面破损的情况坡面可以仅局部拆除，脊饰部分完好的可以不拆除屋脊。

在拆除面瓦之前，先去掉联结的铁钉、扒钉、贯条之类，揭去扣脊瓦和脊吻孔洞上的帽盖填充，松动相互粘接的灰缝和内部灰浆，轻轻取下，置于托板上卸于架下，运至指定位置存放。禁忌猛力撬动和搬着脊兽运行。拆卸瓦件，先铲动连接灰缝和压在瓦上的泥土，由侧面起动，不得从一端揭撬。下架时，于光滑的铁槽或木槽内溜瓦，底部堆满砂子，单片下滑，随时捡于一旁，槽架支撑稳固，不得颤动和重叠（图163）。灰背泥背的清除，要装进竹筐或塑料袋内倾倒，不得铲卸，防

图162 碧云斋（拆除屋面勾头、滴水）

图163 东二路二进院正房（木槽溜瓦）

止污染环境（图 164）。

（3）拆卸后，对构件需分类码放，对部分艺术构件，如脊饰、雕花脊筒、大吻等进行统一编号，将拆下的脊件、瓦件统一存放，以便对碎裂的构件进行粘接、加固和检修；对不能使用的构件独立放置，以备补配参考。二次统计构件的使用量、现存量、补配量（图 165）。

2. 木基层拆除

拆卸椽飞、望板、连檐、瓦口之类构件时，施工人员除了做到拆卸之前记录与拆卸后编号，更加注重拆卸过程中对构件本身的保护。这部分构件受雨雪侵蚀，多有损伤，但不可因有损坏而随意拆卸，将能继续使用的构件致残。这些构件原为铁钉固定，用开口铁锹拔出铁钉，将构件取下，勿起动一端后即搬动椽飞撬卸，以免造成椽飞劈裂（图 166、图 167）。椽飞上的灰尘污土，除清扫外，可用较大的木锤轻轻震动，不得用铁锹和斧头击撞。檐椽、角椽、直椽各置其类，可继续使用的构件与已残损的构件分开摆放，便于检修、加固或复制。

图 164　绣楼（泥背拆除）

图 165　东一路倒座房（拆下码放整齐的旧瓦件）

图 166　东二路二进院正房（拆除掉坏椽子）

图 167　春雨楼（拆除望板）

3. 木构架拆除

在拆卸过程中，施工人员同样做好拆卸前的测绘工作，根据现状，专业技术人员绘制出现场原文物实测图及分类编号图，作为修复文物建筑的有力证据。其中，修复前的测绘工作要根据现状测绘出各单位工程复建时的详细安装图（包括各构件的形制、材质、规格、做法及具体残损情况），实物建筑的每个构件上均用 50 毫米 ×100 毫米的三合板，并用小钉子固定在构件的侧面上用油漆标出相应名称、方位、类型与轴线号编号（每件构件上两处）。

（1）拆卸前，属于木装修的门、窗都要在木构架拆卸前先进行拆卸。拆卸时要十分小心，否则造成损坏，不仅会增大工作量，还会降低文物建筑自身的史料价值。

（2）拆卸中，梁架上有彩画、图案（包括残存不清晰部分）和墨书题记（包括新发现的题记）的，除尘后，用拷贝纸、棉花、草绳包扎牢固，要防潮、通风、干燥；钉挂在梁架上的题记木牌，标明位置后拆卸、包装，入库存放。梁架构件都是榫卯结构，拆卸时，先除去缝隙内积满的污尘，用铁撬全面起动，不得先撬起一端，防止榫卯折损。构件的灰尘除清扫外，可用大木锤轻轻震动，忌用撬、斧猛击。摇动或悬吊构件时，绳索或着力点均置于两端卯口以内，以免造成卯口部位劈折。

拆卸柱子：廊柱在拆卸时，考虑到柱头有凸榫，柱底有贯脚卯，猛烈倾倒或柱底移位不当，都会损伤榫卯，因此，拆卸工人在廊柱上部拴以麻绳进行控制，将柱底移位后，以架木横杆作滑轮，使其徐徐斜向落地，然后抬至存放地点。檐柱和金柱，就地倚架存放（图 168）。柱身用塑料布披垂，通风防雨即可。

图 168　东一路倒座房（拆卸下的柱子）

（3）拆卸后，卸至架下和运往指定地点过程中，用大平板车运输，从而减少对彩画和榫卯的磨损。运至存放地点后，均严格按照梁架的缝隙、部位和编号分类存放，左右关联，叠架有序，以便于下一步的检修加固。

（三）分项修缮工程

1. 屋面工程：抹压护板灰、掺灰泥、青灰背、宽瓦等均按照原工艺施工。宽瓦工程结束后，按前面记录的各脊的形制钉设铁活，然后安望兽、砌正脊、垂兽、垂脊，捉节夹垄、清扫屋面。泥背抹压时与瓦口、博缝、连檐相接部位全用白灰膏抹制，利于木构件防朽。

2. 木基层工程：逐根检查直椽、檐椽及飞椽，对能够继续使用的构件原位使用；对糟朽较为轻微的构件进行剔补使用，对糟朽严重的构件进行更换。

3. 上架木构件检修、加固及归安：对上架的木构件进行逐一的检查、加固。包括嵌补裂缝、剔补糟朽的部分、植入铁活加固等。对无须落架修缮的上架采用对角放线、吊中、抄平等方法，用千斤顶、吊葫芦、倒链等多种工具，对上架进行整体拨正、校中、归位，并再次检查上架的举折、举架、出际等各部尺寸与结构情况。

4. 柱子检修加固：针对各建筑的柱进行逐一检查、加固，首先将存在裂缝的柱身，按照传统方法进行嵌补、加固；对柱脚的糟朽部分，根据糟朽情况，进行包镶处理或墩接加固；对墙内可能存在糟朽的柱子，开挖柱门后，视其糟朽状况决定采取墩接加固或更换措施；最后，根据柱身开间及进深尺寸按照原榫接方式进行原位拨正、归安。

5. 装修制安工程：对残损较为轻微的装修，视不同部位的装修依据其残损现状做出相应的措施，对残损严重及缺失的装修，应按照原形制重新制安。

6. 墙体修缮工程：根据墙体残损状况搭设相应的砌筑脚手架，对墙体进行挖补、拆砌、加固、重砌等修缮措施；白灰墙面应依据残损现状选择性铲除，之后重新抹灰。剔补条砖应注意将背里层灰浆灌注严实；拆砌的墙体应于新旧墙体间增设铁条，以防止因灰浆沉降、不匀而发生的沉降、开裂现象；墙体的加固措施不应露明；重砌的墙体应采用相邻墙体或者相邻建筑墙体的形制进行砌筑，包括青砖规格、灰缝大小、叠涩收分等。

7. 地面修缮工程：根据地面砖的残损现状，对各建筑的地面砖进行挖补、勾抿等；对残损严重的地面，需要重墁时应采用原铺墁形式。

8. 石作修缮工程：依据各建筑石作的残损现状，按原形制进行归位或者补配垂带石、阶条石、槛垫石等。

9. 油饰修缮工程：依据建筑各构件的油饰脱落情况，对椽望做三道灰地仗；对上架做一布四灰地仗及彩绘油饰；对柱身做一麻五灰地仗及油饰；对木装修做单皮灰地仗及彩绘油饰，最后对所有的木构件进行钻生桐油防腐处理。

（四）构件成品保护

1. 在屋顶宽瓦前，对两山墙出际构件（博缝、悬鱼、惹草等）应当用塑料布进行包裹保护，以防构件污染。

2. 每一层屋顶泥背抹压完毕后，施工人员在抹压下层灰背时，不可蹬踏已经抹压好的灰背。施工工具轻拿轻放，防止灰背被破坏。

3. 对已经砌筑好的墙体，特别是墙体的棱角等易受损部位，应当加设防护板保护。

4. 地面铺墁完成后，在灰浆养护期间，应设置警示牌及护栏，禁止踩踏及堆放物品。

5. 在阶条石、垂带石等石活安装完成后，应加设木板封护，防止磕棱断角。

6. 油饰施工前，应当将相邻的墙体、台明等粘贴纸袋或塑料布，以防止油饰污染。

7. 在脚手架搭设及拆卸时，要轻拿轻放，随搭拆随撑戗。在靠近墙体的一端钢管需塞垫软性材料，避免对墙体造成人为损害。

第四节　分项工程技术

一　屋面修缮技术要点

屋面修缮工程主要针对以下几种情况：屋脊缺失、残损，屋面已被全部拆改，屋面局部缺失、塌陷，屋面面瓦残损，滋生杂草（图 169 ~ 177）。

根据设计要求，施工过程中完成了以下工作：

1. 恢复已被拆改屋面。

2. 恢复已缺失、残损的屋脊；局部揭瓦屋面，修复已塌陷屋顶。

3. 更换残损严重或开裂的瓦件。

4. 依现存规格和式样补配缺失的脊、瓦、兽件。

图 169　砚香楼（正脊局部缺失）

图 170　春雨楼（垂脊断裂）

图 171　东二路二进院正房（垂脊缺失）

图 172　雪庵（后厦屋面被拆改）

图 173　中路三进院正房（屋面面瓦残损）

技术要点：

1.苫背施工

①在望板上铺沥青油毡（油毡经试验室试验和鉴定，已达到设计的要求）。在望板（望砖）铺设完毕后，应先在望板上浇热沥青一层，趁热将油毡铺上，然后再浇一层沥青，使油毡粘在望板上。油毡连接处搭接长度均不少于30厘米，搭接严密。凡屋面两坡相交处均加铺一层油毡，以防漏雨水（图178～180）。

②在油毡上抹3层大麻刀白灰，每层之间铺一层麻布，每层灰的厚度为10厘米，檐头和脊部的灰稍薄，两山灰背应与博缝上口抹平，前后坡檐头灰均比连檐略低。脊上应将麻绳拆散后搭在脊上，两边要搭在前后坡中腰，搭好后将麻辫轧进灰背里。

③苫完灰背后再抹一层2厘米厚的麻刀灰，并随之赶光，再在上面打一层浅窝，以防瓦面下滑。

④苫完背以后在脊上抹轧肩灰，使前后坡相交成一条直线，

图 174　中路三进院正房（屋面局部残损、坍塌）

图 175　中路三进院正房（屋面檐头坍塌）

图 176　春雨楼（屋面杂草丛生）

图 177　雪庵（屋面杂草丛生）

图 178　深柳读书堂西耳房（做天沟防水）

图 179　深柳读书堂西耳房（做天沟防水）

抹轧肩灰时挂一道横线，以便作为两坡轧肩灰交点的标准。前后坡轧肩灰各宽 30 厘米，上面以线为准，下脚与灰背抹平。

⑤苫背后晾背，即将灰背晒干后再宽瓦，在苫背之前应在垂兽位置将钉子钉入木架中，为以后安装垂兽做好准备。

2. 挂瓦施工

挂瓦前，将新瓦与旧瓦分开集中安放，对夹垄石灰砂浆取样进行材料分析，注意控制砂浆水灰比，盖瓦坐浆必须饱满。挂瓦时采用先宽瓦、后调脊，分中号垄后先宽两山附近的一陇，每陇从檐头滴水开始，往上用坐瓦泥宽底瓦，为使底瓦（滴水）外伸出尺寸一致，应在檐头挂线，然后挂线宽底瓦（图181、图182）。往上用坐瓦泥一直宽到脊部，底瓦压七露三。底瓦头部先挂麻刀灰后再铺瓦，以保证瓦与瓦之间缝隙严密。两底瓦之间用麻刀灰填实抹平，然后宽盖瓦。宽瓦垄时要掌握好瓦垄两侧的灰口和两瓦的交接处，接缝要严密。宽完后要求普遍擦洗一遍，发现有碎瓦必须更换，以免日后漏雨造成更大浪费，宽瓦的总要求除坚固外，从外观上做到"当匀陇直，曲线圆合"。

3. 调脊

挂瓦完成后进行调脊，各脊的垒砌，式样按设计图做法。调正脊前先安吻（望）兽，吻（望）兽

图 180　深柳读书堂西耳房（做天沟防水）

图 181　雪庵（挂瓦）

内预置木制脊椿。调脊时按脊的宽度，在脊两侧挂线（图183、图184），然后按脊的瓦件层数、构件从下往上逐层砌好，脊筒内用脊桩和铁丝固牢，当沟里均用麻刀灰和碎瓦片填实（图185）。各条脊及吻（望）兽垒砌安装完成后，进行勾缝，材料配比与夹垄灰相同。勾缝完毕用粗麻布将构件上的残留灰迹擦拭干净。

图182　深柳读书堂（宽底瓦栓线）

图183　东二路二进院正房（砌正脊）

图184　东二路二进院正房（砌正脊）

图185　深柳读书堂（当沟里用麻刀灰和碎瓦片填实）

二　木基层修缮技术要点

木基层修缮工程主要存在以下几种情况：木基层构件缺失，木基层构件糟朽、残损等（图186～194）。按十笏园修缮保护方案设计要求，糟朽严重的木基层（其原因主要来自潮湿、雨水浸湿）全部按原规格、原材质、原特征、进行更换（图195、图196）；糟朽较轻的木椽，在剔除糟朽部分后，采用原材料进行挖补，如不影响承托屋面的重量，则继续使用。对更换的椽望、连檐和瓦口，均按原来尺寸和铺钉方法进行铺钉。更换的新瓦口与原瓦口相交处做企口茬。新旧连檐接口处做坡口连接，坡口约为45度。松动移位的连檐拆修归位后加钉固定。所有木基层构件隐蔽前均需钻生两遍防腐、防虫剂，以便防腐、

图 186 中路三进院正房（屋面望板糟朽缺失）

图 187 碧云斋（屋面拆除后发现望板缺失）

图 188 碧云斋（飞椽缺失）

图 189 绣楼（木望板缺失）

图 190 稳如舟（望板整体糟朽严重）

图 191 碧云斋（屋面东南角塌陷处大连檐残损）

防虫（图 197）。其中，在本次修缮中，对于木基层拆下的原构件同屋面构件，并不是简单的全部更换，而是进行严格挑选后，将清理出还能继续使用的集中安装在前檐，不够再补充新构件（图 198 ~ 200）。

图 192　中路三进院西厢房（屋面前檐大连檐变形）

图 193　西路三进院西厢房（糟朽严重的直椽）

图 194　绣楼（糟朽严重的直椽）

图 195　春雨楼（望板加工中）

图 196　碧云斋（大连檐安装）

图 197　西路一进院过门（木基层刷防腐油）

图 198　砚香楼（旧望砖做砍净处理）

图 199　中路三进院西厢房（制作直椽）

三　木构架修缮技术要点

十笏园建筑内的残损木构架构件，均首选切实有效的技术进行加固修复，尽量使其真实可靠地保存沿用下去，这也是本工程的重要修缮原则之一。鉴于十笏园内建筑众多、残损病状严重、残损种类多样、残损原因复杂，在施工过程中，根据设计方案的要求，采用了多种建筑木构件修旧补残加固技术措施，现归纳如下：

1. 墩接

墩接主要适用于因年久失修朽坏的木构件修补加固。例如，绣楼前檐檐柱，柱子下身 60 厘米高的范围内出现了因年久失修，柱根糟朽的残损现象，但柱身上部保存尚好；又如，中路三进院东厢房明间前檐暗柱，其柱根部位同样糟朽严重（图 201）。施工时将柱根朽坏部位截去，再以同样规格材质的优质短柱予以墩接加固。二者交接榫卯采用改良优化的巴掌榫搭接。其构造做法为柱子上下两段，以耳榫定位卡结，暗楔固定咬合，并辅以环氧树脂粘接，在必要的情况下，还可以加螺栓、铁箍固定（图 202~205）。其优点是连接坚固耐久，抗位移能力强。

图 200　西路一进院过门（椽子制安）

图 201　中路三进院东厢房（前檐柱根糟朽严重）

图202 绣楼（墩接柱子之前利用辅柱对柱子卸荷）

图203 绣楼（墩接檐柱）

图204 中路三进院东厢房（墩接暗柱）

图205 中路三进院东厢房（墩接暗柱）

2. 补强

此法主要适用于构件内部因年久腐朽而出现中空病害的修补加固。例如，中路三进院西厢房的多根檩条都出现了中空的现象（图206）。施工时，需要先对柱子或檩条的中空范围进行仔细检查，确定中空范围，然后选择合适之处开口，再将中空部位中已朽烂的部分清除。进而用相同材质的木料（外形根据中空特征或圆或方）填充中空部位，再以环氧树脂粘接灌缝。待固化稳定后，在构件躯壳与内芯之间攒以小孔，加设木梢使二者紧密地锁接并连为一体，共同受力。最后封闭切口，贴铺看面，刨削令平。其特点是通过填充补强，可使许多行将废弃的文物残件有效地恢复原有生命力和承载功能，并保存沿用下去。

3. 挖补

柱子表面的糟朽，往往只是柱子本身表皮的局部糟朽，柱芯尚还完好，根本不至于影响柱子的受力，对于这种情况本次修缮按设计要求采用挖补的方法（图207）。挖补修补的柱子糟朽深度均不超过柱子直径的1/2，具体的方法是：先将糟朽的那一部分，用凿子或者扁铲剔成易嵌补的形状，如三角形、

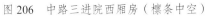

图 206　中路三进院西厢房（檩条中空）　　　　图 207　砚香楼（二层前檐檐柱柱根糟朽）

方形、半圆或圆形等形状，剔挖的面积以最大限度地保留柱身没有糟朽的部分为合适。为了便于嵌补，要把所剔的洞边铲直，洞壁也要稍微向里倾斜（即洞里要比洞口稍大，容易补严），洞底要平实，再将木梢杂物剔除干净。然后用干燥的木料（本次修缮所用木料均选取与原木构件相同的木材），制作成已经凿好的补块形状，补块的边、壁、楞角要规矩，将补洞的木块楔紧严实，用胶粘接，待胶干后，用刨子或者扁铲做成随柱身的弧形。补块较大的，可用钉子钉牢，将钉帽嵌入柱皮以内，便于刮泥子补油饰（图 208）。

4. 包镶

当柱子糟朽部分较大，长度沿柱身周围达一半以上且深度不超过柱子直径的1/4 时，本次修缮按设计要求采用包镶的方法维修。包镶的做法和挖补的做法相同，只是将糟朽部分沿柱周先截以锯口，再用凿铲剔挖规矩后周围半补或周围统补，补块可分段制作，然后楔入补洞就位拼粘成柱身形状。补块高度较短的用钉子钉牢；补块高度较长的需加铁箍 1~2 道，铁箍的宽窄薄厚规格，可根据柱径和包镶等具体情况而定，铁箍要嵌入柱内，箍外皮与柱身外皮取齐，以便油饰。

5. 镶嵌补缝

此法主要适用于大木构件顺纹裂缝的修补与加固。十笏园文物建筑中的木构件裂缝有两种类型：一种是木材的自然干缩裂缝，如春雨楼的多根檩条（图 209），檩条表面均有不同程度的干裂缝。此种缝隙不会影响构件受力，实际上是缝隙嵌补作业，有利于防水、防蚁、防鼠蛇危害。另一种是因梁架整体扭转、倾侧位移、局部荷载而造成的受力裂缝，如春雨楼二层明间七架梁，在大梁的一端开裂，裂缝长度60 厘米，最宽处已达 4.5 厘米，已明显影响梁本身的承载力（图 210）。后者是需要重点加固的病害。对于这种险情，施工前结合设计方案首先进行现场受力分析，搞清受损原因，然后进行裂缝吻合效果（有无腐朽及损坏）的预测分析。由于梁架整修复位后，原有破坏力可以消除，所以修复加固裂缝是可靠的。必要情况下，还可同时采取其他辅助加固技术措施（如增加铁箍、增设辅柱等）。

6. 综合加固法

由于十笏园建筑有的构件残损情况复杂，上述几种构件加固方法往往同时并用于一个建筑构件上，以期达到最好的保护维修效果。

图 208　砚香楼（糟朽的柱根挖补完毕）　　　　　　图 209　春雨楼（檩条开裂）

　　不过需要指出的是，无论采取什么加固措施，均是以构件承载能力的分析验算结果为依据，首先要确保残损构件的剩余部分经过加固补强后，可以满足其应有的结构承载能力，且足以经久不坏时方可加固后继续使用；如经分析演算原构件经过加固补强后，仍不能满足安全要求时，便会按原形制新做木构件，更换原残损构件（图 211 ～ 216）。

四　木装修修缮技术要点

　　十笏园各建筑木装修的残损主要体现在门窗缺失（门窗封堵）或者被更改为现代门窗、槛框遭朽严重或者缺失等（图 217 ～ 222）；要按照设计方案对这些残损严重的木装修进行添配或者恢复。依据原装修残存的榫卯及构件遗存，依据所获信息对原设计进行补充、完善。木装修制安中木材需符合以下要求：

　　1. 木装修制作用料除了对材质木节等要求以外，最重要的是要对材料进行烘干。按槛框、大边的厚度将圆木截成板材后，首先是放入烘干窑进行烘干。然后将板材用木条分层隔承置于向阳面进行自然干

图 210　春雨楼（梁架断裂外）　　　　　　图 211　中路三进院西厢房（加固后仍不能
　　　　　　　　　　　　　　　　　　　　　　　　　达到受力要求的五架梁）

图212　雪庵（朽烂部分已达到原构件尺寸一半以上的柱子）

图213　东一路三进院正房（现场制作梁架）

图214　东一路三进院正房（现场制作木柱）

图215　绣楼（现场制作木梁）

图216　深柳读书堂（更换的抱头梁）

图217　雪庵（小书巢）（现代门窗）

图 218　十笏草堂（现代窗扇）

图 219　碧云斋（遭朽严重的现代门窗）

图 220　雪庵（小书巢）（门窗被红砖封堵）

图 221　东一路四进院正房（现代门窗）

燥。鉴于此，木装修用料需要提前购置，保证自然干燥期（夏季）达到 3～4 个月。只有这样，才能避免制安后的装修发生走形、开裂的问题，从而达到开关自如的效果。

图 222　西路四进院西厢房（门窗糟朽）

2. 在边框、棂条任何一面或任何 150 毫米长度内，所有木节尺寸的总和不得大于所在构件宽度或所在断面的 2/3，且每个木节的最大直径不应大于构件断面的 1/4。

五　墙体、墙面修缮技术要点

十笏园内建筑墙体主要出现墙体歪闪、开裂、墙砖酥碱、不当拆改等病害，墙体抹灰主要出现空鼓、脱落、污染等病害。本次修缮方案对各种病害均做了不同处理。为保证施工安全进行，以防在施工中发生事故，施工顺序按照"由上而下"原则进行。

1. 有裂缝墙体维修

通过现场勘察，如果墙体出现较宽裂缝，处于临界失稳状态，存在安全隐患，设计要求拆除该局部墙体，然后按原做法重新砌筑该墙体，如中路三进院正房墀头处墙体（图223）。如果墙体处于稳定状态，但墙体又出现裂缝，按照如下方法分别进行处理：对于砖墙裂缝较细微处（0.5厘米以下），方案设计向墙体裂缝内灌注环氧树脂胶粘剂（环氧树脂E—44），在距离表面0.5～1.0厘米处，停止灌注，待完全粘牢后，再用乳胶掺原色砖粉补抹齐整，与周围色泽协调一致（图224）。对于较宽的裂缝（0.5厘米以上），方案设计每隔300毫米，剔除一层砖块，内加扁铁拉固，补砖后将裂缝用混合砂浆（1∶1或1∶2）调灰勾缝，以达到裂缝加固，防止裂缝继续扩大的效果（图225、226）。

2. 歪闪墙体维修

对于歪闪的墙体，设计方案严格按照《中国古建筑修缮技术》中的要求，在维修之前，先对歪闪墙体进行测量计算，做到分类修缮，尽量减少修缮对文物建筑本身的干扰。《中国古建筑修缮技术》中对于

图223　中路三进院正房（前檐墀头处墙体开裂）

图224　中路三进院正房（墙体开裂）

图225　墙体开裂（裂缝超过2厘米）

图226　裂缝修补

砖墙的歪闪明确提出以下内容，凡墙体出现以下情况之一者，墙体均要求拆砌：①歪闪程度等于或大于墙厚的 1/6 或高度的 1/10；②墙身局部空鼓导致墙体歪闪，面积等于或大于 2 平方米，且凸出等于或大于 5 厘米；③墙体歪闪等于或大于 4 厘米并有裂缝。其余情况本次修缮仅作标示，进行观测。

在拆砌过程中，新添砖、石构件应与原墙体砖、石规格和质量相同，按原传统做法砌筑墙体。砌筑时尽量使用拆除下来的砖、石，以便更多地保存建筑物的历史信息（图 227）。墙体最外一层砖石尽量使用原构件砌筑，达到给人的感觉就是原墙体的目的。

3. 酥碱墙面维修

对出现酥碱墙体的维修，按设计要求采用剔补或外层砖局部拆砌并加固的技术措施。对酥碱现象严重、造成墙体外层砖脱落的墙面，采取拆砌的维修措施，拆除酥碱面积内的外层墙砖，用原规格、原材质的砖块依原做法重新砌筑（图 228）。对酥碱深度大于 2 厘米、残损较严重但没有造成墙体外层砖脱落的墙面（图 229），采取剔凿挖补的维修方法，即用小铲或凿子将酥碱损坏了的砖块剔除干净，然后用原规格、原材质的砖块，砍磨加工进行补砌（图 230、231）。对酥碱深度较小的青砖外墙面，现状保留即可。

图 227　东一路东二路夹道北过门（打磨旧砖件，以便使用）　　图 228　东一路东二路夹道北过门（墙体局部拆砌）

图 229　中路三进院西厢房（墙砖酥碱超过 2 厘米）　　图 230　中路三进院东厢房（外墙剔补砖）

4.墙体抹灰

对墙体抹灰出现的空鼓、脱落、污染等病害，按设计要求对墙体进行重新抹灰。墙体抹灰之前，首先要将原有泥皮铲除干净（图232），用清水洇湿墙面，在墙上钉竹钉，用10毫米厚掺灰泥打底，待干至六成时，抹压15毫米厚滑秸泥，最后用5毫米厚月白灰罩面，抹灰时在转角处要置平板靠尺后再抹面（图233、234）。底泥材料的配比为，黄土65：白灰30：中砂10：麻刀4（重量比），面泥材料配比为，煮浆灰100：黄土20：细砂3：麻刀3.5（重量比）。

六　地面修缮技术要点

此次修缮中，对十笏园内建筑地面局部青砖酥碱、残损面积较小的部位，仅对青砖进行剔补、勾抿处理（图235）；对地面砖酥碱、破损面积较大的，或者人为原因导致的地面全部被更改为木质地面或水

图231　中路三进院东厢房（外墙修补后）

图232　东一路三进院正房（室内铲墙皮）

图233　中路三进院东厢房（室内抹墙皮）

图234　中路三进院东厢房（室内抹墙皮）

泥地面的情况，需全部拆除，重新铺墁，其技术要点如下：

拆卸现在的地面后，清理垫层（图236）。建筑内地面上平按照前檐柱柱础的础盘上皮为相对高程下挖30厘米。由下而上依次为：素土夯实；垫层用3：7灰土，虚铺15厘米，夯实后达到9厘米；1：3石灰砂浆结合层50毫米厚；细墁青砖（图237~239）。

对新烧制的青砖进行砍磨加工，砍出四面"包灰"。青砖预摆，复合每趟青砖的块数及其相邻砖块的灰缝是否存在"游丁走缝"的问题；检查地面高程和平整程度；使建筑中心及门口附近全为整砖，将"破头"找于两山墙与后檐墙下脚。

预摆无误后，青砖墁地。对每块青砖用橡皮锤捣实、砖缝间灰浆严实。要求所墁地面趟行直顺，地面平整，砖缝保持在2~3毫米之间。最后于青砖上钻生桐油两遍（图240）。

图235 东二路二进院正房（挖补地面砖）

图236 碧云斋（拆除室内地面砖）

图237 秋声馆静如山房（填灰土）

图238 秋声馆静如山房（夯实灰土）

图 239　碧云斋（室内铺地面砖）　　　　　图 240　碧云斋（地面钻生桐油）

七　油饰、彩绘修缮技术要点

油饰、彩绘修缮工程施工前，工地技术负责人组织操作人员熟悉设计要求，根据方案设计要求的需要备好桐油、砖灰、线麻等原材料，各种原材料进场前均已由技术人员检测，符合有关质量规定要求。施工操作前与操作部位相邻的墙、地面施工人员均用塑料薄膜厚纸妥善遮挡，防止将相邻部位污染。油饰、彩绘施工前木材基层充分干燥，含水率控制在 12%~18%。

1. 油饰、彩绘修缮工作的主要内容

（1）大梁、梁头、斜撑上原有彩绘翘皮者，用蒸馏水润湿后再用稀胶粘贴，已脱落者按原样重绘（图 241）。

（2）柱子、梁、檩条等上、下架大木构件油饰脱落、翘皮者，砍除原油饰，重做一麻五灰或一布四灰地仗（图 242~245）；柱子、槛框刷黑色油饰，槛框线脚用红色勾出。梁架刷铁红油饰。原来未做油饰的梁架，清除灰尘后，刷防腐防虫剂两遍（图 246）。

图 241　东一路二进院单坡廊（重绘梁头彩绘）　　　图 242　西路一进院过门（砍除原油饰）

图 243 中路三进院东厢房（施工前已准备的线麻）

图 244 东二路二进院正房（糊布—做地仗）

图 245 西路一进院过门（糊布—做地仗）

图 246 雪庵（原未做油饰的梁架表面刷桐油）

图 247 碧云斋（木基层地仗施工中）

图 248 碧云斋（木基层地仗施工完毕）

图 249　碧云斋（木基层油饰）

图 250　东一路一进院过堂（隔扇窗油饰）

（3）椽望做三道灰地仗。椽子刷白色油饰，连檐、瓦口、望板刷铁红油饰，椽头刷绿色油饰。（图247~249）

（4）隔扇门窗做单皮灰地仗，刷铁红油饰（图250）。外檐挂落、梁头、斜撑、楣子等装饰构件做单皮灰地仗，按照原彩绘残存的痕迹或十笏园现存的"十笏草堂、四照亭"等建筑上同类构件的彩绘或油饰风格绘制（图251、图252）。板门做一布四灰地仗，刷红色油饰（图253）。

2. 油饰修缮施工技术要点（以柱子为例）

（1）砍净挠白：用小斧子将地仗砍去用挠子将构件表面挠净，砍活时要斜向砍，斧痕间距150厘米左右，深度以3厘米左右为宜，斧痕间距、深度应一致，不得损伤木骨（图254）。

（2）撕缝：用挠子或铲刀将木件收缩变形造成的裂缝撕开，顺着木纹去掉缝两侧硬棱，把缝撕成V字形。缝大于2毫米就撕，小者可不撕。

（3）刷汁浆：为加强木基层与油灰的粘接，做灰前在木基层表面刷一道油浆，刷浆要均匀，不得漏刷。

（4）捉缝灰：油浆干后，用泥子刀向缝隙内抹灰，填实刮平。

图 251　稳如舟（楣子油饰施工中）

图 252　稳如舟（楣子油饰施工完毕）

（5）通灰（扫荡灰）：操作时宜三人一挡，一人在靠边用皮子"插灰"，另一人在后边用板子将灰刮平找直找圆，最后一个人在后边以铁板打找捡灰、打找零活。灰干后磨去飞翅及浮籽，用水布掸净。

（6）使麻：用糊刷蘸头浆刷在通灰之上，刷好头浆后要立即将梳好的麻粘贴上去；麻粘上后，用麻压子先从秧角、线口处着手，逐次将麻压实，一般需压3～4遍；然后以油满和水按1:1比例调匀，以糊刷涂于麻上，以不露干麻为限，但不宜过厚；再用麻压子尖隔一定距离将麻翻虚，检查有无没浸透的干麻，然后再进行压实，并将余浆扎出，防止干后空鼓。麻干后用砂石打磨使麻绒浮起，再将磨起的长麻剪掉，用水布掸干净（图255）。

（7）压麻灰：用皮子将压麻灰涂于麻上，第一层要薄，用皮子往返刮压与麻沾实，然后恢复，可稍厚，用板子顺麻丝横推裹衬，要做到平直、圆顺。干后将灰表面磨平，用水布掸净（图256）。

（8）中灰：用泥子刀在压麻灰上满刮中灰一道，灰不宜过厚，干后用砂石磨平，水布掸净。

（9）细灰：细灰是最后成型的关键性工序。只用灰油、土子粉和细砖灰调制而成。由上到下通抹一道

图253　中路三进院西厢房（板门油饰）

图254　深柳读书堂（下架砍净挠白）

图255　西路三进院随墙门（下架轧麻）

图256　东一路二进院正房（中灰）

细灰，并用皮子溜到光平圆直。再用细砂纸打磨（要随磨随用靠尺检查），平整度达到后马上钻生桐油一道，完成地仗工程。

（10）表层涂刷：地仗做完后，进行表面涂刷。将熟桐油加入黑烟子调成深黑色后，在柱子表层涂刷三道（图257）。

3.彩绘修缮的施工技术要点

（1）除尘：清除彩绘表面及起甲内部的灰尘时，采用手提式小型吸尘器结合软毛刷的除尘方法将灰尘吸掉，使用吸尘器时不要靠彩绘太近，以免将彩绘色块吸掉。

图257　东一路二进院正房（柱子表层涂刷）

（2）清洗：除灰尘外，构件表面还存在较厚结壳的结垢，针对结垢要先用机械法逐层剥离，再用棉签蘸取非离子表面活性剂清洗，随后用去离子水洗去残留在表面的活性剂。针对彩绘表面的较厚钙质结垢，使用非离子表面活性剂、AB57（EDTA二钠盐、碳酸氢铵混合液）进行清除。

（3）回帖：对于起甲的彩绘，清除内部的灰尘后，在起甲的裂口处，注射黏合剂。注射黏合剂过程中，一方面黏合剂不要流在彩绘表面；另一方面谨防起甲彩绘坠落。最后，用棉球排压起甲彩绘。棉球是用质地细而白的绸缎包脱脂棉绑扎而成，直径一般以5厘米左右为宜。

（4）加固封护：选择适当浓度的B72对彩绘进行涂刷加固。对于特殊画面也可以采用梯度浓度喷涂的方法。先用低浓度的B72，再用高浓度的进行加固封护处理。

第五节　工程变更

潍坊十笏园作为国家重点文物保护单位，它的修缮工程必然是一项重点工程。十笏园的修缮保护工程，由始至终贯彻着动态的修缮管理思路，做到修缮施工的同时进行分析研究，不断依据新发现的暗藏于建筑结构体内部的文物信息，修改完善工程设计方案，从而最大限度地尊重初始建筑结构体系的科学性，保存原来建筑设计的完整性，恢复其固有建筑风貌的独特性。文物建筑的修缮保护，并不仅仅是简单的"照图施工"，而是一个理论指导实践、实践再反作用于理论、不断改进的过程，这也是文物保护工程与新建筑物建设工程在工程设计和工程管理方面的重要区别之一。

随着修缮保护工程的进行，许多勘察测绘阶段无法发现的新的文物信息逐渐显露出来，例如，暗藏于墙体内部的结构榫卯、施工过程中发掘出的基础痕迹、不同部位柱础石形制的区别及由此推知的建筑物初始柱网布置方法、出土于建筑周边杂土中的脊瓦残件等。这些实物资料有的进一步证明了原定工程设计方案的正确性，有的却与原来拟定的设计方案相互矛盾，甚至产生了冲突。根据这些新信息，要运用建筑考古学方法重新审视建筑物的宏观结构体系与微观构造做法，仔细找寻和梳理其中内在的逻辑关系，认真论证分析和修改完善原工程设计方案的不当技术措施，做出合理的工程变更。

对应前一章所给出的主要建筑修缮措施表，在本节，对应给出了十笏园修缮工程的建筑工程变更记录表。建筑工程变更记录表同样是从屋面、木基层、木构架、木装修、墙体墙面、地面、石作、油饰八个部位以列表的形式给出变更原因，变更内容及变更后工程量等内容。本次修缮工程主要建筑变更记录表如下：

一 西一路一进院影壁

表 50 西路一进院影壁变更记录表

序号	部位及名称	原因	变更内容	变更后工程量
1	墙体、墙面	施工过程中，铲除原墙皮后发现墙面原做法与设计不符，故墙面做法存在设计变更	设计墙面做法：铲除原墙皮后用白沙灰打底，白麻刀灰罩面。干燥后表面用白涂料粉刷。变更后墙面做法：10 毫米厚掺灰泥打底；15 毫米厚滑秸泥；5 毫米厚月白灰罩面	修复墙面 2.79 平方米

二 西一路一进院过门

表 51 西路一进院过门变更记录表

序号	部位及名称	变更原因	变更内容	变更后工程量
1	屋面	1. 施工过程中发现少量檐头附件存在裂缝等不能继续使用；2. 为增加屋面灰背的防水能力，导致屋面做法变更	1. 设计更换滴水 15 个，更换勾头 10 个；变更为更换滴水 21 个，更换勾头 18 个；2. 设计屋面做法：20 毫米厚护板灰；60 毫米厚滑秸泥（分两次上完）平曲线；20 毫米厚麻刀灰；3：7 灰土挂瓦；变更后屋面做法：沥青油毡一层；大麻刀白灰 3 层，每层灰的厚度为 100 毫米；麻刀灰一层，厚 20 毫米；2 号布瓦筒瓦	1. 更换滴水 21 个；更换勾头 18 个；2. 重做 2 号（宽 110 毫米）筒瓦屋面 21.24 平方米
2	木基层	木基层各构建隐蔽部位无法精确勘测	设计直椽制安 40 根，设计飞椽制安 20 根；施工更换直椽 48，根施工更换飞椽 24 根	更换直椽 48 根；更换飞椽 24 根
3	地面	考虑到十笏园位于白浪河附近，整体环境潮湿，故设计中采用了混凝土防潮垫层；但在施工中现场试验发现，原垫层做法防潮能力足够，故施工时采用了原本的地面做法，导致地面做法存在变更	设计地面做法：垫层用 3：7 灰土，虚铺 150 毫米，夯实后达到 120 毫米。灰土垫层铺 50 毫米厚的 C10 混凝土防潮，地面用 220 毫米 ×110 毫米 ×30 毫米柳叶人字纹铺砌；变更后地面做法：垫层用 3：7 灰土，虚铺 150 毫米，夯实后达到 90 毫米。灰土垫层铺 50 毫米厚 1：3 石灰砂浆结合层，地面用 220 毫米 ×110 毫米 ×30 毫米柳叶人字纹铺砌	细墁砖地面，柳叶人字纹铺砌 6.113 平方米

三　静如山房、秋声馆

表52　静如山房、秋声馆变更记录表

序号	部位及名称	变更原因	变更内容	变更后工程量
1	屋面	1.施工过程中发现少量檐头附件存在裂缝等不能继续使用； 2.为增加屋面灰背的防水能力，导致屋面做法变更	1.设计更换2号筒瓦（主体）2000个、更换2号筒瓦（门楼）250个，变更为更换2号筒瓦（主体）2358个、更换2号筒瓦（门楼）287个； 2.设计更换2号板瓦（主体）5400个、更换2号板瓦（门楼）430个，变更为更换2号板瓦（主体）5503个、更换2号板瓦（门楼）437个； 3.设计添配2号滴水（主体）30个，添配2号勾头（主体）30个，变更为添配2号滴水（主体）38个，添配2号勾头（主体）39个； 4.设计更换2号滴水20个（主体），变更为更换2号滴水29个（主体）； 5.设计更换2号滴水（门楼）5个，更换2号勾头（门楼）5个，变更为更换2号滴水（门楼）7个，更换2号勾头（门楼）6个； 6.设计屋面做法：20毫米厚护板灰；60毫米厚滑秸泥（分两次上完）平曲线；20毫米厚麻刀灰；3：7灰土挂瓦；变更后屋面做法：沥青油毡一层；大麻刀白灰3层，每层灰的厚度为100毫米；麻刀灰一层，厚20毫米；2号布瓦筒瓦	1.更换2号筒瓦（主体）2358个、更换2号筒瓦（门楼）287个； 2.更换2号板瓦（主体）5503个、更换2号板瓦（门楼）437个； 3.添配2号滴水（主体）38个，添配2号勾头（主体）39个； 4.更换2号滴水29个（主体）； 5.更换2号滴水（门楼）7个，更换2号勾头（门楼）6个 6.屋面拆修（主体）98.28平方米，屋面拆修（门楼）7.8平方米
2	木基层	木基层各构建隐蔽部位无法精确勘测，导致设计变更	更换直椽，椽径250米	更换直椽，椽径288米
3	墙面	施工过程中，铲除原墙皮后发现墙面原做法与设计不符，导致墙面做法存在设计变更	设计墙面做法：铲除原墙皮后用白沙灰打底，白麻刀灰罩面，干燥后表面用白涂料粉刷；变更后墙面做法：10毫米厚掺灰泥打底；15毫米厚滑秸泥；5毫米厚月白灰罩面	墙面修复9.616平方米； 墙面修复（室内北）3.43平方米； 墙面修复（室内南）4.615平方米； 墙面修复山尖10.8平方米； 墙面修复前墙3.725平方米； 墙面修复后墙5.6平方米； 墙面修复0.36平方米； 墙面修复（室外西墙）29.17平方米

序号	部位及名称	变更原因	变更内容	变更后工程量
4	地面	考虑到十笏园位于白浪河附近，整体环境潮湿，故设计中采用了混凝土防潮垫层；但在施工中现场试验发现，原垫层做法防潮能力足够，故施工时采用了原本的地面做法，导致地面做法存在变更	设计地面做法：垫层用3:7灰土，虚铺150毫米，夯实后达到120毫米。灰土垫层铺50毫米厚的C10混凝土防潮，地面用280毫米×140毫米×70毫米细墁方砖； 变更后地面做法：垫层用3:7灰土，虚铺150毫米，夯实后达到90毫米。灰土垫层铺50毫米厚1:3石灰砂浆结合层，地面用280毫米×140毫米×70毫米细墁方砖	细墁小停泥砖46.085平方米

四 深柳读书堂

表53　深柳读书堂变更记录表

序号	部位及名称	变更原因	变更内容	变更后工程量
1	屋面	1. 施工过程中发现少量檐头附件存在裂缝等不能继续使用； 2. 为增加屋面灰背的防水能力，导致屋面做法变更	1. 设计更换滴水60个，更换勾头70个；变更为更换滴水76个；更换勾头74个； 2. 设计屋面做法：20毫米厚护板灰；60毫米厚滑秸泥（分两次上完）平曲线；20毫米厚麻刀灰；3:7灰土挂瓦； 变更后屋面做法：沥青油毡一层；大麻刀白灰3层，每层灰的厚度为100毫米；麻刀灰一层，厚20毫米；2号布瓦筒瓦	1. 更换滴水76个；更换勾头74个； 2. 重做筒瓦屋面2号82.088平方米
2	木基层	木基层各构建隐蔽部位无法精确勘测	设计飞椽制安70根；变更为更换飞椽88根	更换飞椽88根
3	墙面	施工过程中，铲除原墙皮后发现墙面原做法与设计不符，故墙面做法存在设计变更	设计墙面做法：铲除原墙皮后用白沙灰打底，白麻刀灰罩面，干燥后表面用白涂料粉刷； 变更后墙面做法：10毫米厚掺灰泥打底；15毫米厚滑秸泥；5毫米厚月白灰罩面	内墙面抹灰皮，月白灰38.03平方米；刷浆打点（室内西墙）2.938平方米；内墙面刷乳胶漆83.655平方米； 外墙面抹灰皮，月白灰13.361平方米；外墙面刷乳胶漆3.36平方米

序号	部位及名称	变更原因	变更内容	变更后工程量
4	地面	考虑到十笏园位于白浪河附近，整体环境潮湿，故设计中采用了混凝土防潮垫层；但在施工中现场试验发现，原垫层做法防潮能力足够，故施工时采用了原本的地面做法，导致地面做法存在变更	设计室内地面做法：垫层用3：7灰土，虚铺150毫米，夯实后达到120毫米。灰土垫层铺50毫米厚的C10混凝土防潮，地面360毫米×360毫米×60毫米细墁方砖； 变更后室内地面做法：垫层用3：7灰土，虚铺150毫米，夯实后达到90毫米。灰土垫层铺50毫米厚1：3石灰砂浆结合层，地面用360毫米×360毫米×60毫米细墁方砖	细墁尺二方砖35.192平方米

五 雪庵（小书巢）

表54 雪庵（小书巢）变更记录表

序号	部位及名称	原因	变更内容	变更后工程量
1	屋面	1 施工中发现发现后厦两侧走廊为后来搭建而成，导致设计变更； 2. 为增加屋面灰背的防水能力，导致屋面做法变更	1. 设计重做筒瓦屋面2#（后厦）28.39平方米；添配2号筒瓦（后厦）681个；添配2号板瓦（后厦）1590个；添配2号滴水（后厦）75个，添配2号勾头（后厦）76个；重做灰背（后厦）28.39平方米； 变更为重做筒瓦屋面2#（后厦）15.39平方米；拆除后厦两侧机砖瓦屋面13平方米；添配2号筒瓦（后厦）370个；添配2号板瓦（后厦）862个；添配2号滴水（后厦）38个，添配2号勾头（后厦）39个；重做灰背（后厦）15.39平方米； 2. 设计屋面做法：20毫米厚护板灰；60毫米厚滑秸泥（分两次上完）平曲线；20毫米厚麻刀灰；3：7灰土挂瓦； 变更后屋面做法：沥青油毡一层；大麻刀白灰3层，每层灰的厚度为100毫米；麻刀灰一层，厚20毫米；2号布瓦筒瓦	1. 重做筒瓦屋面2#（后厦）15.39平方米； 拆除后厦两侧机砖瓦屋面13平方米； 添配2号筒瓦（后厦）370个；添配2号板瓦（后厦）862个；添配2号滴水（后厦）38个；添配2号勾头（后厦）39个；重做灰背（后厦）15.39平方米； 2. 重做筒瓦屋面2#（主体）149.73平方米； 重做筒瓦屋面2#（后厦）15.39平方米

续表

序号	部位及名称	原因	变更内容	变更后工程量
2	木基层	施工中发现发现后厦两侧走廊为后来搭建而成，导致设计变更	设计添配望板（后厦）28.39平方米；添配直橡（后厦）117米；变更为添配望板（后厦）15.39平方米；添配直橡（后厦）63米	添配望板（后厦）15.39平方米；添配直橡（后厦）63米
3	木构架	1.施工中发现发现后厦两侧走廊为后来搭建而成，导致设计变更；2.扶脊木所处位置无法直接勘察，导致设计变更	1.设计更换檩条（后厦）0.368立方米；变更为更换檩条（后厦）0.189立方米 2.设计未提及更换扶脊木，变更为更换扶脊木0.129立方米	1.更换檩条（后厦）0.189立方米 2.更换扶脊木0.129立方米
4	木装修	施工中发现榫卯为板门榫卯，导致设计变更	设计恢复隔扇门6.944平方米；变更为恢复板门6.944平方米	恢复板门6.944平方米
5	墙体、墙面	1.施工中发现发现后厦两侧走廊为后搭建而成，导致设计变更 2.从拆除痕迹发现后厦两侧应存在后厦垛，导致设计变更 3.施工过程中，铲除原墙皮后发现墙面原做法与设计不符，导致墙面做法存在设计变更	1.设计保留后厦两侧走廊，变更为清水墙拆除（后厦两侧走廊）3.63立方米；整砖墙拆除（后厦两侧走廊）1.475立方米 2.施工恢复清水墙（后厦垛） 3.设计墙面做法：铲除原墙皮后用白沙灰打底，白麻刀灰罩面，干燥后表面用白涂料粉刷 变更后墙面做法：10毫米厚掺灰泥打底，15毫米厚滑秸泥；5毫米厚月白灰罩面	1.清水墙拆除（后厦两侧走廊）3.633立方米；整砖墙拆除（后厦两侧走廊）1.475立方米 2.恢复清水墙（后厦垛） 3.室内墙面修复19.6平方米
6	地面	考虑到十笏园位于白浪河附近，整体环境潮湿，故设计中采用了混凝土防潮垫层；但在施工中现场试验发现，原垫层作法防潮能力足够，故施工时采用了原本的地面做法，导致地面做法存在变更	设计室内地面做法：垫层用3∶7灰土，虚铺150毫米，夯实后达到120毫米。灰土垫层铺50毫米厚的C10混凝土防潮，地面用360毫米×360毫米×60毫米细墁方砖；变更后室内地面做法：垫层用3∶7灰土，虚铺150毫米，夯实后达到90毫米。灰土垫层铺50毫米厚1∶3石灰砂浆结合层，地面用360毫米×360毫米×60毫米细墁方砖	细墁地面尺二方砖93.845平方米
7	石作	从拆除痕迹看，后厦两侧应存在踏步石，导致设计变更	设计未提及踏步石制安，变更为踏步石制安（后厦）0.244立方米	踏步石制安（后厦）0.244立方米

六　十笏草堂

表 55　十笏草堂变更记录表

序号	部位及名称	原因	变更内容	变更后工程量
1	屋面	1.屋面面积大，残破瓦件多，残破界限模糊，导致屋面残损面积、需更换的瓦件数量存在变更； 2.为增加屋面灰背的防水能力，导致屋面做法变更	1.设计更换 2 号筒瓦 1621 个，变更为更换 2 号筒瓦 1765 个 2.设计更换 2 号板瓦 3783 个，变更为更换 2 号板瓦 4120 个 3.设计更换滴水 39 个，变更为更换滴水 46 个 4.设计更换勾头 51 个，变更为更换勾头 56 个 5.设计重做筒瓦 2#67.56 平方米；变更为重做筒瓦屋面 2#73.548 平方米 6.设计重做灰背 67.56 平方米，变更为重做灰背 73.548 平方米 7.设计屋面做法：20 毫米厚护板灰；60 毫米厚滑秸泥（分两次上完）平曲线；20 毫米厚麻刀灰；3:7 灰土挂瓦 变更后屋面做法：沥青油毡一层；大麻刀白灰 3 层，每层灰的厚度为 100 毫米；麻刀灰一层，厚 20 毫米；2 号布瓦筒瓦	1.更换 2 号筒瓦 1765 个 2.更换 2 号板瓦 4120 个 3.更换 2 号滴水 46 个，更换 2 号勾头 56 个 4.重做灰背 73.548 平方米 5.重做筒瓦屋面 2# 73.548 平方米
2	木基层	木基层各构件隐蔽部位无法精确勘测，导致设计变更	1.设计更换望砖 54.287 平方米，变更为更换望砖 62.448 平方米 2.设计更换望板 8.9 平方米，变更为更换望板 11.1 平方米 3.设计更换大连檐 7.01 米，变更为更换大连檐 7.96 米 4.设计钉瓦口 7.01 米，变更为钉瓦口 7.96 米 5.设计未提及闸挡板、隔椽板的制安，变更为闸挡板制安、隔椽板制安均为 7.96 米 6.设计没有更换小连檐，变更为更换小连檐 7.96 米 7.设计更换直椽 195 米，变更为更换直椽 246.6 米 8.设计更换飞椽 32 根，变更为更换飞椽 36 根	1.更换望砖 62.448 平方米 2.更换望板 11.1 平方米 3.更换大连檐 7.96 米 4.钉瓦口 7.96 米 5.闸挡板、隔椽板制安 7.96 米 6.更换小连檐 7.96 米 7.更换直椽 246.6 米 8.更换飞椽 36 根
3	木构架	木构架位于墙内的部分无法精确测量导致剔补及更换体积存在设计变更	1.设计剔补三架梁 0.20 立方米，变更为剔补三架梁 0.26 立方米 2.设计剔补七架梁 0.64 立方米，变更为剔补七架梁 0.74 立方米 3.设计更换单步梁 0.21 立方米，变更为更换单步梁 0.24 立方米 4.设计墩接金瓜柱 0.16 立方米，变更为墩接金瓜柱 0.19 立方米 5.设计墩接脊瓜柱 0.04 立方米；变更为墩接脊瓜柱 0.06 立方米 6.设计未提及更换扶脊木，变更为重做扶脊木 0.067 立方米	1.剔补三架梁 0.26 立方米 2.剔补七架梁 0.74 立方米 3.更换单步梁 0.24 立方米 4.墩接金瓜柱 0.19 立方米 5.墩接脊瓜柱 0.06 立方米 6.重做扶脊木 0.067 立方米

序号	部位及名称	原因	变更内容	变更后工程量
4	墙体、墙面	1.墙体青砖酥碱范围模糊，导致青砖挖补数量存在设计变更 2.施工过程中，铲除原墙皮后发现墙面原做法与设计不符，导致墙面做法存在设计变更	1.设计前檐墙青砖挖补62块;后檐墙青砖挖补70块;变更为前檐墙青砖挖补72块;后檐墙青砖挖补80块 2.设计墙面做法：铲除原墙皮后用白沙灰打底，白麻刀灰罩面。干燥后表面用白涂料粉刷。变更后墙面做法：10毫米厚掺灰泥打底;15毫米厚滑秸泥;5毫米厚月白灰罩面	1.前檐墙青砖挖补72块;后檐墙青砖挖补80块 2.室内墙面修复64.548平方米;后檐墙墙面修复12.805平方米
5	地面	考虑到十笏园位于白浪河附近，整体环境潮湿，故设计中采用了混凝土防潮垫层;但在施工中现场试验发现，原垫层做法防潮能力足够，故施工时采用了原本的地面做法，导致地面做法存在变更	设计室内地面做法：垫层用3:7灰土，虚铺150毫米，夯实后达到120毫米。灰土垫层铺50毫米厚的C10混凝土防潮，地面用360毫米×360毫米×60毫米细墁方砖;变更后室内地面做法：垫层用3:7灰土，虚铺150毫米，夯实后达到90毫米。灰土垫层铺50毫米厚1:3石灰砂浆结合层，地面用360毫米×360毫米×60毫米细墁方砖	细墁地面尺二方砖33.206平方米

七　小沧浪亭

表56　小沧浪亭变更记录表

序号	部位及名称	变更原因	变更内容	变更后工程量
1	屋面	为增加屋面灰背的防水能力，故变更屋面做法	设计屋面做法：20毫米厚护板灰;60毫米厚滑秸泥（分两次上完）平曲线;20毫米厚麻刀灰;40毫米厚苇箔;50毫米厚茅草。变更后屋面做法：沥青油毡一层;大麻刀白灰3层，每层灰的厚度为100毫米;麻刀灰一层，厚20毫米;40毫米厚苇箔;50毫米厚茅草	重做草顶屋面8.64平方米

八　漪岚亭

表57　漪岚亭变更记录表

序号	部位及名称	原因	变更内容	变更后工程量
1	屋面	为增加屋面灰背的防水能力，导致屋面做法变更	设计屋面做法：20毫米厚护板灰;60毫米厚滑秸泥（分两次上完）平曲线;20毫米厚麻刀灰;3:7灰土挂瓦;变更后屋面做法：沥青油毡一层;大麻刀白灰3层，每层灰的厚度为100毫米;麻刀灰一层，厚20毫米;2号布瓦筒瓦	重做筒瓦屋面2#6.3平方米

序号	部位及名称	原因	变更内容	变更后工程量
2	木基层	木基层各构建隐蔽部位无法精确勘测，导致设计变更	设计更换飞椽 7 根；变更为更换飞椽 9 根	更换飞椽 9 根

九　游廊

表 58　游廊变更记录表

序号	部位及名称	变更原因	变更内容	变更后工程量
1	屋面	1. 施工过程中发现少量檐头附件存在裂缝等不能继续使用 2. 为增加屋面灰背的防水能力，导致屋面做法变更	1. 设计更换滴水 302 个，更换勾头 330 个；变更为更换滴水 339 个，更换勾头 342 个 2. 设计屋面做法：20 毫米厚护板灰；60 毫米厚滑秸泥（分两次上完）平曲线；20 毫米厚麻刀灰，3:7 灰土挂瓦；变更后屋面做法：沥青油毡一层；大麻刀白灰 3 层，每层灰的厚度为 100 毫米；麻刀灰一层，厚 20 毫米；2 号布瓦筒瓦	1. 更换滴水 339 个，更换勾头 342 个； 2. 重做 2 号筒瓦屋面 129.85 平方米
2	木基层	木基层各构建隐蔽部位无法精确勘测	1. 设计罗锅椽制安 52 根；变更为锅椽制安 83 根； 2. 设计飞椽制安 120 根；变更为飞椽制安 148 根	1. 施工罗锅椽制安 83 根； 2. 飞椽制安 148 根
3	墙体、墙面	施工过程中，铲除原墙皮后发现墙面原做法与设计不符，导致墙面做法存在设计变更	设计墙面做法：铲除原墙皮后用白沙灰打底，白麻刀灰罩面，干燥后表面用白涂料粉刷；变更后墙面做法：10 毫米厚掺灰泥打底；15 毫米厚滑秸泥；5 毫米厚月白灰罩面；	补抹灰皮 2.763 平方米
4	地面	考虑到十笏园位于白浪河附近，整体环境潮湿，故设计中采用了混凝土防潮垫层；但在施工中现场试验发现，原垫层做法防潮能力足够，故施工时采用了原本的地面做法，导致地面做法存在变更	设计室内地面做法：垫层用 3:7 灰土，虚铺 150 毫米，夯实后达到 120 毫米。灰土垫层铺 50 毫米厚的 C10 混凝土防潮，地面细墁龟背锦青砖；变更后室内地面做法：垫层用 3:7 灰土，虚铺 150 毫米，夯实后达到 90 毫米。灰土垫层铺 50 毫米厚 1:3 石灰砂浆结合层，地面细墁龟背锦青砖	重做地面 37.229 平方米

一〇　四照亭

表59　四照亭变更记录表

序号	部位及名称	变更原因	变更内容	变更后工程量
1	屋面	1.施工过程中发现少量檐头附件存在裂缝等不能继续使用；2.为增加屋面灰背的防水能力，导致屋面做法变更	1.设计更换滴水130个，变更为更换滴水60个；2.设计屋面做法：20毫米厚护板灰；60毫米厚滑秸泥（分两次上完）平曲线；20毫米厚麻刀灰；3:7灰土挂瓦；变更后屋面做法：沥青油毡一层；大麻刀白灰3层，每层灰的厚度为100毫米；麻刀灰一层，厚20毫米；2号布瓦筒瓦	1.更换滴水160个；更换勾头70个；2.重做2号筒瓦屋面36.52平方米
2	木基层	木基层各构建隐蔽部位无法精确勘测	设计飞椽制安40根；变更为更换飞椽48根	更换飞椽48根
3	地面	考虑到十笏园位于白浪河附近，整体环境潮湿，故设计中采用了混凝土防潮垫层；但在施工中现场试验发现，原垫层做法防潮能力足够，故施工时采用了原本的地面做法，导致地面做法存在变更	设计地面做法：垫层用3:7灰土，虚铺150毫米，夯实后达到120毫米。灰土垫层铺50毫米厚的C10混凝土防潮，地面用360毫米×360毫米×60毫米细墁方砖；变更后地面做法：垫层用3:7灰土，虚铺150毫米，夯实后达到90毫米。灰土垫层铺50毫米厚1:3石灰砂浆结合层，地面用360毫米×360毫米×60毫米细墁方砖	重做室内地面15.424平方米，方砖斜墁，方砖尺寸360毫米×360毫米×60毫米

一一　蔚秀亭

表60　蔚秀亭变更记录表

序号	部位及名称	原因	变更内容	变更后工程量
1	屋面	1.屋面面积大，残破瓦件多，残破界限模糊，导致屋面残损面积、需更换的瓦件数量存在变更；2.为增加屋面灰背的防水能力，导致变更屋面做法变更	1.设计屋面更换残损瓦件11.02平方米；变更为屋面更换残损瓦件11.88平方米；2.设计屋面更换更换2号筒瓦264个，更换2号板瓦617个；变更为更换2号筒瓦285个，更换2号板瓦665个；3.设计檐头整修9.9米，更换残损勾头30个、滴水28个；变更为檐头整修10.8米，更换残损勾头34个、滴水31个；4.设计屋面做法：20毫米厚护板灰；60毫米厚滑秸泥（分两次上完）平曲线；20毫米厚麻刀灰；3:7灰土挂瓦；变更后屋面做法：沥青油毡一层；大麻刀白灰3层，每层灰的厚度为100毫米；麻刀灰一层，厚20毫米；2号布瓦筒瓦	1.屋面更换残损瓦件11.88平方米；2.更换2号筒瓦285个，更换2号板瓦665个；3.檐头整修10.8米，更换残损勾头34个、滴水31个

序号	部位及名称	原因	变更内容	变更后工程量
2	木基层	木基层各构建隐蔽部位无法精确勘测，导致设计变更	1. 设计更换望板 0.18 平方米；变更为更换望板 0.22 平方米； 2. 设计未提及小连檐、瓦口的更换，变更为更换小连檐、钉瓦口 1.1 米	1. 更换望板 0.22 平方米； 2. 更换小连檐、钉瓦口 1.1 米

一二　稳如舟

表 61　稳如舟变更记录表

序号	部位及名称	变更原因	变更内容	变更后工程量
1	屋面	1. 屋面面积大，残破瓦件多，残破界限模糊，导致屋面残损面积、需更换的瓦件数量存在变更； 2. 为增加屋面灰背的防水能力，导致屋面做法变更	1. 设计更换 2 号筒瓦（主体）726 个，变更为更换 2 号筒瓦（主体）778 个； 2. 设计更换 2 号板瓦（主体）1694 个，变更为更换 2 号板瓦（主体）1816 个； 3. 设计更换 2 号滴水（主体）18 个，更换 2 号勾头（主体）27 个，变更为更换 2 号滴水（主体）22 个，更换 2 号勾头（主体）32 个； 4. 设计屋面做法：20 毫米厚护板灰；60 毫米厚滑秸泥（分两次上完）平曲线；20 毫米厚麻刀灰；3：7 灰土挂瓦 变更后屋面做法：沥青油毡一层；大麻刀白灰 3 层，每层灰的厚度为 100 毫米；麻刀灰一层，厚 20 毫米；2 号布瓦筒瓦	1. 更换 2 号筒瓦（主体）778 个； 2. 更换 2 号板瓦（主体）1816 个； 3. 更换 2 号滴水（主体）22 个，更换 2 号勾头（主体）32 个； 4. 重做筒瓦屋面（主体）32.428 平方米；重做筒瓦屋面（西侧出厦）6.548 平方米
2	木基层	木基层各构建隐蔽部位无法精确勘测，导致设计变更	1. 设计更换望板（主体）13.89 平方米，变更为更换望板（主体）15.47 平方米； 2. 设计更换飞椽（主体）16 根，变更为更换飞椽（主体）19 根； 3. 设计未提及更换闸挡板，变更为更换闸挡板 10.8 米	1. 更换望板（主体）15.47 平方米； 2. 更换飞椽（主体）19 根； 3. 更换闸挡板 10.8 米
3	地面	考虑到十笏园位于白浪河附近，整体环境潮湿，故设计中采用了混凝土防潮垫层；但在施工中现场试验发现，原垫层做法防潮能力足够，故施工时采用了原本的地面做法，导致地面做法存在变更	设计地面做法：垫层用 3：7 灰土，虚铺 150 毫米，夯实后达到 120 毫米。灰土垫层铺 50 毫米厚的 C10 混凝土防潮，地面用 360 毫米 × 360 毫米 × 60 毫米细墁方砖 变更后地面做法：垫层用 3：7 灰土，虚铺 150 毫米，夯实后达到 90 毫米。灰土垫层铺 50 毫米厚 1：3 石灰砂浆结合层，地面用 360 毫米 × 360 毫米 × 60 毫米细墁方砖	细墁地面尺二方砖 9.503 平方米

一三 "鸢飞鱼跃"花墙

表62 "鸢飞鱼跃"花墙变更记录表

序号	部位及名称	原因	变更内容	变更后工程量
1	屋面	施工过程中发现原墙帽为布瓦筒瓦墙帽，导致设计变更	设计墙帽整修，更换残损、脱落的瓦件；变更为重做布瓦筒瓦墙帽（墙体）9.64平方米；重做布瓦筒瓦墙帽（过门）2.69平方米；重做筒瓦檐头18.4米	重做布瓦筒瓦墙帽（墙体）9.64平方米；重做布瓦筒瓦墙帽（过门）2.69平方米；重做筒瓦檐头18.4米

一四 春雨楼

表63 春雨楼变更记录表

序号	部位及名称	变更原因	变更内容	变更后工程量
1	屋面	1. 施工过程中发现少量檐头附件存在裂缝等不能继续使用；2. 为增加屋面灰背的防水能力，导致屋面做法变更	1. 设计更换滴水100个，更换勾头110个，更换前廊滴水25个，更换前廊勾头28个；变更为更换滴水117个；更换勾头120个；更换前廊滴水30个；更换前廊勾头31个；2. 设计屋面做法：20毫米厚护板灰；60毫米厚滑秸泥（分两次上完）平曲线；20毫米厚麻刀灰；3:7灰土挂瓦；变更后屋面做法：沥青油毡一层；大麻刀白灰3层，每层灰的厚度为100毫米；麻刀灰一层，厚20毫米；2号布瓦筒瓦	1. 更换滴水117个；更换勾头120个；更换前廊滴水30个；更换前廊勾头31个；2. 重做筒瓦屋面2号75.956平方米；重做仰瓦屋面2号26.28平方米
2	木基层	木基层各构建隐蔽部位无法精确勘测，导致屋面做法变更	1. 设计更换旧罗锅椽10根；变更为更换旧罗锅椽16根；2. 设计更换直椽（卷棚）40米；变更为更换直椽（卷棚）44米；3. 设计更换飞椽85根；变更为更换飞椽100根	1. 更换旧罗锅椽16根；2. 更换直椽44米；3. 施工更换飞椽100根
3	木构架	木构架各构建隐蔽部位无法精确勘测，导致屋面做法变更	设计剔补檩条缝20块，变更为剔补檩条缝28块	剔补檩条缝28块

续表

序号	部位及名称	变更原因	变更内容	变更后工程量
4	墙体、墙面	铲除原墙皮后发现墙面原做法与设计不符，导致墙面做法设计变更	设计墙面做法：铲除原墙皮后用白沙灰打底，白麻刀灰罩面，干燥后表面用白涂料粉刷；变更后墙面做法：10毫米厚掺灰泥打底；15毫米厚滑秸泥；5毫米厚月白灰罩面；	内墙面修复12.305平方米；内墙面修复（东）6.819平方米；内墙面修复（东过木上）0.766平方米；内墙面修复（西）13.011平方米；内墙面修复30.712平方米；外墙面修复10.772平方米
5	地面	考虑到十笏园位于白浪河附近，整体环境潮湿，故设计中采用了混凝土防潮垫层；但在施工中现场试验发现，原垫层做法防潮能力足够，故施工时采用了原本的地面做法，导致地面做法存在变更	设计地面做法：垫层用3:7灰土，虚铺150毫米，夯实后达到120毫米。灰土垫层铺50毫米厚的C10混凝土防潮，地面用360毫米×360毫米×60毫米细墁方砖；变更后地面做法：垫层用3:7灰土，虚铺150毫米，夯实后达到90毫米。灰土垫层铺50毫米厚1:3石灰砂浆结合层，地面用360毫米×360毫米×60毫米细墁方砖	细墁尺二方砖29.835平方米；细墁异形砖地面（廊下）4.377平方米

一五　砚香楼

表64　砚香楼变更记录表

序号	部位及名称	变更原因	变更内容	变更后工程量
1	屋面	1.施工过程中发现少量檐头附件存在裂缝等不能继续使用；2.为增加屋面灰背的防水能力，导致屋面做法变更	1.设计更换滴水40个，设计更换勾头40个；变更为更换滴水49个；更换勾头50个；2.设计屋面做法：20毫米厚护板灰；60毫米厚滑秸泥（分两次上完）平曲线；20毫米厚麻刀灰；3:7灰土挂瓦；变更后屋面做法：沥青油毡一层；大麻刀白灰3层，每层灰的厚度为100毫米；麻刀灰一层，厚20毫米；2号布瓦筒瓦	1.更换滴水49个，更换勾头50个；2.重做筒瓦屋面116.56平方米
2	木基层	木基层各构建隐蔽部位无法精确勘测	设计更换直椽350米；变更为更换直椽365.2米	更换直椽365.2米

183

序号	部位及名称	变更原因	变更内容	变更后工程量
3	墙体、墙面	施工过程中，铲除原墙皮后发现墙面原做法与设计不符，故墙面做法存在设计变更	设计墙面做法：铲除原墙皮后用白沙灰打底，白麻刀灰罩面，干燥后表面用白涂料粉刷；变更后墙面做法：10毫米厚掺灰泥打底；15毫米厚滑秸泥；5毫米厚月白灰罩面	墙面修复（室内）1.071平方米；墙面修复（东西）14.104平方米；墙面修复（前后）25.92平方米；墙面修复（东西）（前后过木上）1.122平方米；墙面修复（东西）14.362平方米；墙面修复（南）13.064平方米；墙面修复（北）13.064平方米；墙面修复（门上）1.131平方米；墙面修复（扣窗）3.102平方米；外墙面修复0.148平方米
4	地面	考虑到十笏园位于白浪河附近，整体环境潮湿，故设计中采用了混凝土防潮垫层；但在施工中现场试验发现，原垫层做法防潮能力足够，故施工时采用了原本的地面做法，导致地面做法存在变更	设计室内地面做法：垫层用3∶7灰土，虚铺150毫米，夯实后达到120毫米。灰土垫层铺50毫米厚的C10混凝土防潮，地面用360毫米×360毫米×60毫米细墁方砖；变更后室内地面做法：垫层用3∶7灰土，虚铺150毫米，夯实后达到90毫米。灰土垫层铺50毫米厚1∶3石灰砂浆结合层，地面用360毫米×360毫米×60毫米细墁方砖	1.细墁尺二方砖52.87平方米

十六　碧云斋

表65　碧云斋变更记录表

序号	部位及名称	原因	变更内容	变更后工程量
1	屋面	1.根据十笏园相同体量的建筑分析，碧云斋正脊应该为花瓦脊，导致设计变更；2.勾头、滴水残损数量过多，现状勘察时难以准确记录残破数量，导致设计变更；3.为增加屋面灰背的防水能力，导致屋面做法变更	1.设计恢复清水正脊（主体）13.5米，变更为恢复花瓦正脊（主体）13.5米；2.设计更换2号滴水94个（主体），更换2号勾头（主体）89个，变更为更换2号滴水104个（主体），更换2号勾头（主体）96个；3.设计屋面做法：20毫米厚护板灰；60毫米厚滑秸泥（分两次上完）平曲线；20毫米厚麻刀灰；3∶7灰土挂瓦；变更后屋面做法：沥青油毡一层；大麻刀白灰3层，每层灰的厚度为100毫米；麻刀灰一层，厚20毫米；2号布瓦筒瓦	1.恢复花瓦脊（主体）13.5米；2.更换2号滴水104个（主体），更换2号勾头（主体）96个；3.重做筒瓦屋面（主体）2#145.8平方米；重做筒瓦屋面10#（后厦）11.16平方米

序号	部位及名称	原因	变更内容	变更后工程量
2	木基层	1. 直椽与望板贴合的一面无法直接勘测，导致设计变更； 2. 主体屋面飞椽与望板贴合的一面无法直接勘测，导致设计变更； 3. 抱厦屋面飞椽与望板贴合的一面无法直接勘测，导致设计变更	1. 设计更换直椽（主体）496.5米，变更为更换直椽（主体）501.2米； 2. 设计更换飞椽（主体）106根，变更为更换飞椽（主体）112根； 3. 设计更换飞椽（后厦）21根，变更为更换飞椽（后厦）24根	1. 更换直椽（主体）501.2米； 2. 更换飞椽（主体）112根； 3. 更换飞椽（后厦）24根
3	木构架	扶脊木无法精确测量，导致脊木更换存在设计变更	设计未提及扶脊木更换，变更为更换扶脊木0.097立方米	更换扶脊木0.097立方米
4	墙体、墙面	施工过程中，铲除原墙皮后发现墙面原做法与设计不符，导致墙面做法存在设计变更	设计墙面做法：铲除原墙皮后用白沙灰打底，白麻刀灰罩面，干燥后表面用白涂料粉刷； 变更后墙面做法：10毫米厚掺灰泥打底；15毫米厚滑秸泥；5毫米厚月白灰罩面	前檐墙墙面修复13.224平方米； 内墙面修复83.732平方米
5	地面	考虑到十笏园位于白浪河附近，整体环境潮湿，故设计中采用了混凝土防潮垫层；但在施工中现场试验发现，原垫层做法防潮能力足够，故施工时采用了原本的地面做法，导致地面做法存在变更	1. 设计室内地面做法：垫层用3:7灰土，虚铺150毫米，夯实后达到120毫米。灰土垫层铺50毫米厚的C10混凝土防潮，地面用360毫米×360毫米×60毫米细墁方砖； 变更后室内地面做法：垫层用3:7灰土，虚铺150毫米，夯实后达到90毫米。灰土垫层铺50毫米厚1:3石灰砂浆结合层，地面用360毫米×360毫米×60毫米细墁方砖； 2. 设计后厦地面做法：垫层用3:7灰土，虚铺150毫米，夯实后达到120毫米。灰土垫层铺50毫米厚的C10混凝土防潮，地面用280毫米×140毫米×70毫米细墁方砖； 变更后后厦地面做法：垫层用3:7灰土，虚铺150毫米，夯实后达到90毫米。灰土垫层铺50毫米厚1:3石灰砂浆结合层，地面用280毫米×140毫米×70毫米细墁青砖	1. 细墁地面尺二方砖（室内）60.67平方米； 2. 细墁小停泥砖（后厦）2.897平方米

一七　东二路大门

表 66　东二路大门变更记录表

序号	部位及名称	变更原因	变更内容	变更后工程量
1	屋面	1. 施工过程中发现少量檐头附件存在裂缝等不能继续使用； 2. 为增加屋面灰背的防水能力，导致屋面做法变更	1. 设计更换滴水 12 个，更换勾头 11 个； 变更为更换滴水 16 个，更换勾头 13 个； 2. 设计屋面做法：20 毫米厚护板灰；60 毫米厚滑秸泥（分两次上完）平曲线；20 毫米厚麻刀灰；3:7 灰土挂瓦； 变更后屋面做法：沥青油毡一层；大麻刀白灰 3 层，每层灰的厚度为 100 毫米；麻刀灰一层，厚 20 毫米；2 号布瓦筒瓦	1. 更换滴水 16 个；更换勾头 13 个； 2. 重做 2 号筒瓦屋面 29 平方米
2	木基层	木基层各构建隐蔽部位无法精确勘测	设计飞椽制安 6 根；变更为更换飞椽 10 根	更换飞椽 10 根
3	墙体、墙面	1. 墙体青砖酥减范围模糊，导致青砖挖补数量存在设计变更； 2. 施工过程中，铲除原墙皮后发现墙面原做法与设计不符，导致墙面做法存在设计变更	1. 设计西山墙内墙面青砖剔补 106 块，东山墙内墙面青砖剔补 193 块； 变更为西山墙内墙面青砖剔补 115 块，东山墙内墙面青砖剔补 195 块； 2. 设计更换博缝砖尺二方砖 42 块，变更为更换博缝砖尺二方砖 46 块； 3. 设计墙面做法：铲除原墙皮后用白沙灰打底，白麻刀灰罩面，干燥后表面用白涂料粉刷； 变更后墙面做法：10 毫米厚掺灰泥打底；15 毫米厚滑秸泥；5 毫米厚月白灰罩面	1. 西山墙内墙面青砖剔补 115 块，东山墙内墙面青砖剔补 195 块； 2. 更换博缝砖尺二方砖 46 块； 3. 重做墙面 23.28 平方米
4	地面	考虑到十笏园位于白浪河附近，整体环境潮湿，故设计中采用了混凝土防潮垫层；但在施工中现场试验发现，原垫层做法防潮能力足够，故施工时采用了原本的地面做法，导致地面做法存在变更	1. 设计室内地面做法：垫层用 3:7 灰土，虚铺 150 毫米，夯实后达到 120 毫米。灰土垫层铺 50 毫米厚的 C10 混凝土防潮，地面用 360 毫米×360 毫米×60 毫米细墁方砖； 变更后室内地面做法：垫层用 3:7 灰土，虚铺 150 毫米，夯实后达到 90 毫米。灰土垫层铺 50 毫米厚 1:3 石灰砂浆结合层，地面用 360 毫米×360 毫米×60 毫米细墁方砖	细墁尺二方砖 5.2 平方米

一八　东二路一进院东便门

表 67　东二路一进院东便门变更记录表

序号	部位及名称	原因	变更内容	变更后工程量
1	屋面	1. 施工中拆除屋面和垂脊后发现垂脊为铃铛排山脊，导致设计变更； 2. 为增加屋面灰背的防水能力，导致屋面做法变更	1. 设计恢复披水排山脊 4.8 米；变更为恢复铃铛排山脊 4.8 米； 2. 设计屋面做法：20 毫米厚护板灰；60 毫米厚滑秸泥（分两次上完）平曲线；20 毫米厚麻刀灰；3：7 灰土挂瓦； 变更后屋面做法：沥青油毡一层；大麻刀白灰 3 层，每层灰的厚度为 100 毫米；麻刀灰一层，厚 20 毫米；2 号布瓦筒瓦	1. 恢复铃铛排山脊 4.8 米； 2. 重做筒瓦屋面 2#4.0 平方米
2	木装修	1. 根据照片及现场施工发现并无板门存在的痕迹，故存在设计变更； 2. 根据现场残留的榫卯痕迹来看，建筑应该存在余塞板	1. 设计添配板门 3 平方米；变更为添配余塞板； 2. 设计添配门框 3.8 米；变更为添配门框 8.64 米	1. 添配门框 8.64 米； 2. 添配余塞板 0.9 平方米

一九　绣楼

表 68　绣楼变更记录表

序号	部位及名称	原因	变更内容	变更后工程量
1	屋面	1. 屋面面积大，残破瓦件多，导致更换的瓦件数量存在变更； 2. 为增加屋面灰背的防水能力，导致变更屋面做法	1. 设计更换 2 号滴水（主体）59 个，更换 2 号勾头（主体）80 个； 变更为更换 2 号滴水 68 个（主体），更换 2 号勾头（主体）86 个； 2. 设计屋面做法：20 毫米厚护板灰；60 毫米厚滑秸泥（分两次上完）平曲线；20 毫米厚麻刀灰；3：7 灰土挂瓦； 变更后屋面做法：沥青油毡一层；大麻刀白灰 3 层，每层灰的厚度为 100 毫米；麻刀灰一层，厚 20 毫米；2 号布瓦筒瓦	1. 更换 2 号滴水 68 个（主体），更换 2 号勾头（主体）86 个； 2. 重做筒瓦屋面（主体）2#103.68 平方米；重做筒瓦屋面 2#（门楼）6.09 平方米
2	木基层	木基层各构建隐蔽部位无法精确勘测，导致设计变更	设计更换直椽（主体）198 米，更换飞椽（主体）81 根； 变更为更换直椽（主体）208 米，更换飞椽（主体）84 根	更换直椽（主体）208 米，更换飞椽（主体）84 根

序号	部位及名称	原因	变更内容	变更后工程量
3	墙体、墙面	1. 墙体青砖酥碱范围模糊，导致青砖挖补数量存在设计变更； 2. 施工中发现月台为后期人为增高300毫米；故月台恢复存在设计变更； 3. 施工过程中，铲除原墙皮后发现墙面原做法与设计不符，导致墙面做法存在设计变更	1. 设计前檐墙挖补青砖493块，后檐墙挖补青砖591块，西山墙挖补青砖462块；东山墙挖补青砖558块； 变更为前檐墙挖补青砖512块，后檐墙挖补青砖604块，西山墙挖补青砖483块，东山墙挖补青砖592块； 2. 设计前檐墙新砌清水墙（月台）7.09平方米，新砌混水墙（月台）1.418立方米； 变更为前檐墙新砌清水墙（月台）3.545平方米，新砌混水墙（月台）0.709立方米； 3. 设计墙面做法：铲除原墙皮后用白沙灰打底，白麻刀灰罩面，干燥后表面用白涂料粉刷； 变更后墙面做法：10毫米厚掺灰泥打底；15毫米厚滑秸泥；5毫米厚月白灰罩面	1. 前檐墙挖补青砖512块，后檐墙挖补青砖604块，西山墙挖补青砖483块，东山墙挖补青砖592块； 2. 前檐墙新砌清水墙（月台）3.545平方米，新砌混水墙（月台）1.418立方米； 3. 内墙面修复49.298平方米
4	地面	考虑到十笏园位于白浪河附近，整体环境潮湿，故设计中采用了混凝土防潮垫层；但在施工中现场试验发现，原垫层做法防潮能力足够，故施工时采用了原本的地面做法，导致地面做法存在变更	设计地面做法：垫层用3:7灰土，虚铺150毫米，夯实后达到120毫米。灰土垫层铺50毫米厚的C10混凝土防潮，地面用360毫米×360毫米×60毫米细墁方砖； 变更后地面做法：垫层用3:7灰土，虚铺150毫米，夯实后达到90毫米。灰土垫层铺50毫米厚1:3石灰砂浆结合层，地面用360毫米×360毫米×60毫米细墁方砖	细墁尺二方砖42.594平方米
5	石作	施工中发现月台为后期人为增高300毫米；导致月台恢复存在设计变更	设计恢复前檐月台10.3立方米；变更为恢复前檐月台5.10立方米	恢复前檐月台5.10立方米

参考文献

1.《潍县志稿》，民国三十年。

2.《潍坊文化三百年》，王振民主编，文化艺术出版社，2006 年。

3.《潍县丁氏世家研究》，邓华、陈祖光主编，中国文史出版社，2007 年。

4.《营造法式译解》，（宋）李诫著，王海燕注译，华中科技大学出版社，2011 年。

5.《清式营造则例》，梁思成，中国建筑工业出版社，1981 年。

6.《潍坊十笏园的园林空间尺度研究》，高洁，北京林业大学。

7.《古建筑营造尺度真值复原研究刍议》，吴锐，《文物季刊》1989 年第 2 期。

8.《隐匿在闹市中的壶中天地——十笏园空间形态研究》，王檬、胡英杰，《安徽建筑》2011 年第 2 期。

9.《潍坊十笏园建筑装饰特点研究》，王琳，河北科技大学。

10.《小巧简约之典型南北过渡园林之范例——十笏园园林艺术风格研究》，贾祥云、郭海林、孙红卫。

11.《中国古建筑史》，刘敦桢，中国建筑工业出版社，1984 年。

12.《园冶》，（明）计成。

13.《潍坊传统民居拾零》，张润武，《山东建筑工程学院学报》1995 年第 1 期。

14.《牟氏庄园的建筑艺术研究》，周文彬，烟台大学。

15.《惠民魏氏庄园修缮保护方案》，山东省文物科技保护中心。

16.《潍坊十笏园保护规划》，山东省文物科技保护中心。

17.《潍坊十笏园保护方案》，山东省文物科技保护中心。

18.《中国古建筑木作营造技术》，马炳坚，科学出版社，2003 年。

19.《中国古建筑瓦石营法》，刘大可，中国建筑工业出版社，1993 年。

实测与设计图

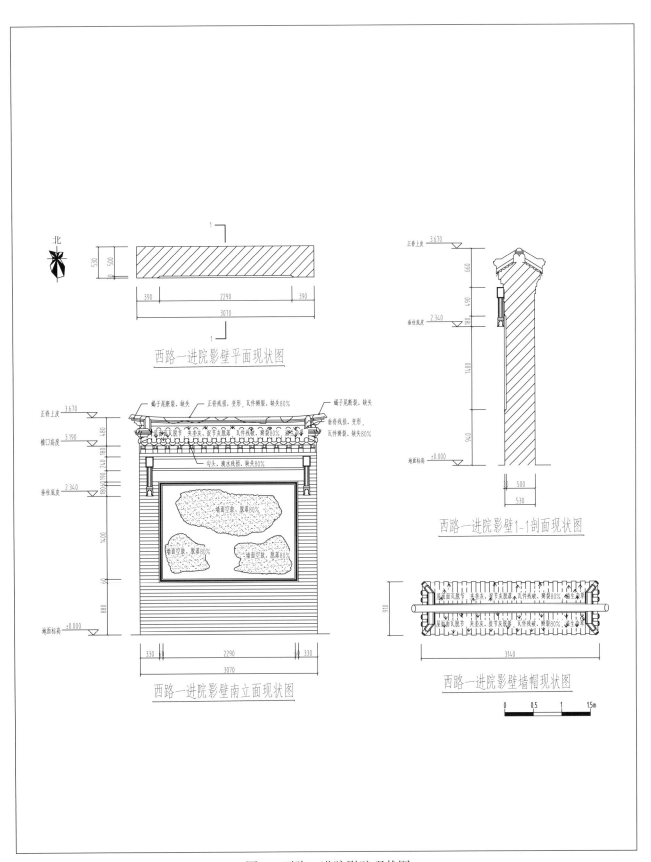

北

西路一进院影壁平面现状图

西路一进院影壁1-1剖面现状图

西路一进院影壁南立面现状图

西路一进院影壁墙帽现状图

图 1　西路一进院影壁现状图

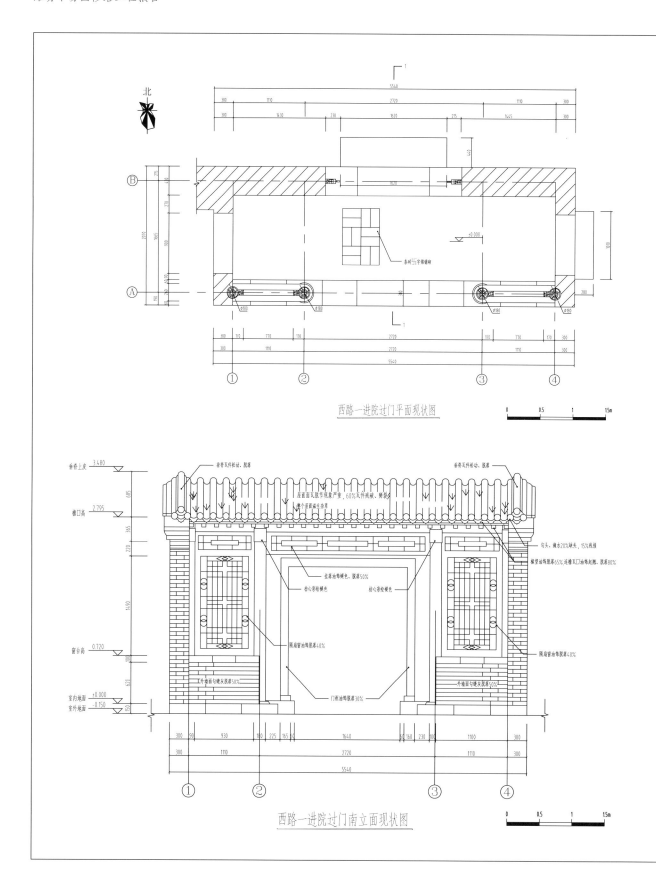

西路一进院过门平面现状图

西路一进院过门南立面现状图

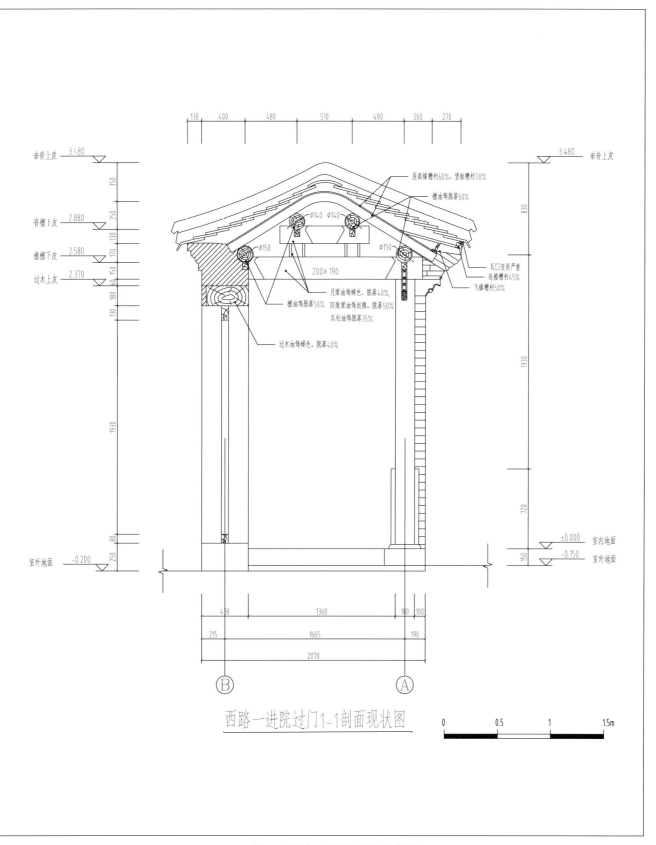

图 2　西路一进院过门现状图

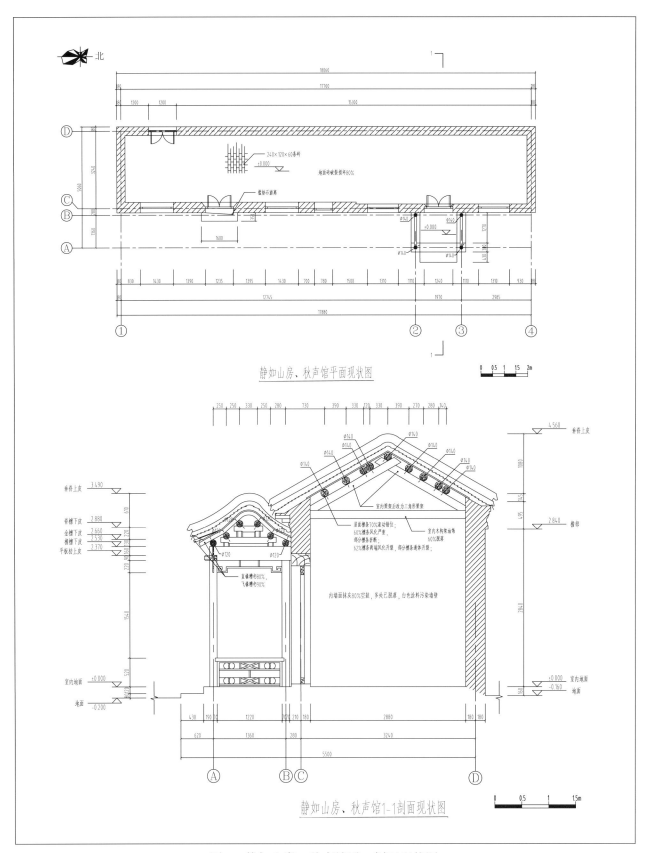

静如山房、秋声馆平面现状图

静如山房、秋声馆1-1剖面现状图

图3　静如山房、秋声馆平、剖面现状图

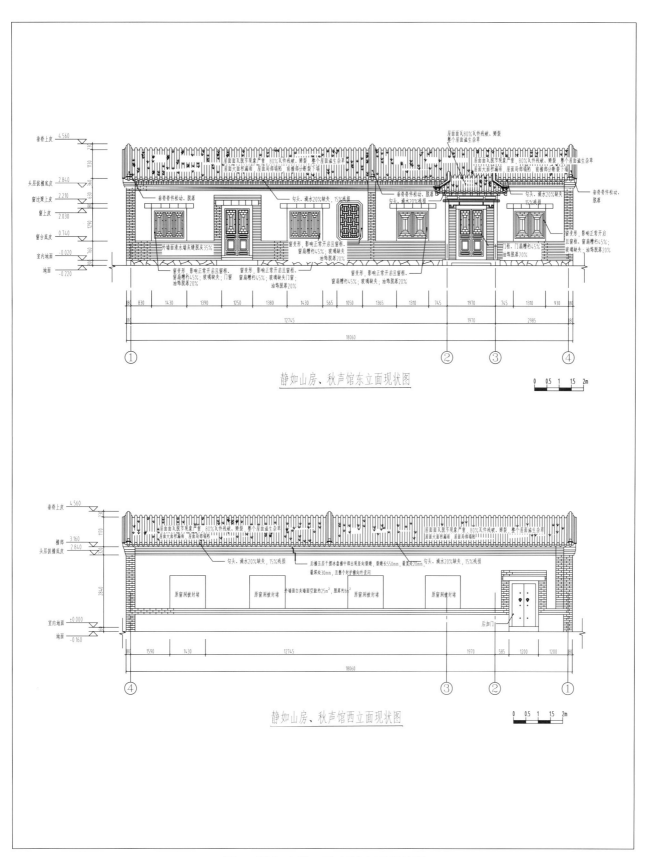

静如山房、秋声馆东立面现状图

静如山房、秋声馆西立面现状图

图4 静如山房、秋声馆立面现状图

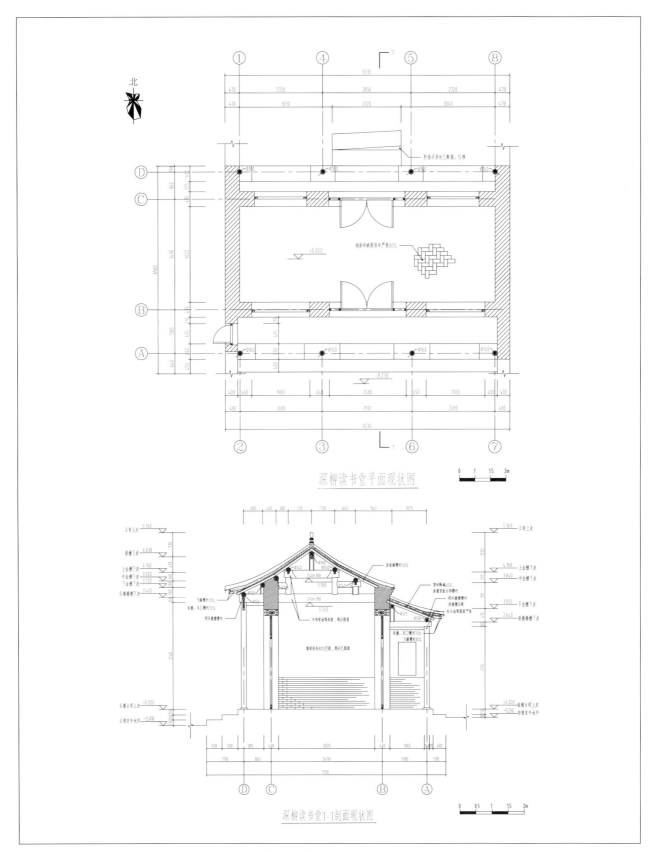

北

深柳读书堂平面现状图

深柳读书堂1-1剖面现状图

图5 深柳读书堂平、剖面现状图

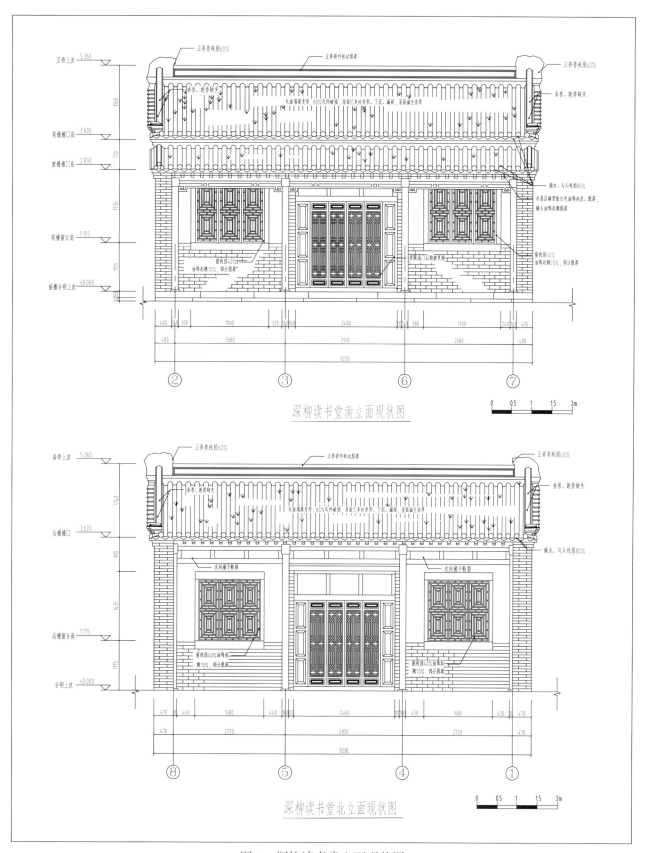

深柳读书堂南立面现状图

深柳读书堂北立面现状图

图6　深柳读书堂立面现状图

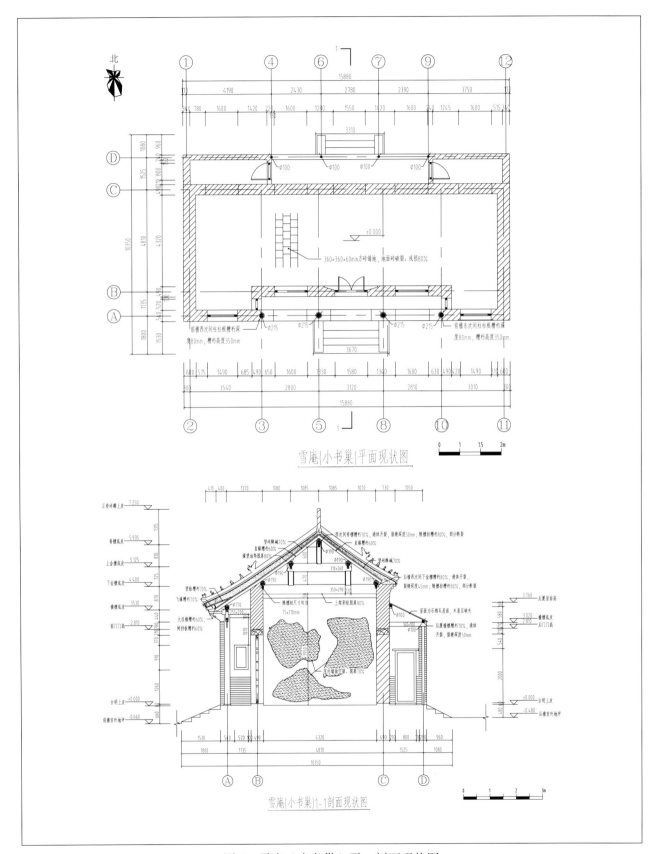

图 7　雪庵（小书巢）平、剖面现状图

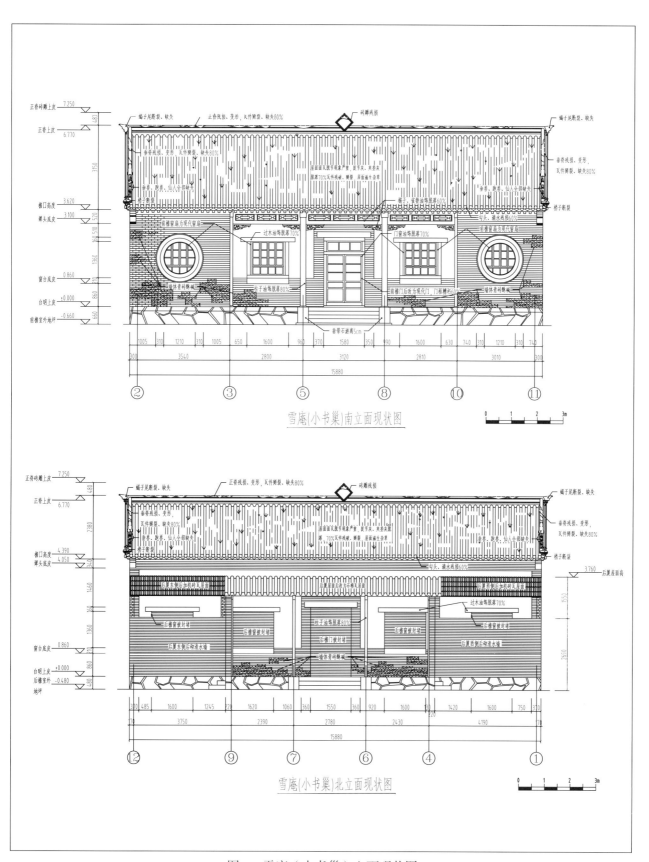

图 8 雪庵（小书巢）立面现状图

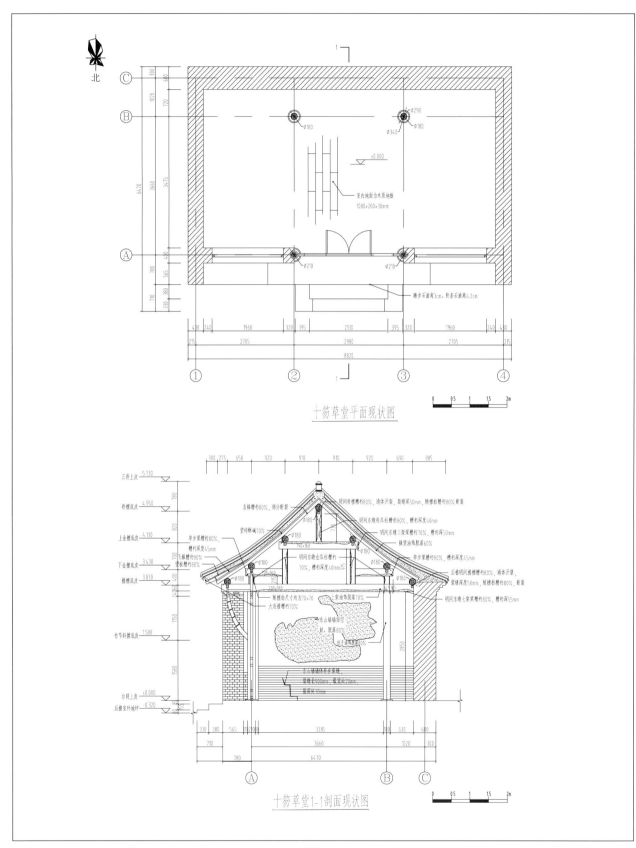

图9 十笏草堂平、剖面现状图

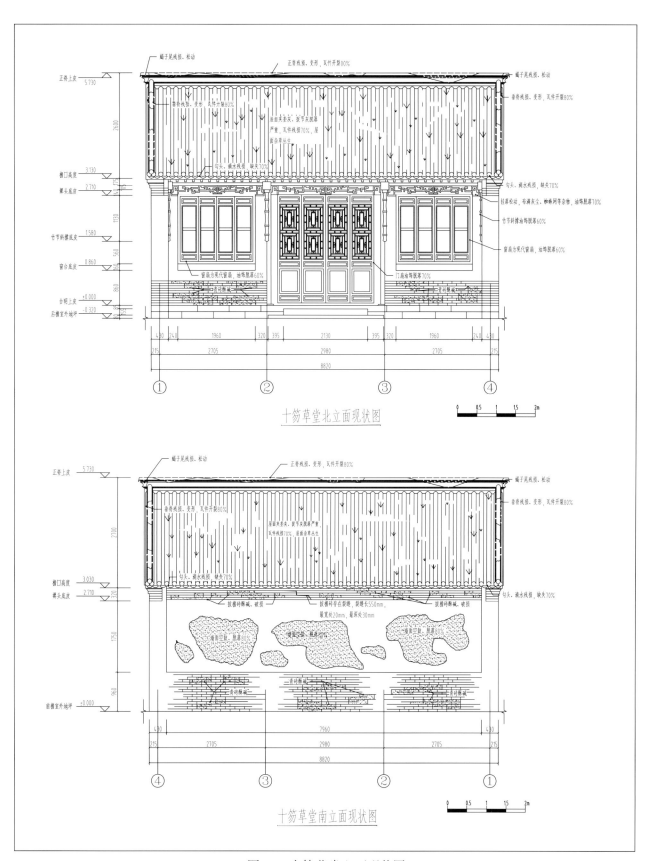

图 10 十笏草堂立面现状图

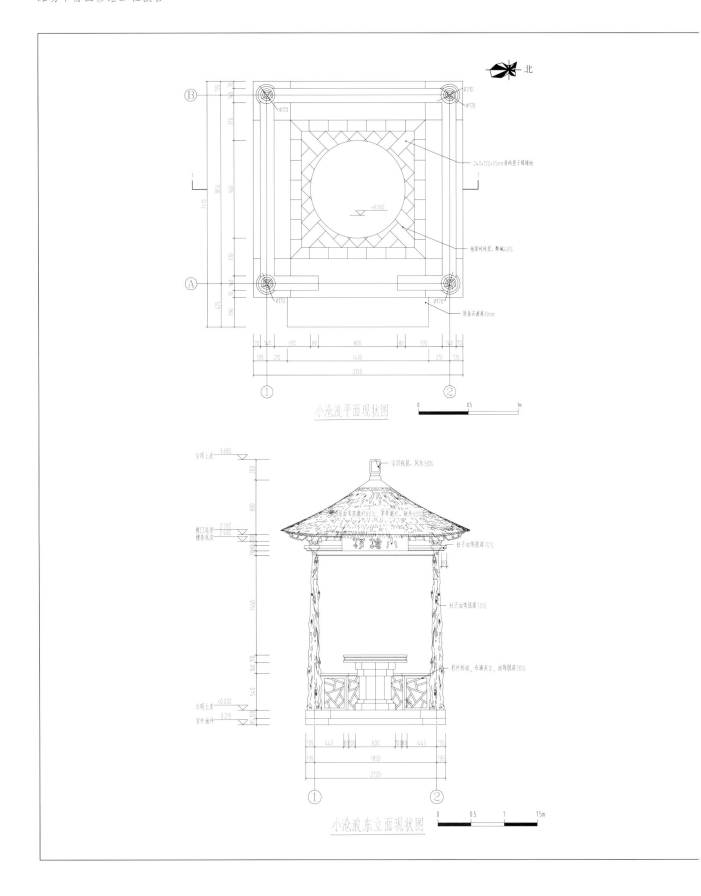

北

小沧浪平面现状图

0   0.5   1m

小沧浪东立面现状图

0   0.5   1   1.5m

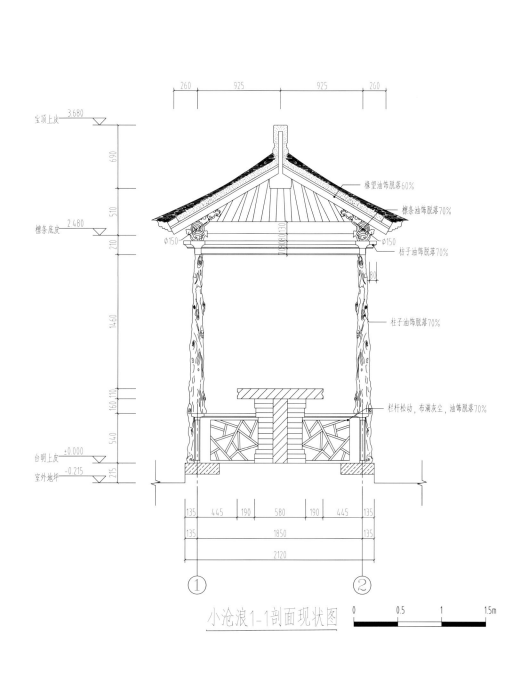

图 11　小沧浪亭平、剖、立面现状图

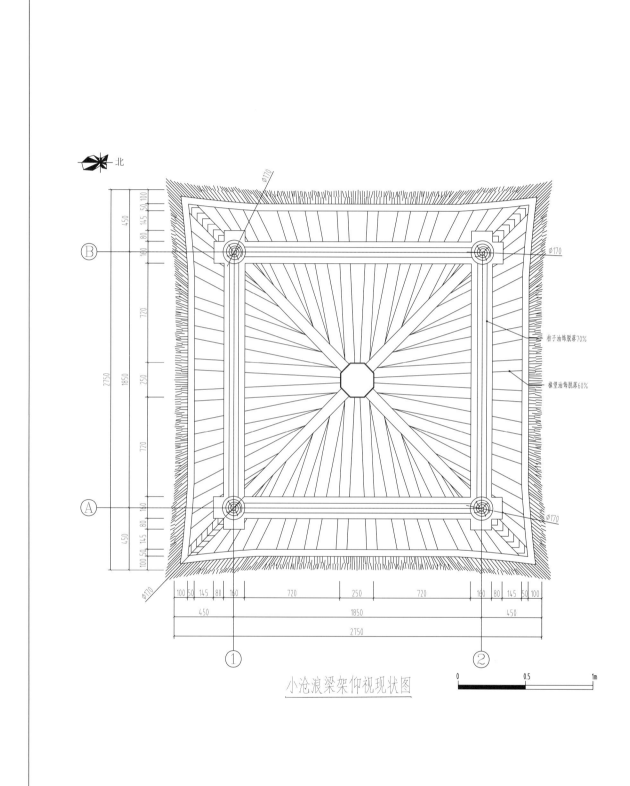

北

Ø170

Ø170

枋子油饰脱落70%

椽望油饰脱落60%

Ø170

Ø170

小沧浪梁架仰视现状图

0   0.5   1m

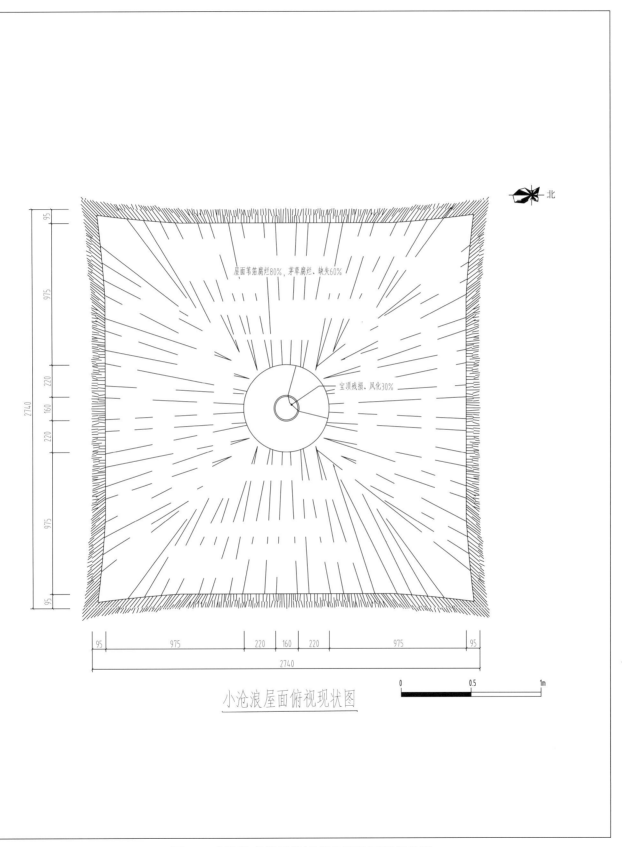

小沧浪屋面俯视现状图

图 12 小沧浪亭梁架仰视现状图及屋顶现状图

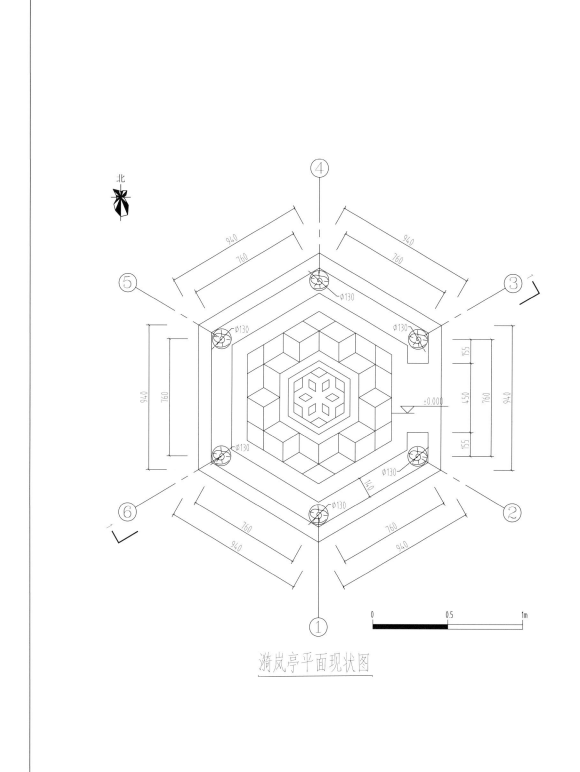

漪岚亭平面现状图

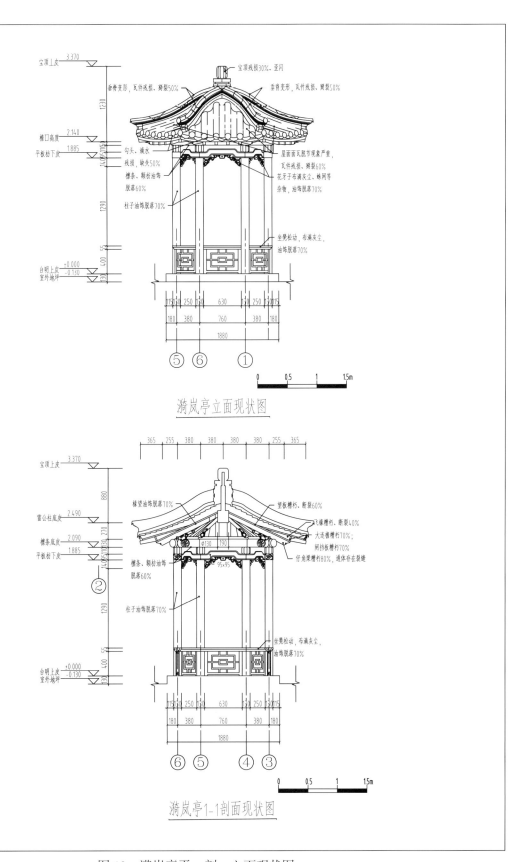

图 13　漪岚亭平、剖、立面现状图

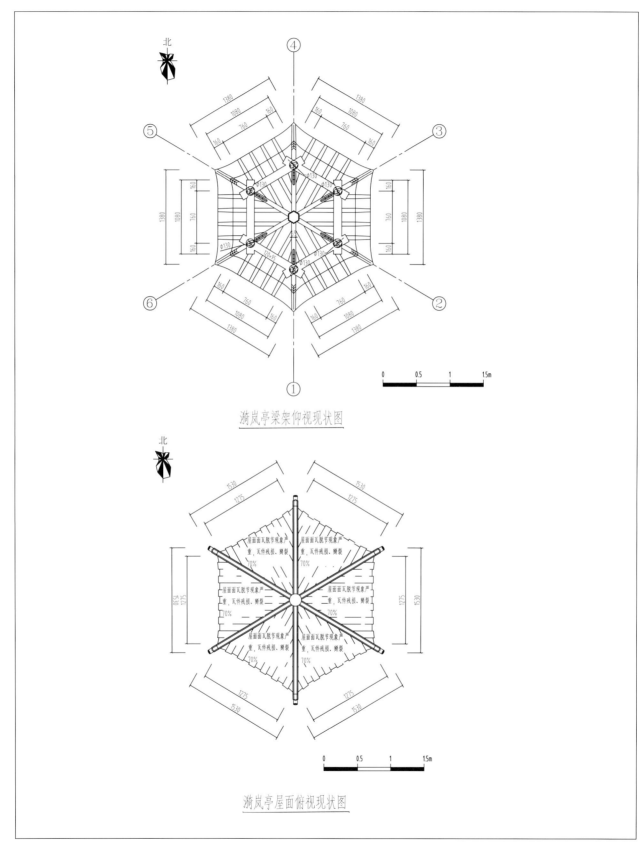

漪岚亭梁架仰视现状图

漪岚亭屋面俯视现状图

图 14　漪岚亭梁架仰视现状图及屋顶现状图

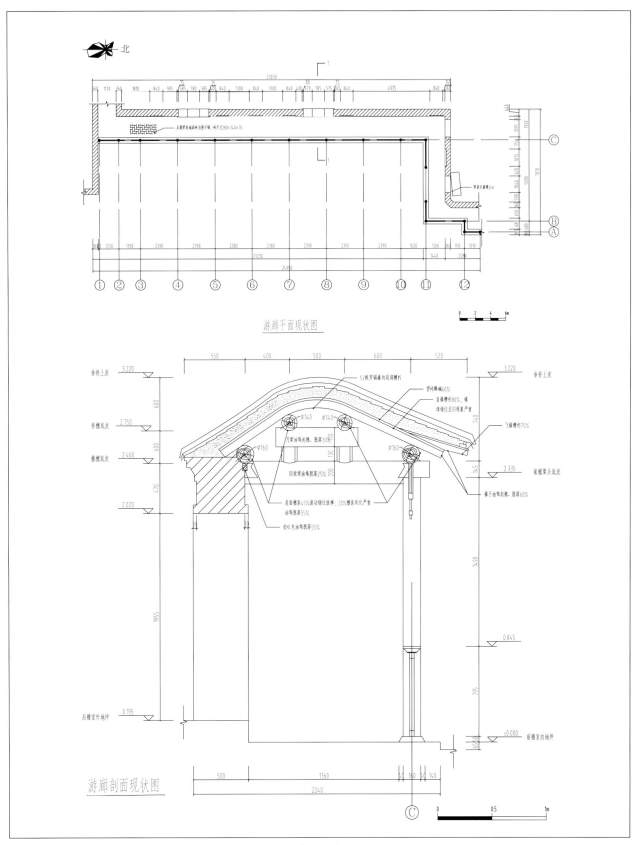

图 15　游廊平、剖面现状图

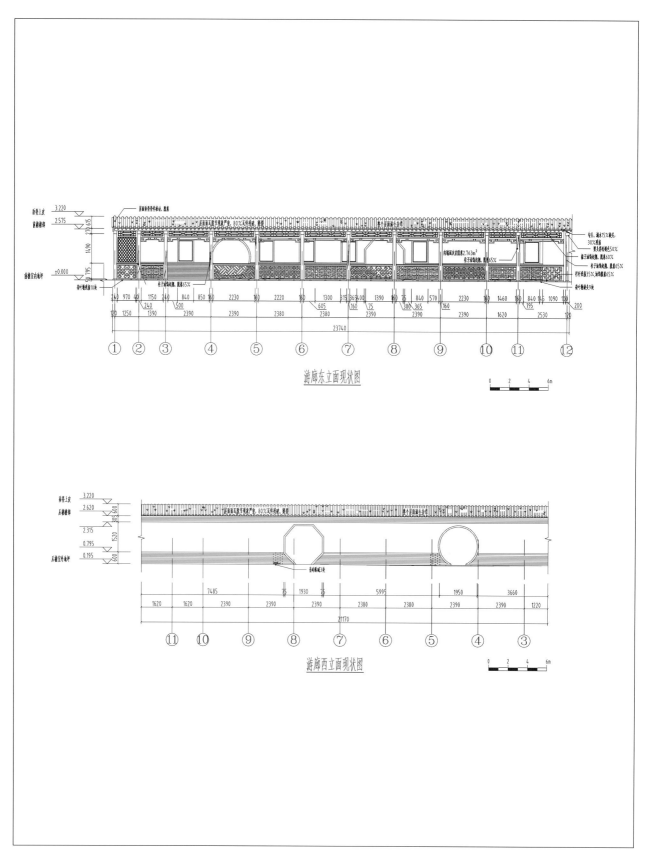

图 16 游廊立面现状图

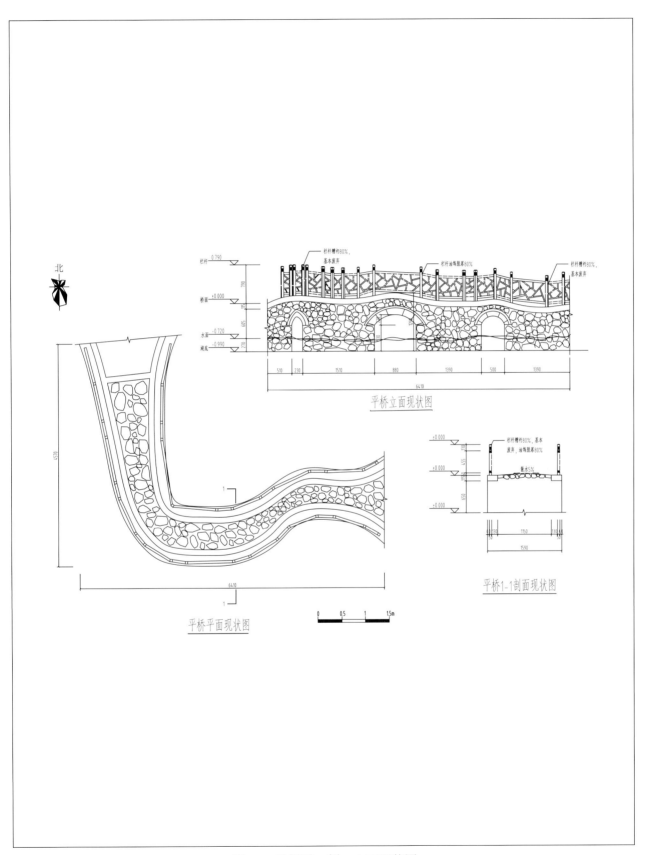

平桥立面现状图

平桥1-1剖面现状图

平桥平面现状图

图17　平桥平、剖、立面现状图

北

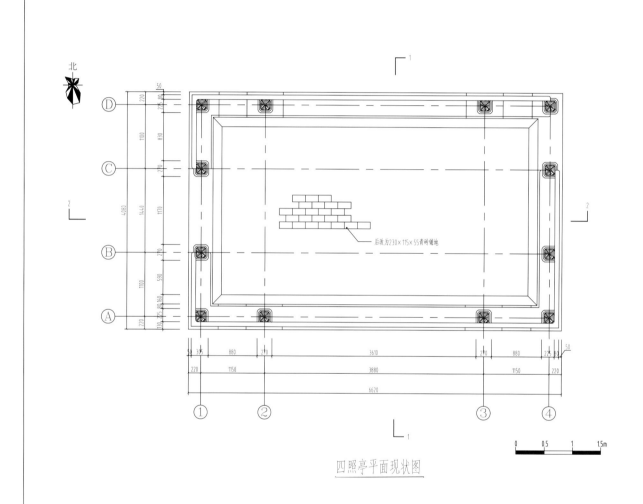

后改为230×115×55青砖墁地

四照亭平面现状图

0   0.5   1   1.5m

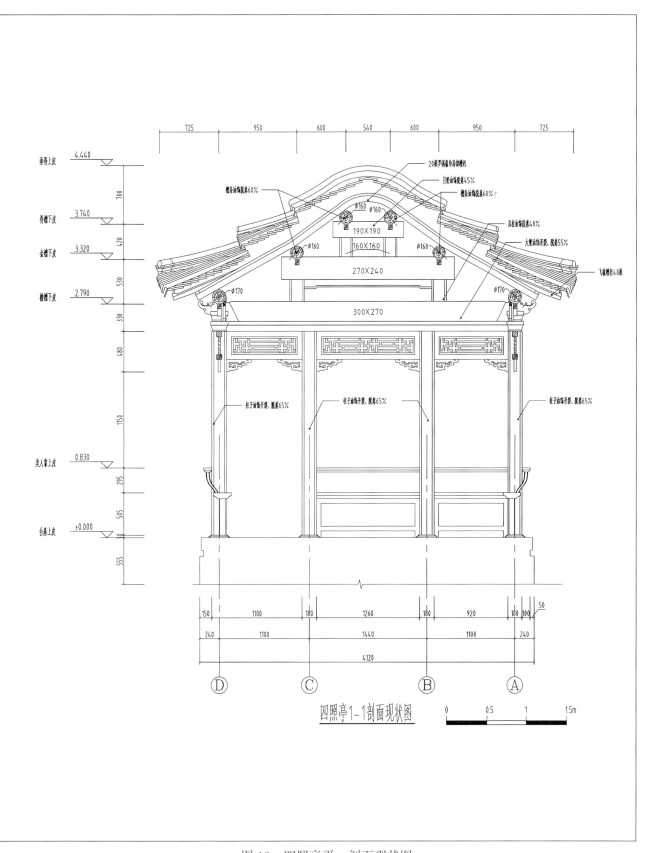

725　　950　　600　　540　　600　　950　　725

20根罗锅椽与局部椽桁
月梁油饰脱底45%
檐余油饰脱底60%
瓜柱油饰脱底40%
大裝油饰开裂、脱底55%
飞椽椽桁48根

垂脊上皮　4.440
脊楼下皮　3.740
金楼下皮　3.320
檐楼下皮　2.790
美人靠上皮　0.830
台基上皮　±0.000

700
420
530
330
480
1150
295
505
30
555

檐余油饰脱底60%

φ160　φ160
190×190
160×160
φ160
φ160
270×240
φ170
300×270
φ170

柱子油饰开裂、脱底65%
柱子油饰开裂、脱底65%
柱子油饰开裂、脱底65%

150　1100　180　1260　180　920　180　100　50
240　1100　1440　1100　240
4120

Ⓓ　　Ⓒ　　Ⓑ　　Ⓐ

四照亭1-1剖面现状图

0　　0.5　　1　　1.5m

图 18　四照亭平、剖面现状图

215

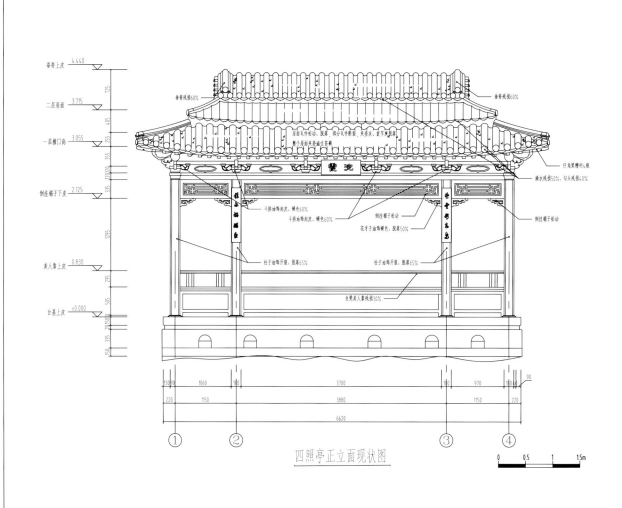

四照亭正立面现状图

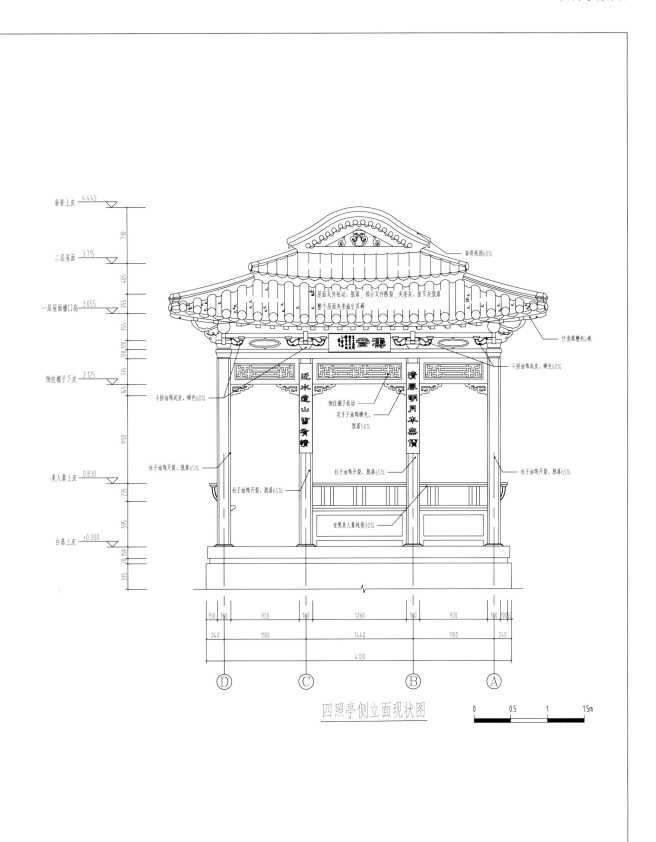

图 19　四照亭立面现状图

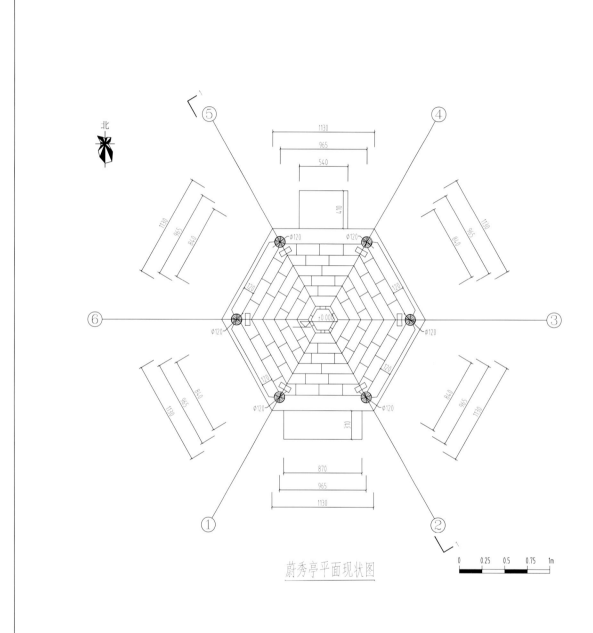

北

蔚秀亭平面现状图

0   0.25   0.5   0.75   1m

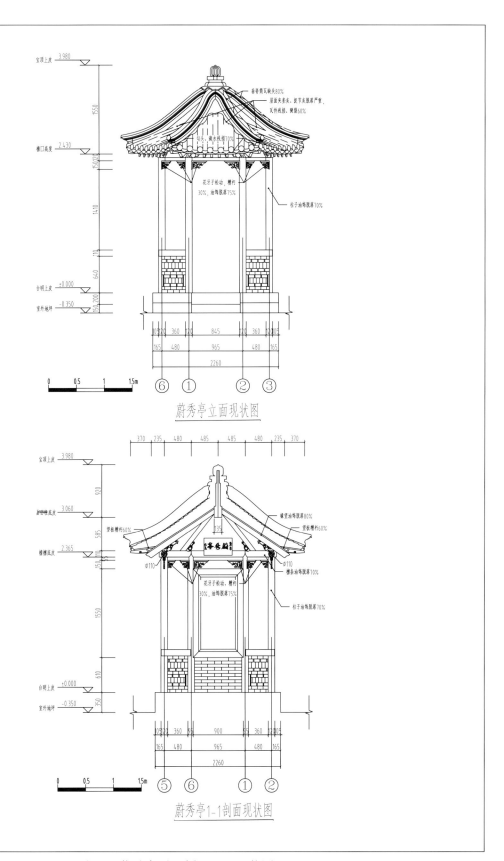

图 20　蔚秀亭平、剖、立面现状图

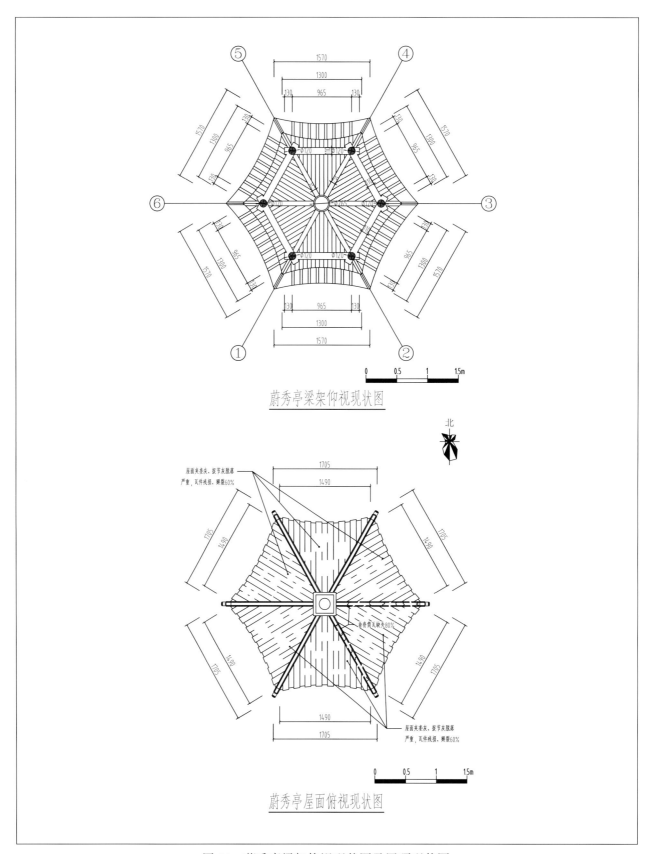

蔚秀亭梁架仰视现状图

北

蔚秀亭屋面俯视现状图

图 21　蔚秀亭梁架仰视现状图及屋顶现状图

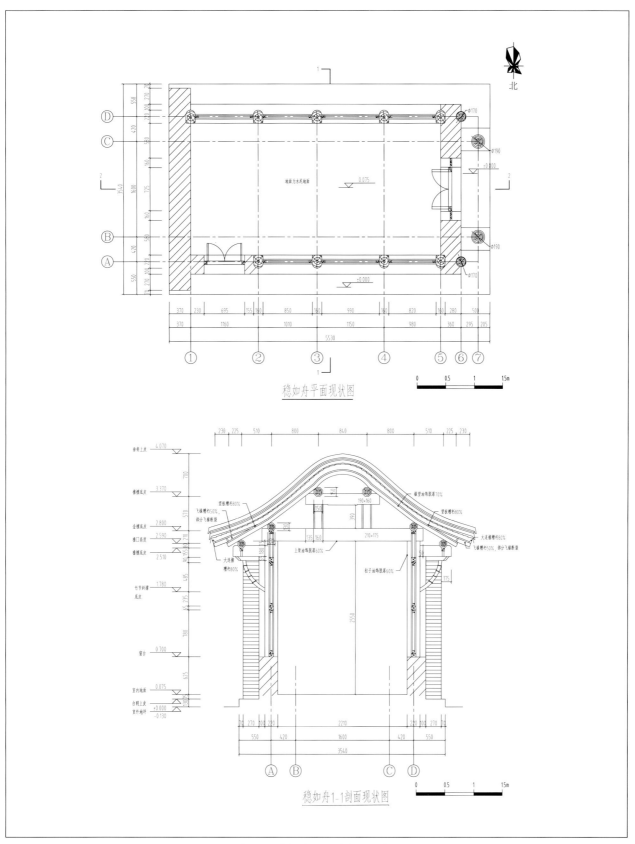

稳如舟平面现状图

稳如舟1-1剖面现状图

图 22　稳如舟平、剖面现状图

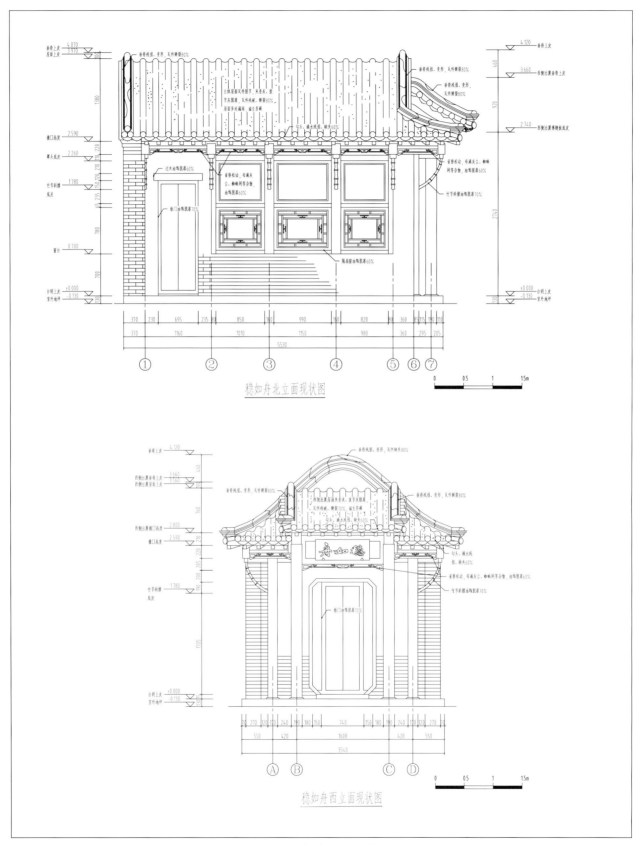

稳如舟北立面现状图

稳如舟西立面现状图

图23 稳如舟立面现状图

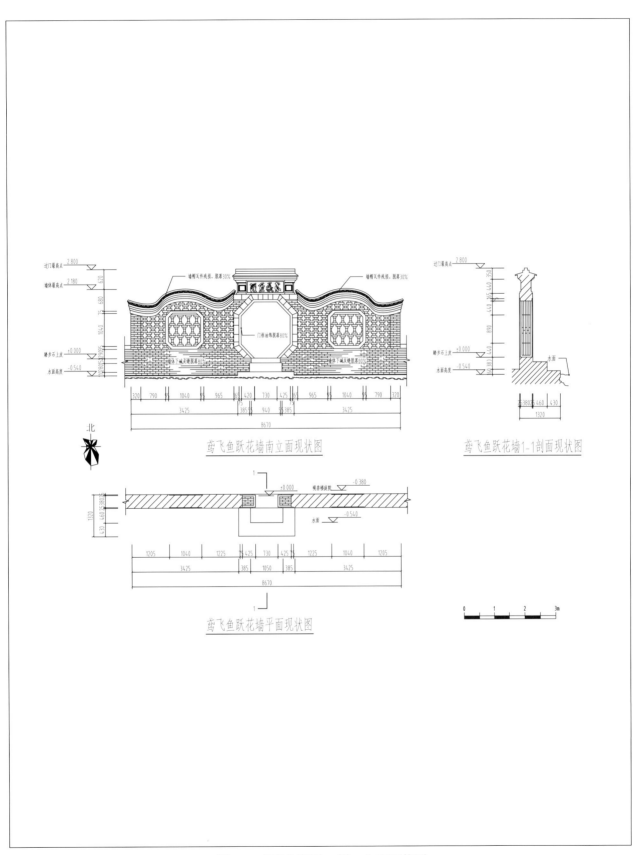

图 24　鸢飞鱼跃平、剖、立面现状图

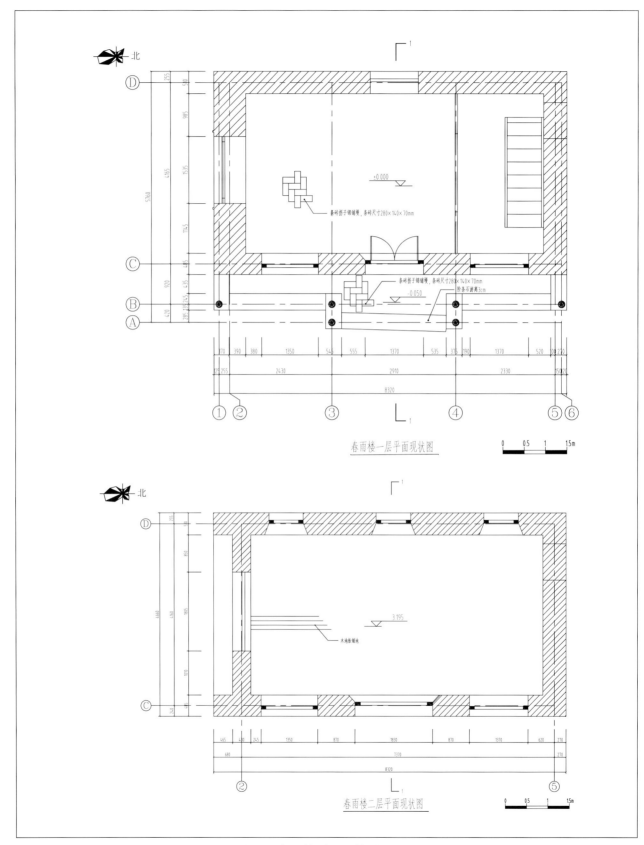

图 25　春雨楼平面现状图

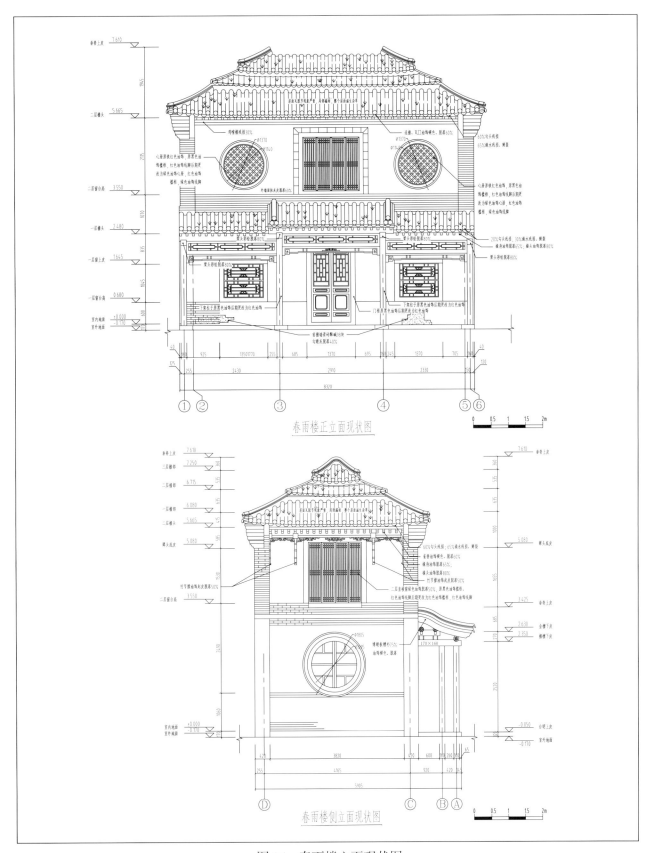

图 26　春雨楼立面现状图

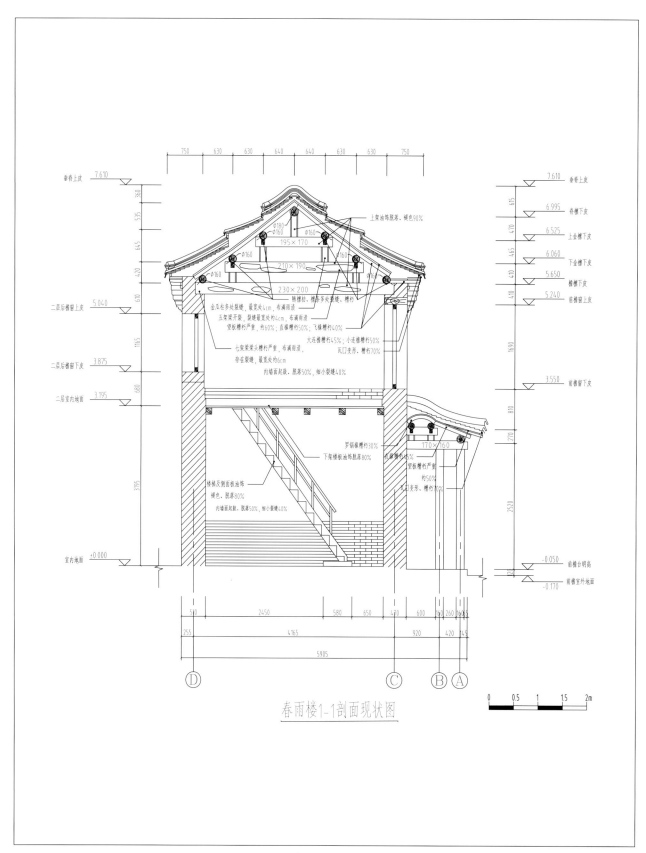

图 27　春雨楼剖面现状图

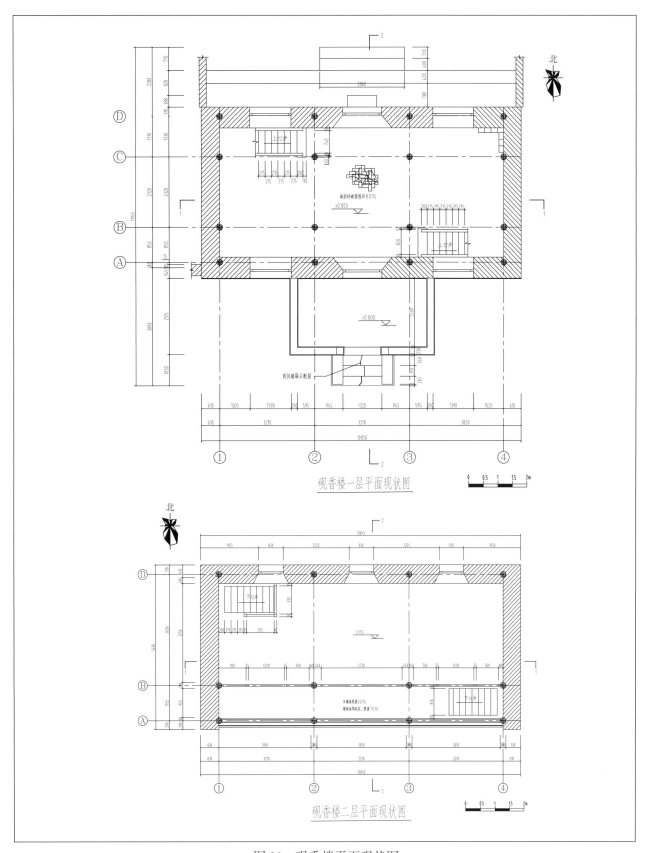

砚香楼一层平面现状图

砚香楼二层平面现状图

图 28　砚香楼平面现状图

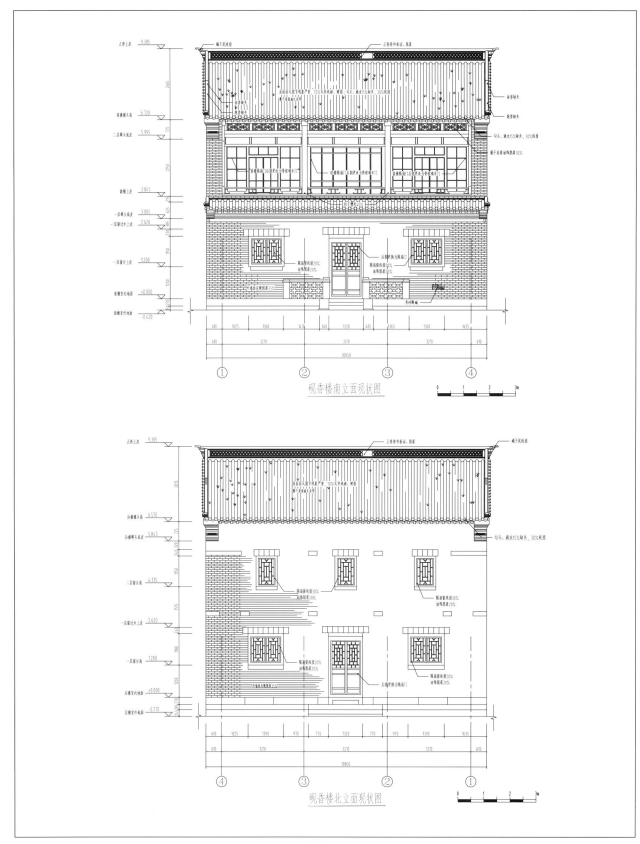

砚香楼南立面现状图

砚香楼北立面现状图

图 29　砚香楼立面现状图

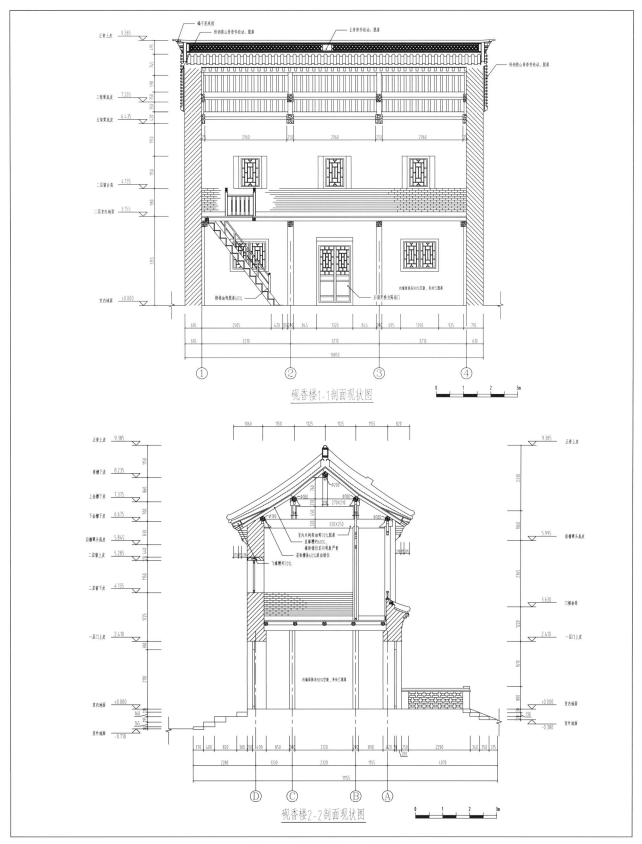

砚香楼1-1剖面现状图

砚香楼2-2剖面现状图

图30　砚香楼剖面现状图

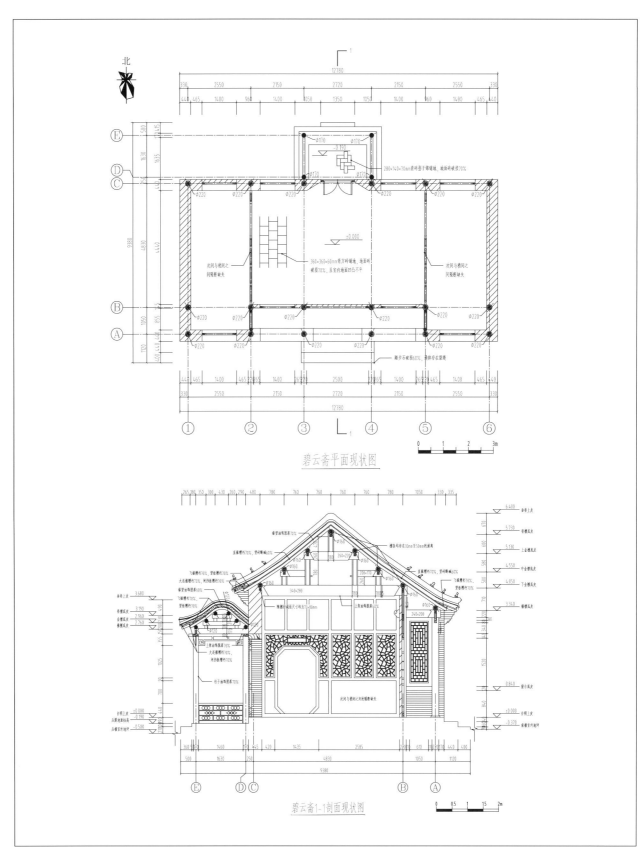

图31 碧云斋平、剖面现状图

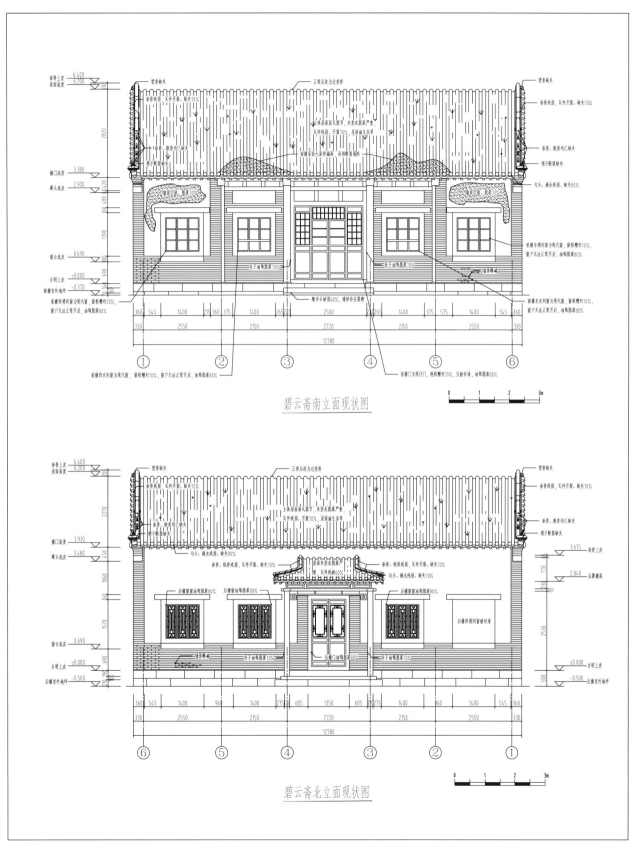

图 32　碧云斋立面现状图

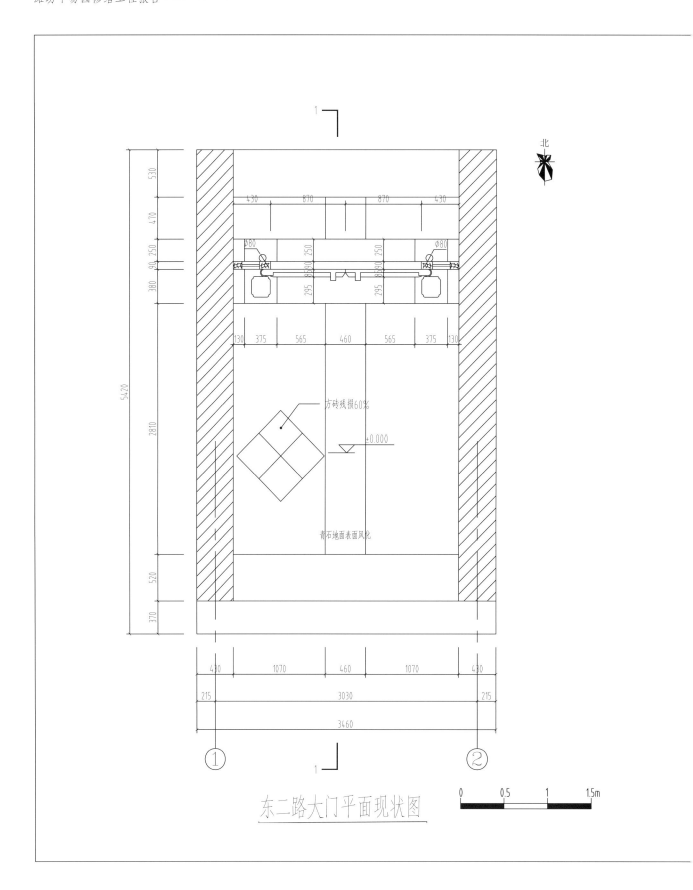

东二路大门平面现状图

方砖残损60%

青石地面表面风化

北

0 0.5 1 1.5m

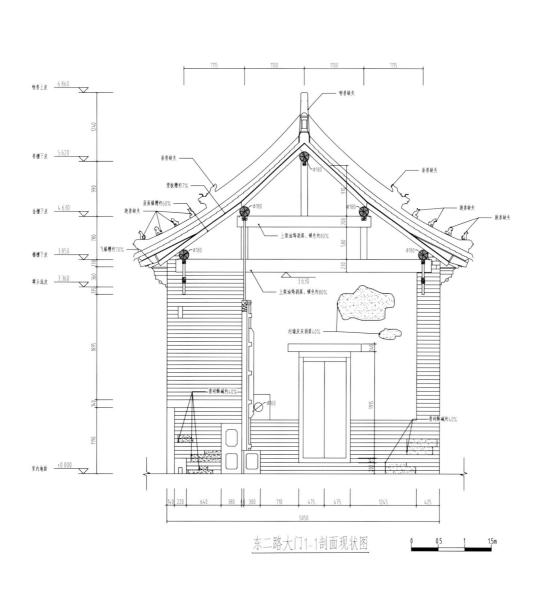

东二路大门1-1剖面现状图

图33 东二路大门平、剖面现状图

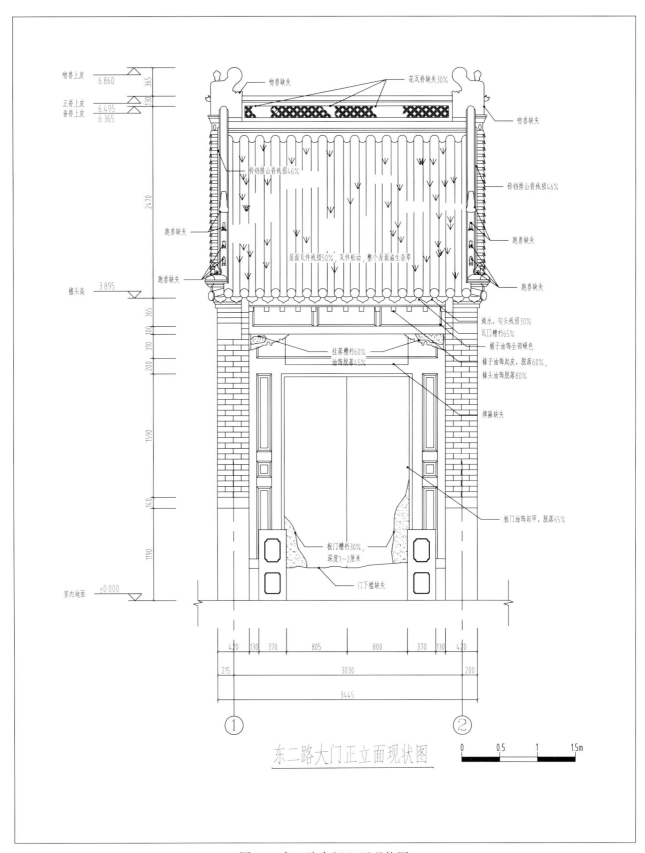

图 34 东二路大门立面现状图

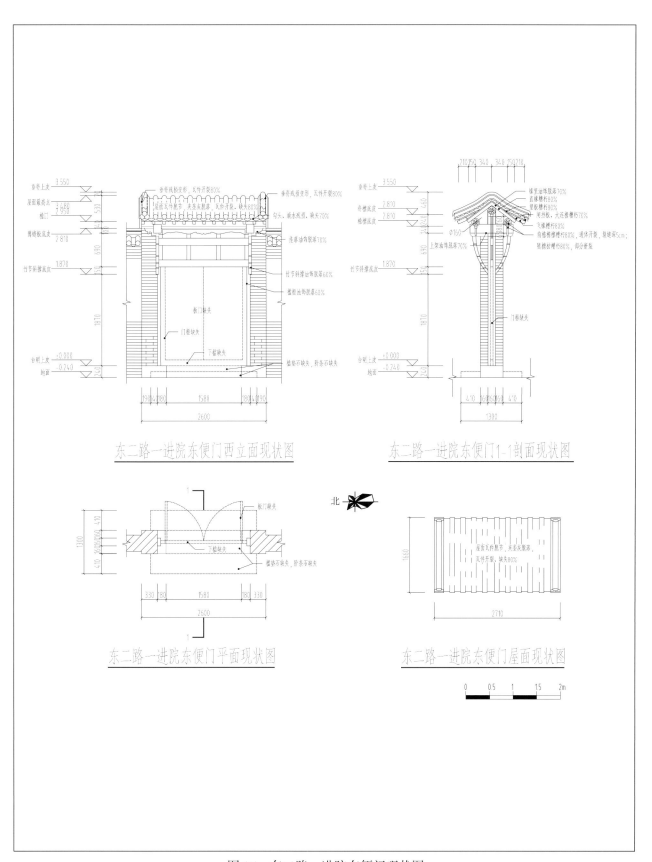

东二路一进院东便门西立面现状图

东二路一进院东便门1-1剖面现状图

东二路一进院东便门平面现状图

东二路一进院东便门屋面现状图

图 35　东二路一进院东便门现状图

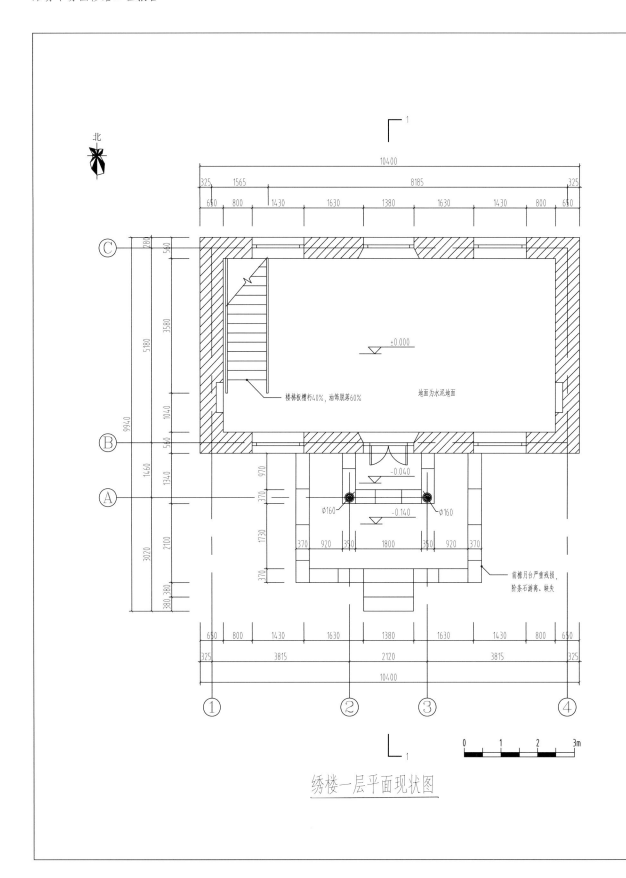

绣楼一层平面现状图

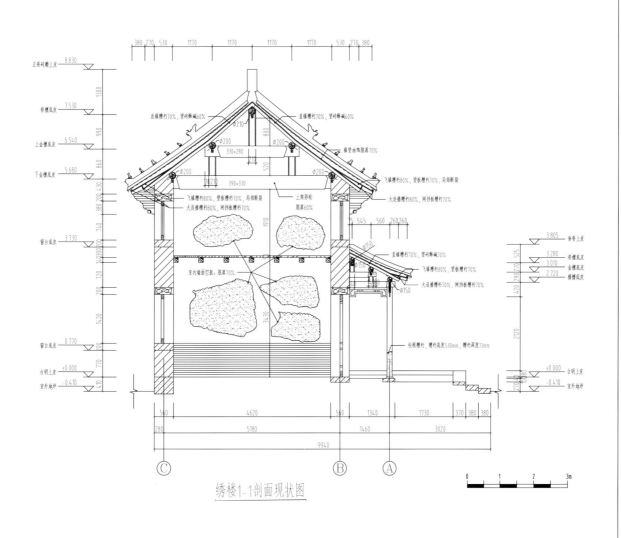

绣楼1-1剖面现状图

图 36 绣楼平、剖面现状图

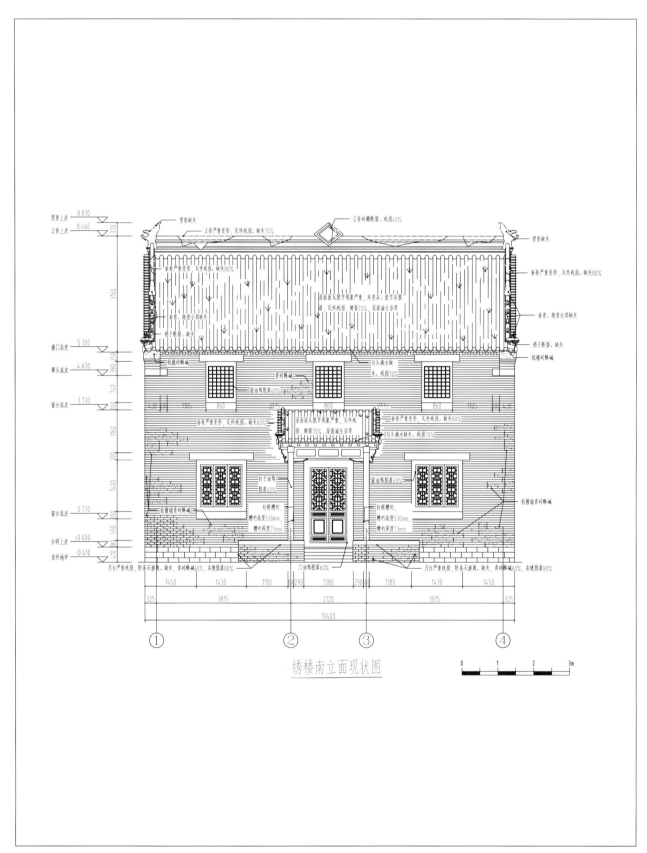

图 37 绣楼立面现状图

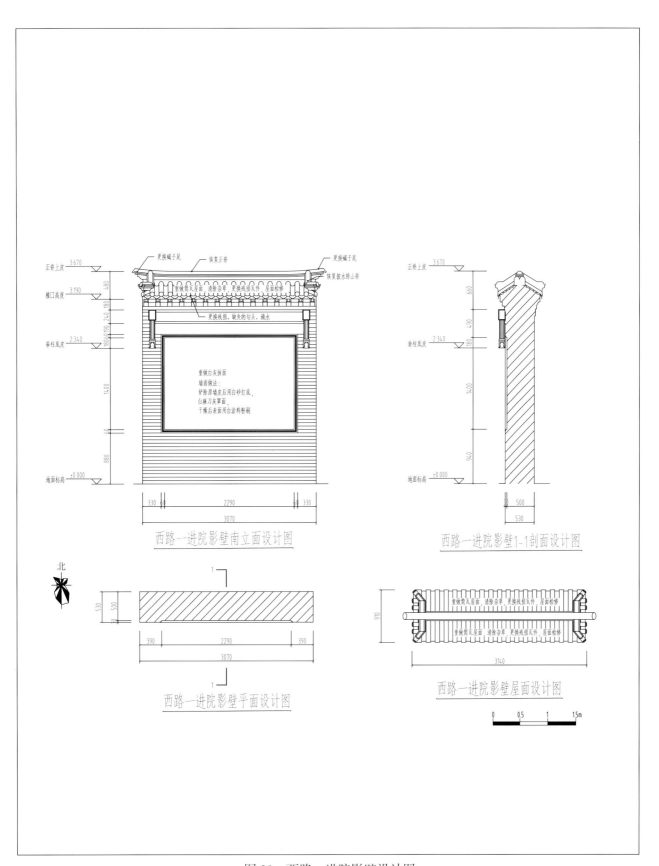

图 38　西路一进院影壁设计图

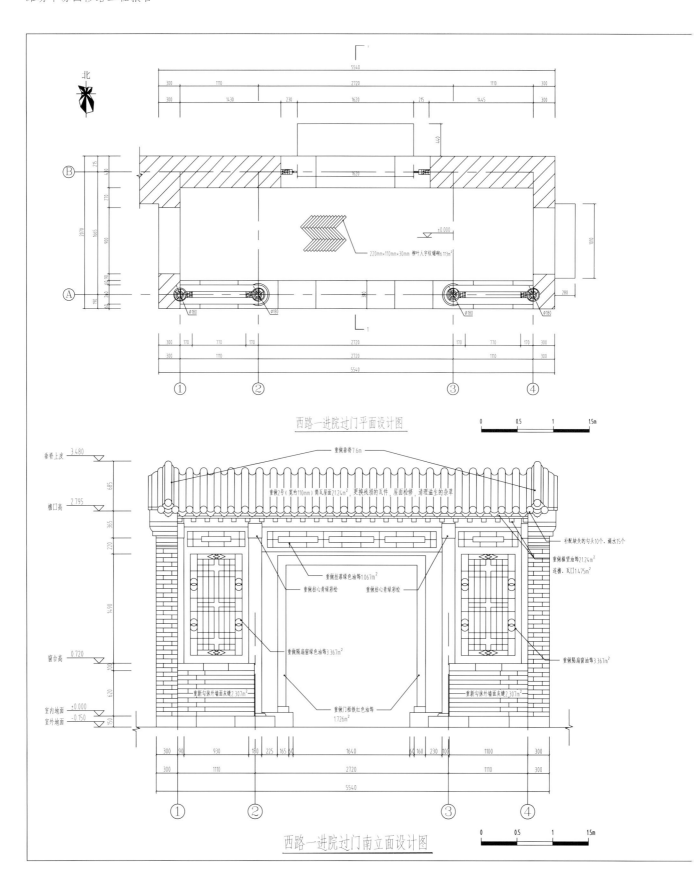

北

西路一进院过门平面设计图

西路一进院过门南立面设计图

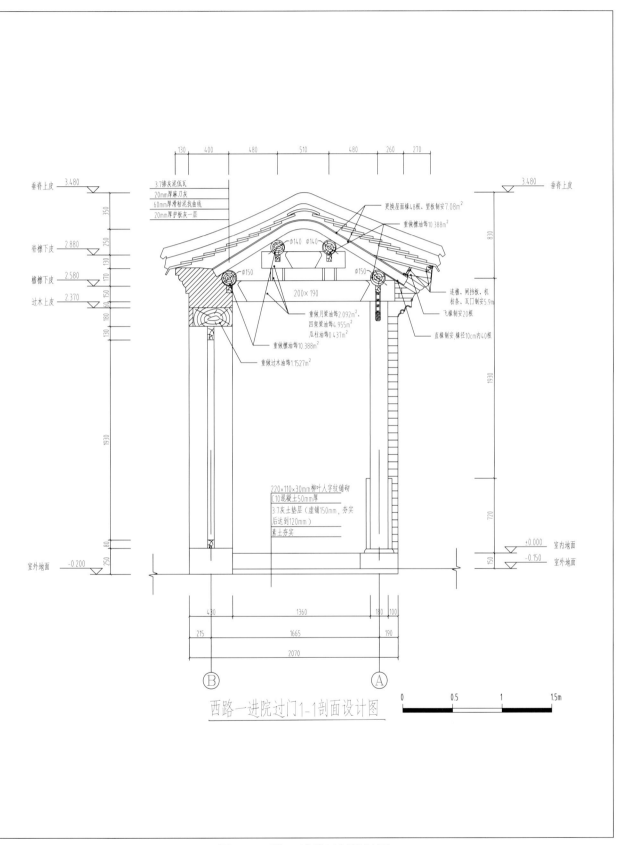

图 39　西路一进院过门设计图

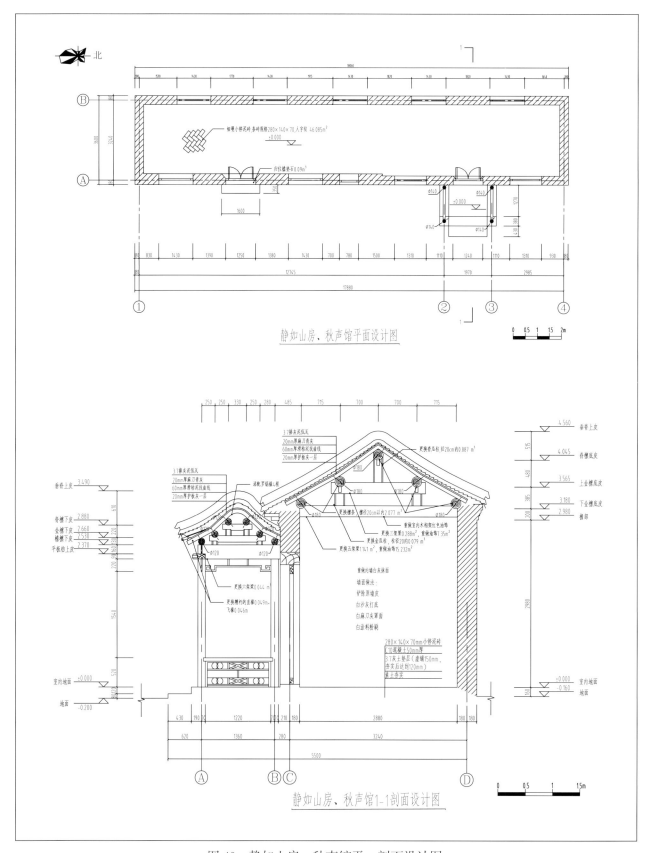

静如山房、秋声馆平面设计图

静如山房、秋声馆1-1剖面设计图

图40 静如山房、秋声馆平、剖面设计图

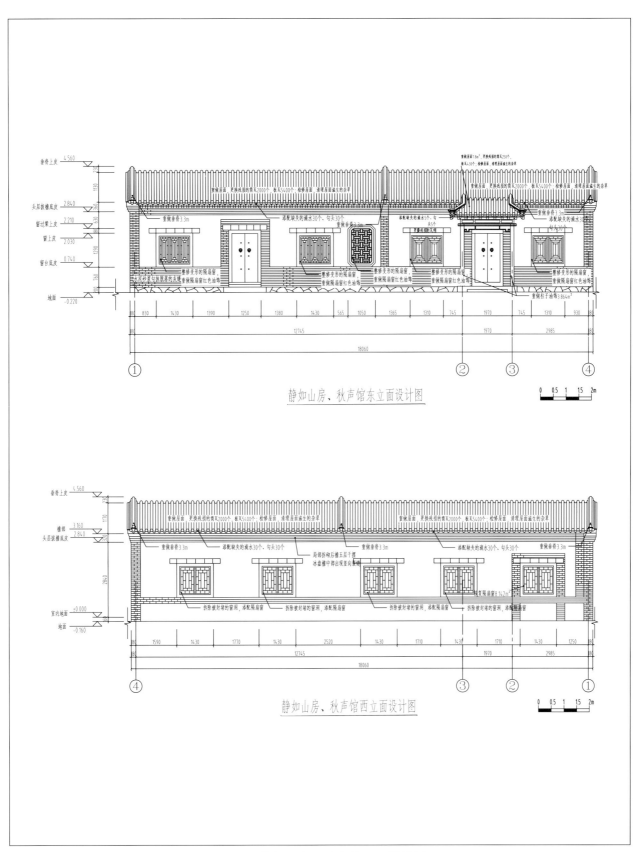

图 41　静如山房、秋声馆立面设计图

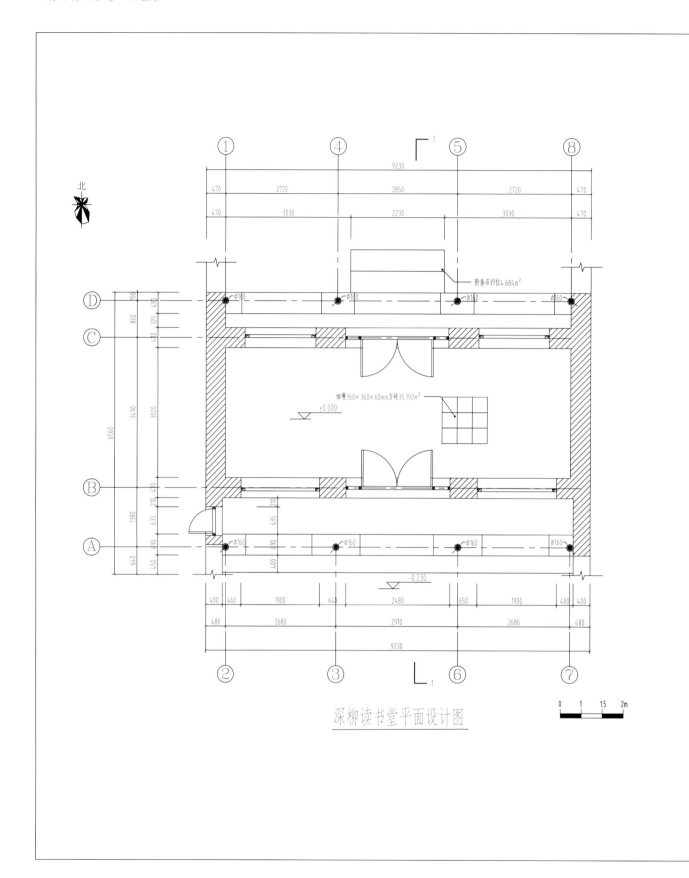

深柳读书堂平面设计图

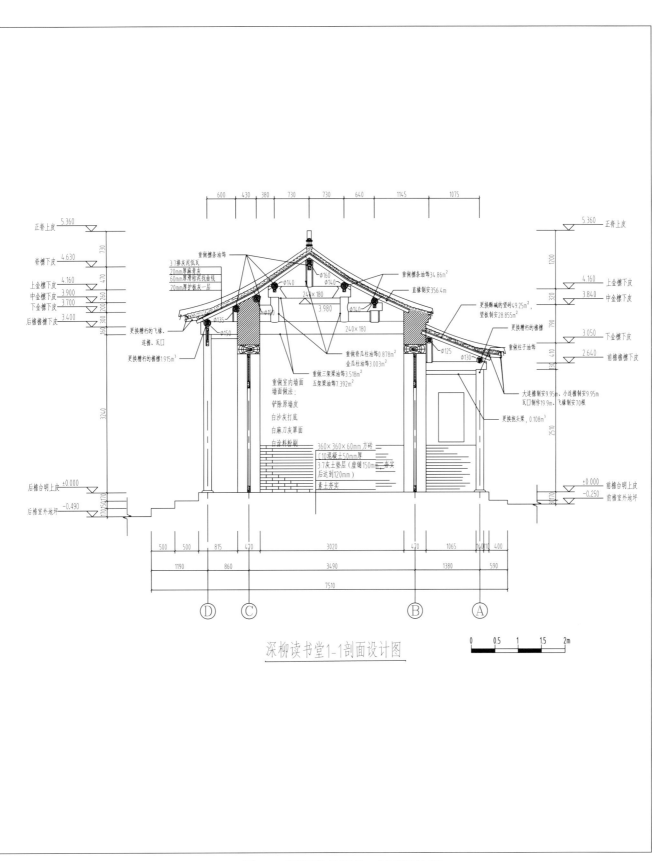

600 430 380 730 730 640 1145 1075

正脊上皮 5.360
脊檩下皮 4.630
上金檩下皮 4.160
中金檩下皮 3.900
下金檩下皮 3.700
后檐檩下皮 3.400

730 470 200 260 300 360

重做檩条油饰
3.7椽灰泥低瓦
20mm厚麻刀灰
60mm厚滑秸泥找面线
20mm厚护板灰一层

Φ160
Φ140
24×180
3.980
Φ140

240×180

重做檩条油饰34.86m²
直椽制安356.4m

更换颠锁的望砖49.25m²，
望板制安28.855m²

更换槽朽的檐檩

重做柱子油饰

大连檐制安9.95m，小连檐制安9.95m
瓦口制作19.9m，飞椽制安70根

更换抱头梁，0.108m³

Φ135
更换槽朽的飞椽、
连椽、瓦口
更换槽朽的檐檩1.915m³
Φ150

Φ120

重做脊瓜柱油饰0.878m²
金瓜柱油饰3.003m²

重做三架梁油饰3.518m²
五架梁油饰7.392m²

Φ125
Φ130

正脊上皮 5.360
1200

上金檩下皮 4.160
中金檩下皮 3.840
320

下金檩下皮 3.050
前檐檐檩下皮 2.640
790 410

2510

重做室内墙面
墙面做法：
铲除原墙皮
白沙灰打底
白麻刀灰罩面
白涂料粉刷

360×360×60mm方砖
C10混凝土50mm厚
3:7灰土垫层（虚铺150mm，夯实
后达到120mm）
素土夯实

后檐台明上皮 +0.000
后檐室外地坪 -0.490
170 50 170

前檐台明上皮 +0.000
前檐室外地坪 -0.250
80 170

500 500 815 470 3020 470 1065 160 160 400
1190 860 3490 1380 590
7510

Ⓓ Ⓒ Ⓑ Ⓐ

深柳读书堂1-1剖面设计图

0 0.5 1 1.5 2m

图42 深柳读书堂平、剖面设计图

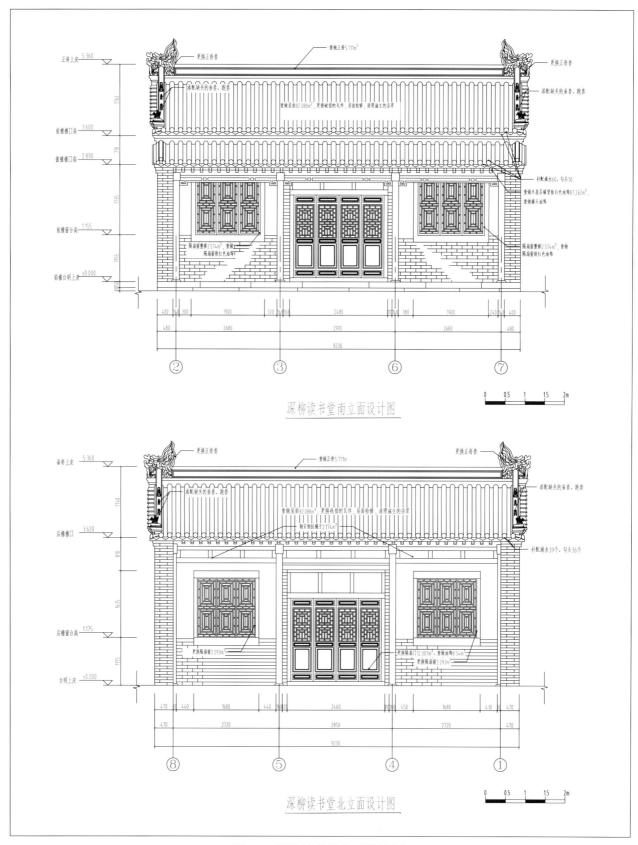

深柳读书堂南立面设计图

深柳读书堂北立面设计图

图43　深柳读书堂立面设计图

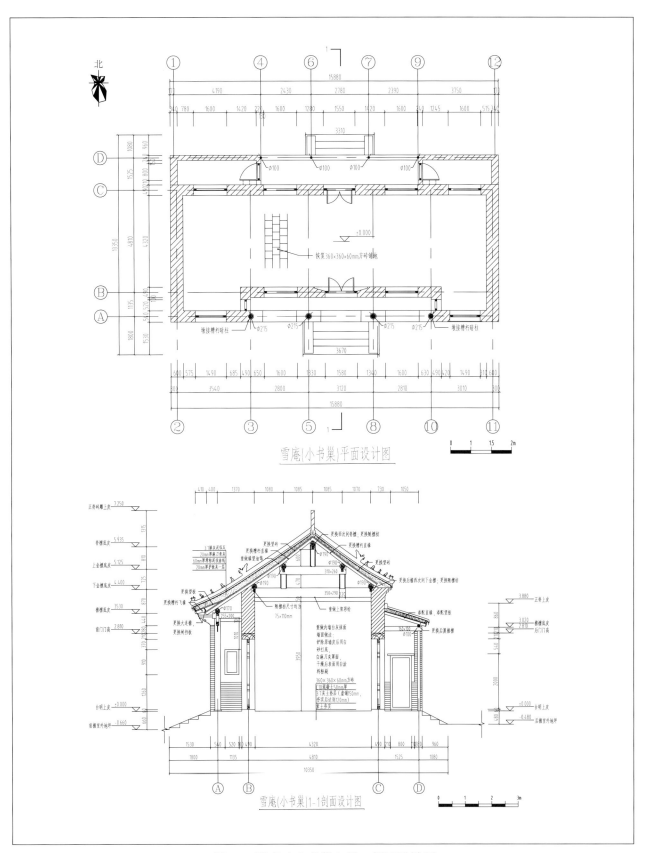

图 44　雪庵（小书巢）平、剖面设计图

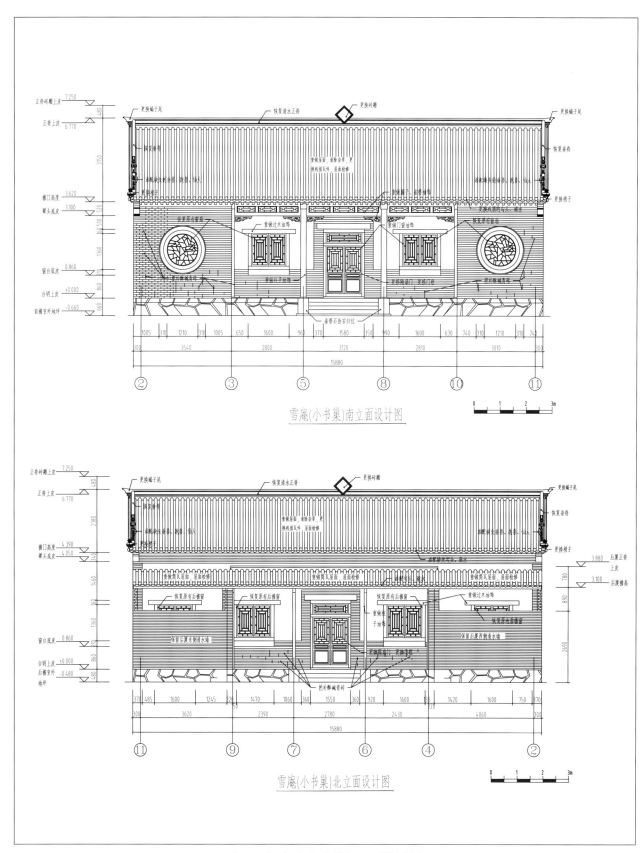

图 45 雪庵（小书巢）立面设计图

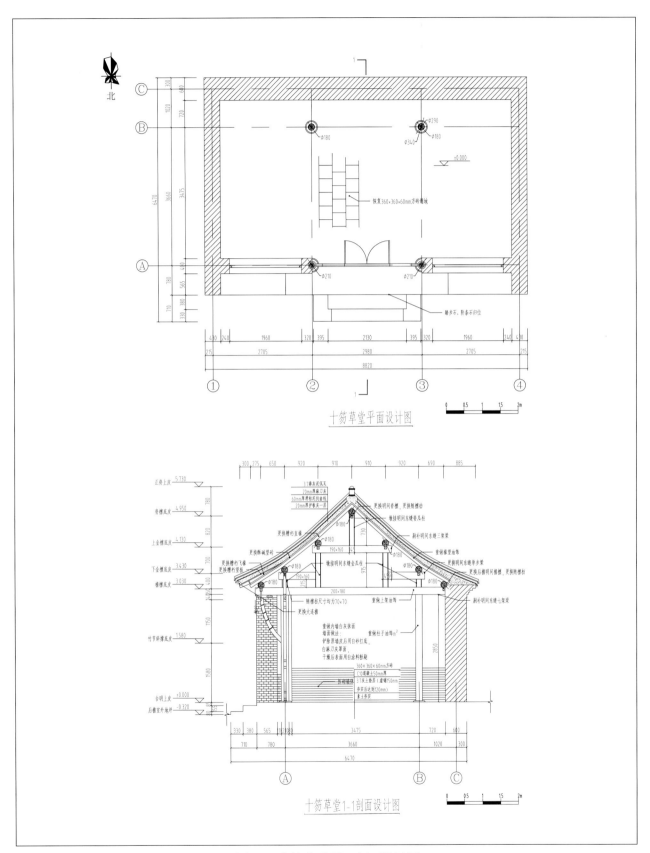

十笏草堂平面设计图

十笏草堂1-1剖面设计图

图46　十笏草堂平、剖面设计图

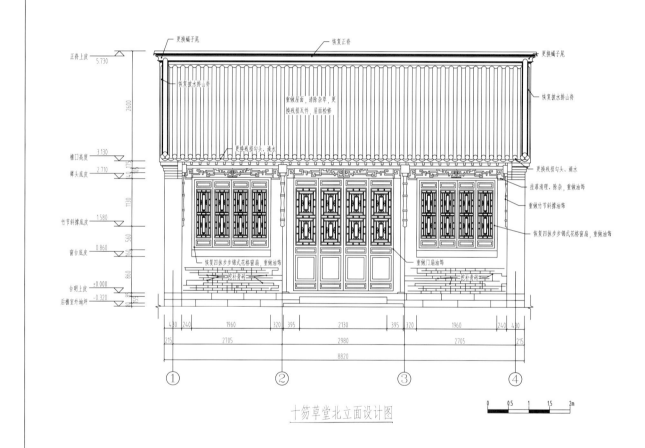

更换蝎子尾　　　　　　　　　　恢复正脊　　　　　　　　　　更换蝎子尾

恢复披水排山脊

重做屋面，清除杂草，更
换残损瓦件，屋面检修

恢复披水排山脊

更换残损勾头、滴水

更换残损勾头、滴水

挂落清理，除杂，重做油饰

重做竹节斜撑油饰

恢复四抹步步锦式花格窗扇，重做油饰

恢复四抹步步锦式花格窗扇，重做油饰

重做门扇油饰

邢补青砖

邢补青砖

正脊上皮　5.730

2600

檐口高度　3.130
雀头底皮　2.710

1130

竹节斜撑底皮　1.580

560

窗台底皮　0.860

860

台明上皮　+0.000
后檐室外地坪　-0.320

430　240　1960　320　395　2130　395　320　1960　240　430

215　2705　2980　2705　215

8820

① ② ③ ④

十笏草堂北立面设计图

0　0.5　1　1.5　2m

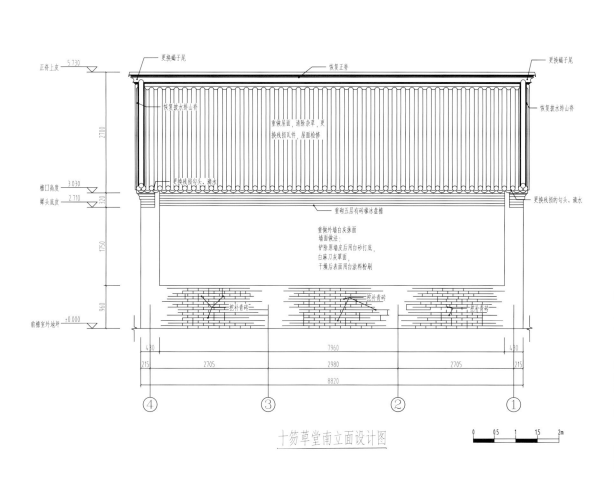

图 47 十笏草堂立面设计图

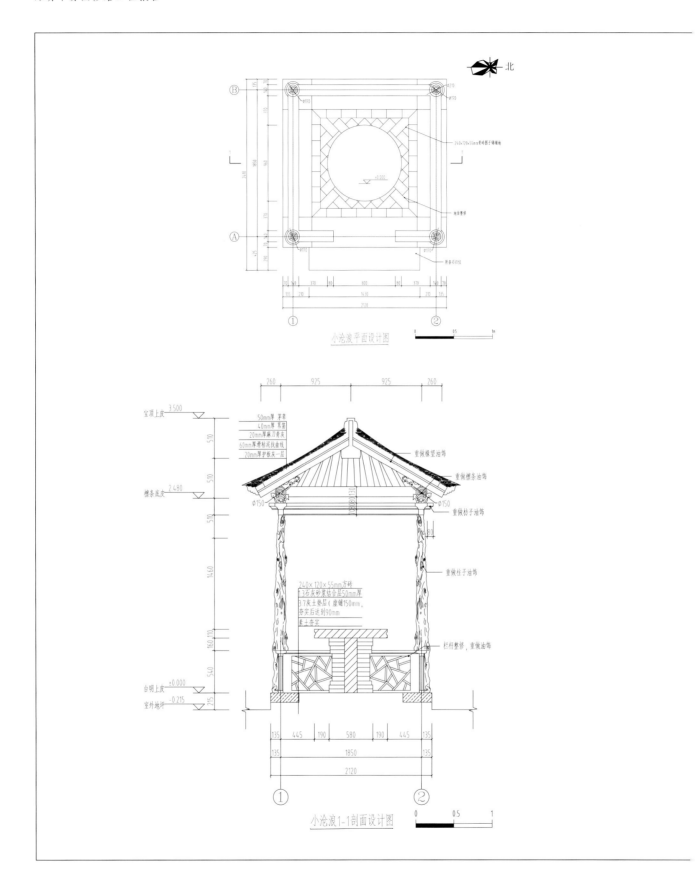

小沧浪平面设计图

小沧浪1-1剖面设计图

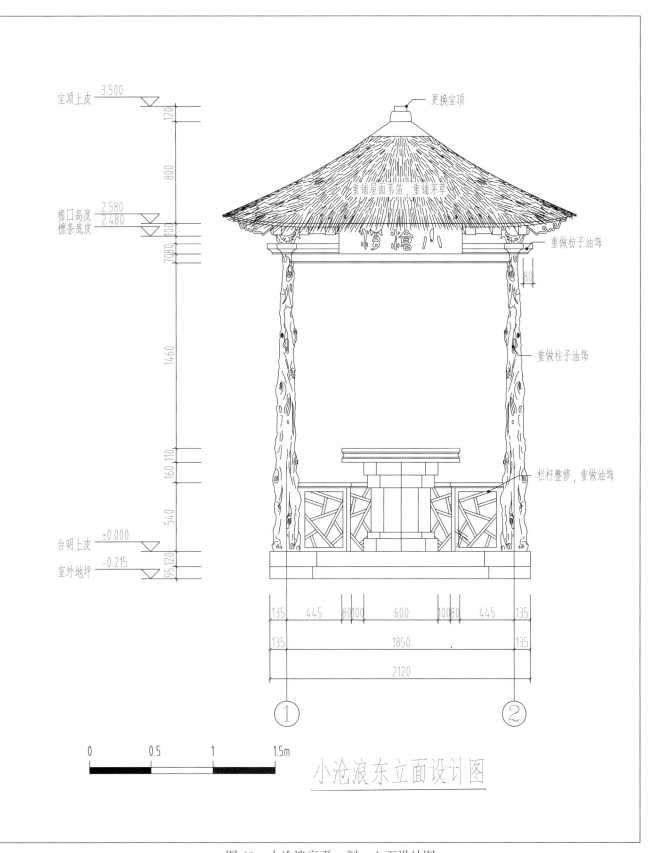

宝顶上皮 3.500

更换宝顶

重铺屋面苇箔，重铺茅草

檐口高度 2.580
檩条底皮 2.480

重做枋子油饰

重做柱子油饰

栏杆整修，重做油饰

台明上皮 ±0.000
室外地坪 -0.215

120
800
100
7080
1460
160 110
540
95 120

135 445 80100 600 10080 445 135
135 1850 135
2120

① ②

0 0.5 1 1.5m

小沧浪东立面设计图

图48 小沧浪亭平、剖、立面设计图

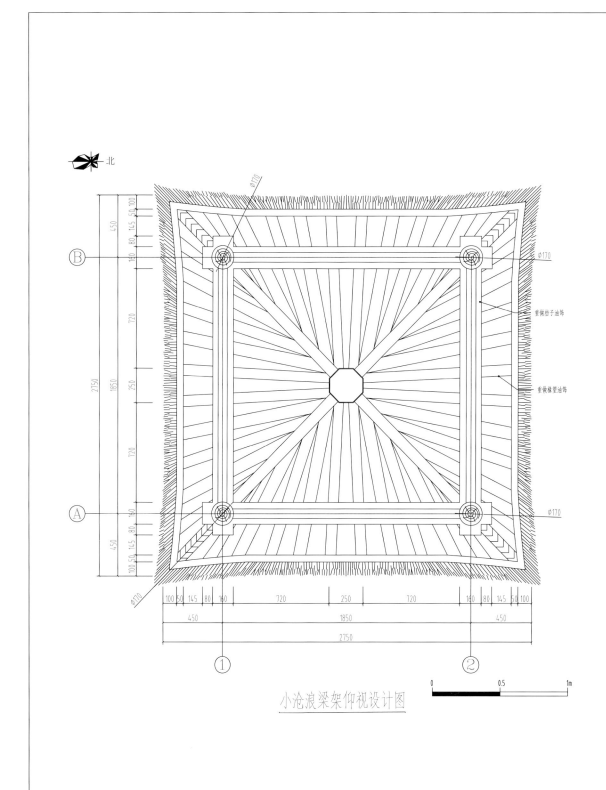

小沧浪梁架仰视设计图

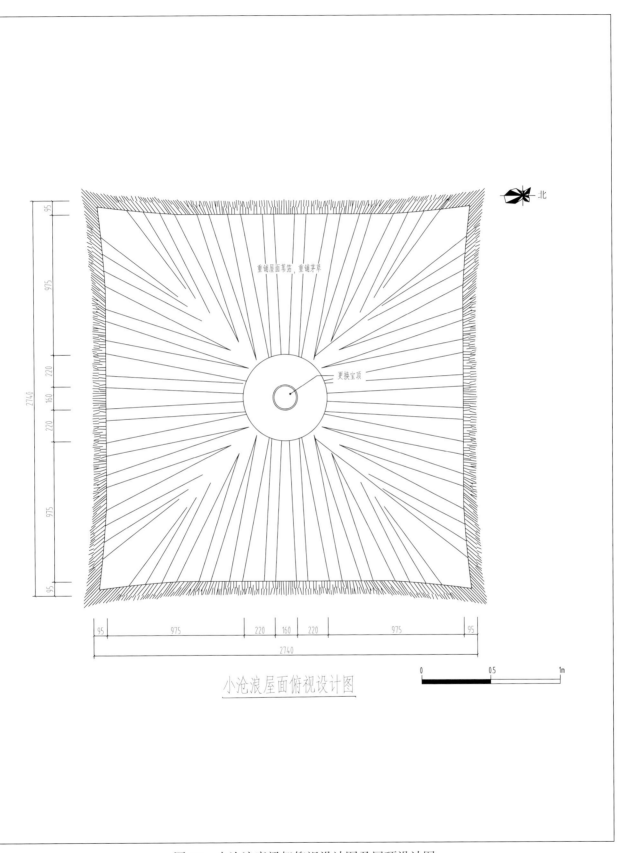

北

重铺屋面苇箔，重铺茅草

更换宝顶

2740

95 | 975 | 220 | 160 | 220 | 975 | 95

95 975 220 160 220 975 95
2740

0 0.5 1m

小沧浪屋面俯视设计图

图 49　小沧浪亭梁架仰视设计图及屋顶设计图

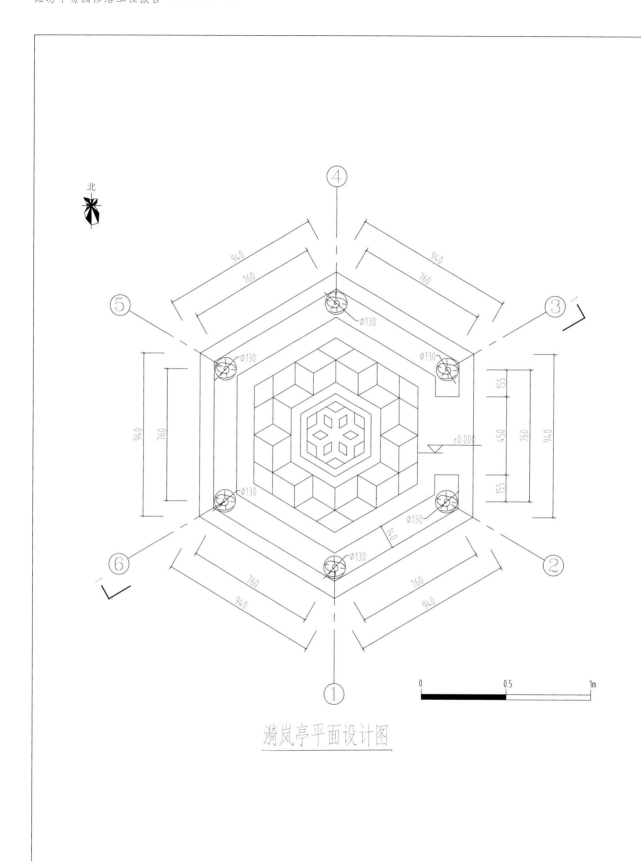

漪岚亭平面设计图

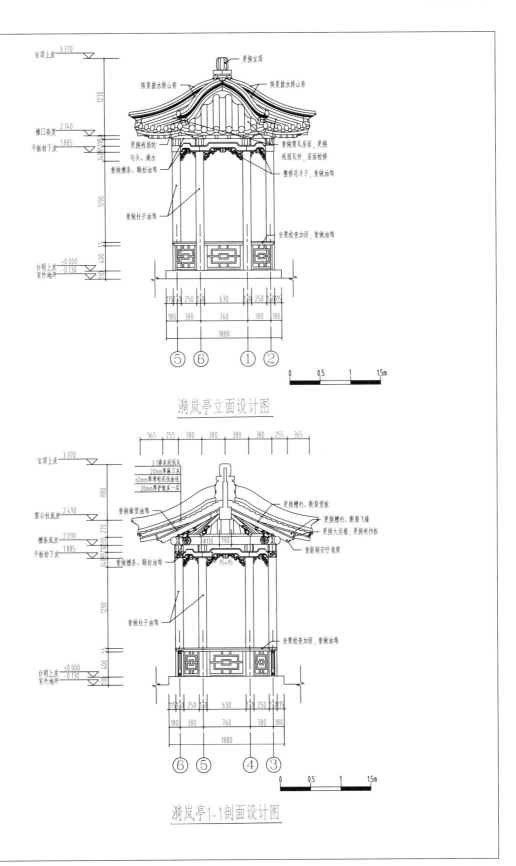

漪岚亭立面设计图

漪岚亭1-1剖面设计图

图 50 漪岚亭平、剖、立面设计图

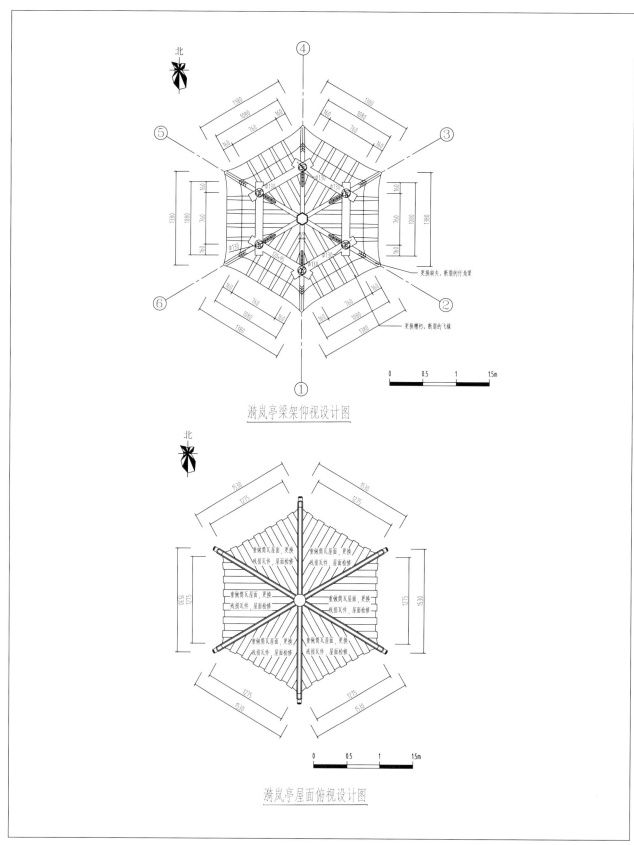

漪岚亭梁架仰视设计图

漪岚亭屋面俯视设计图

图51 漪岚梁架仰视设计图及屋顶设计图

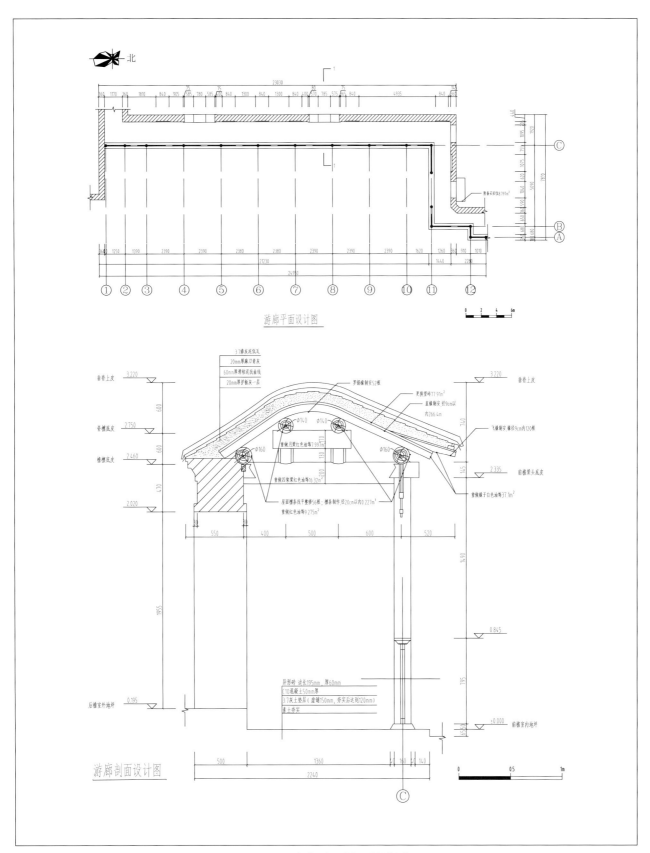

游廊平面设计图

游廊剖面设计图

图 52　游廊平、剖面设计图

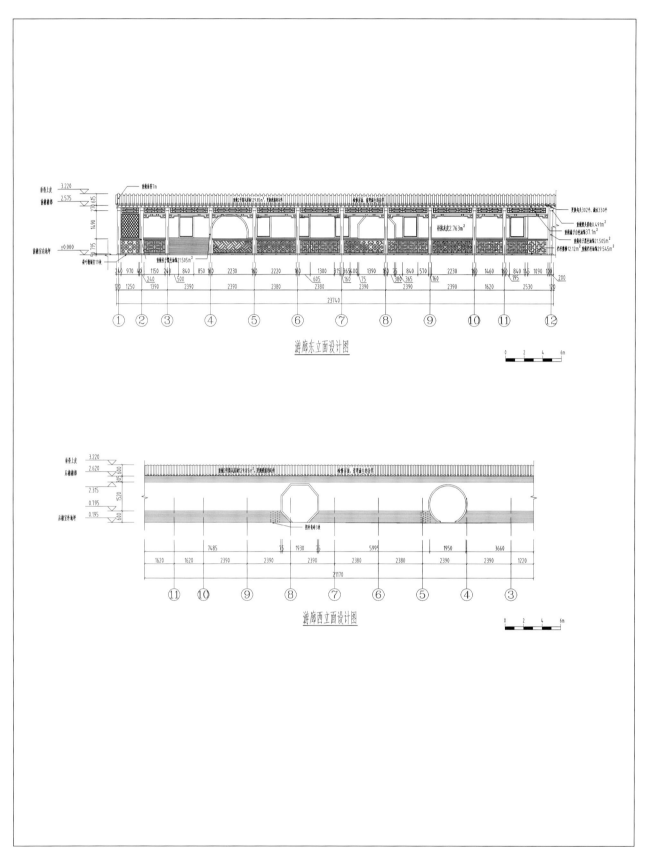

图 53　游廊立面设计图

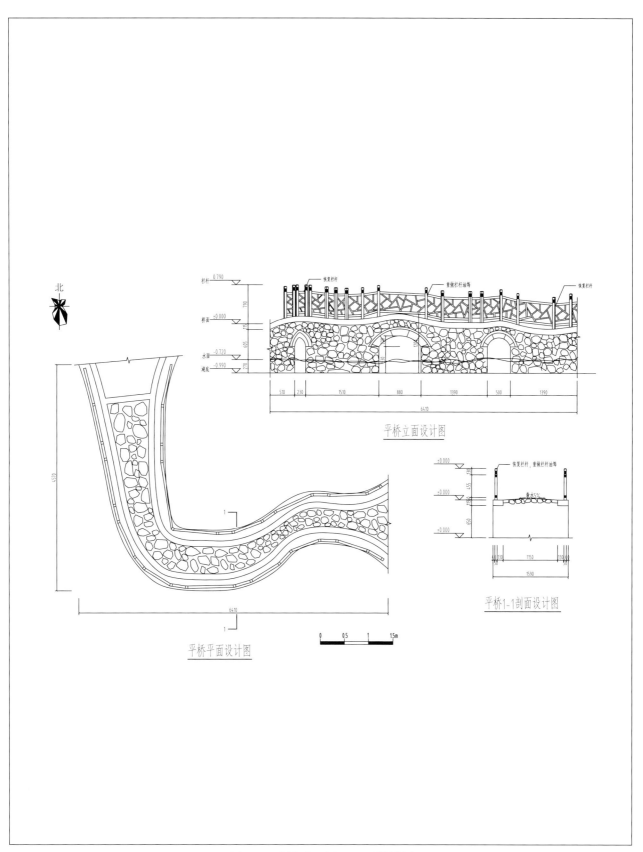

北

平桥立面设计图

平桥1-1剖面设计图

平桥平面设计图

图 54　平桥平、剖、立面设计图

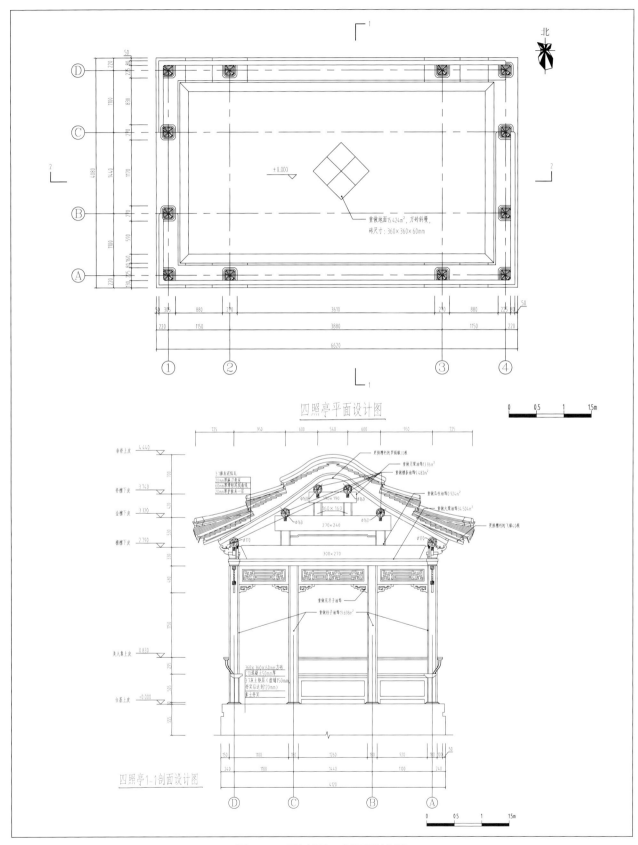

图 55 四照亭平、剖面设计图

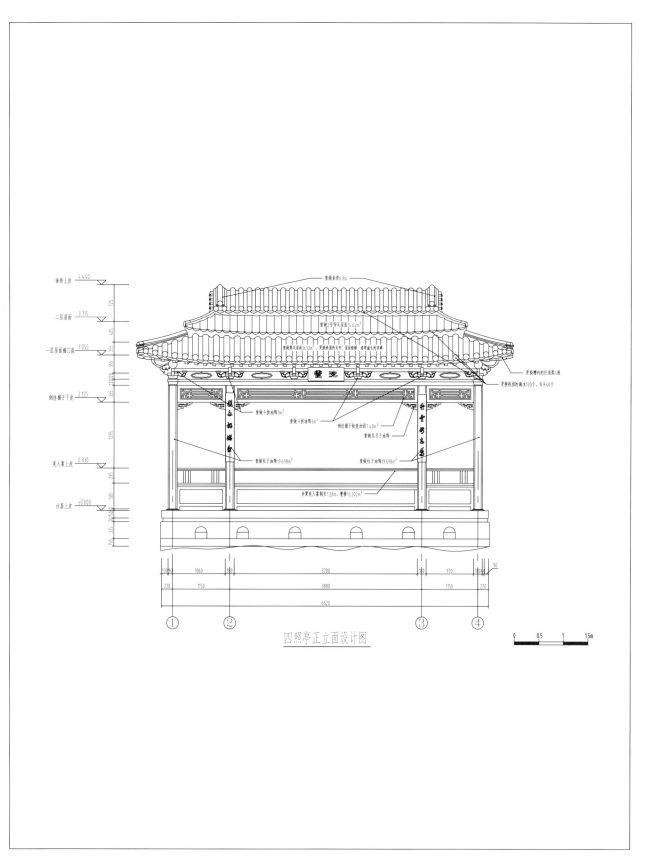

图 56　四照亭立面设计图

北

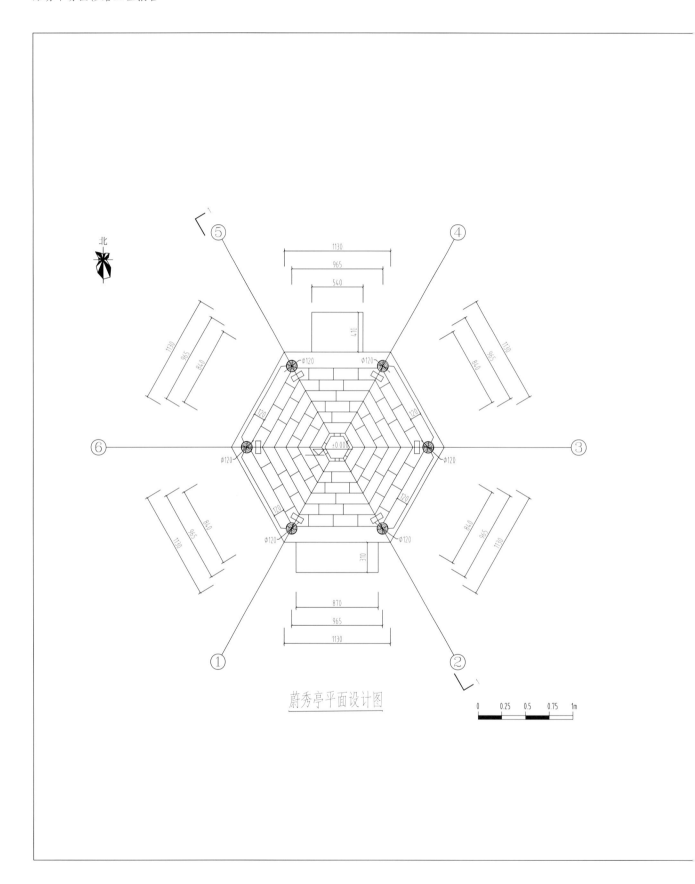

蔚秀亭平面设计图

0 0.25 0.5 0.75 1m

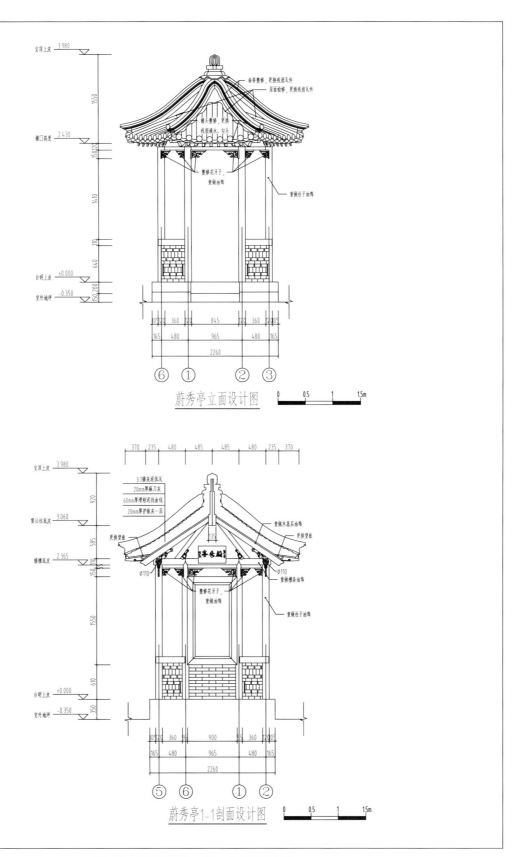

图 57　蔚秀亭平、剖、立面设计图

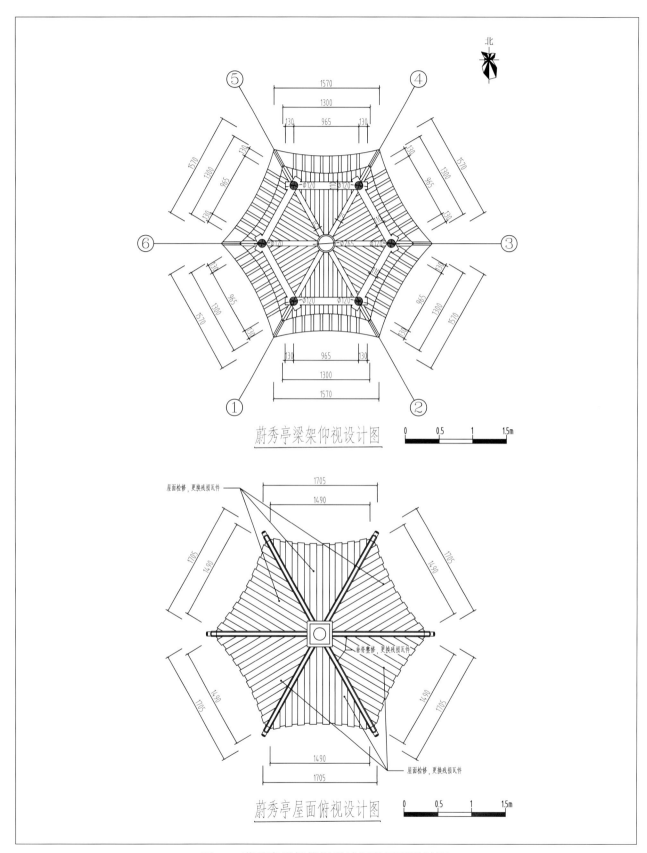

图 58　蔚秀亭梁架仰视设计图及屋顶设计图

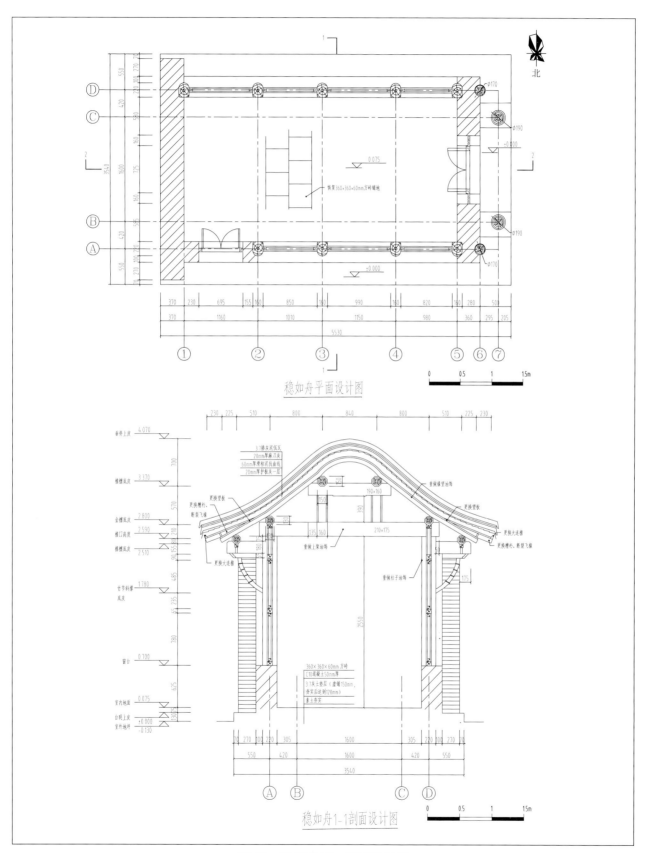

稳如舟平面设计图

稳如舟1-1剖面设计图

图 59　稳如舟平、剖面设计图

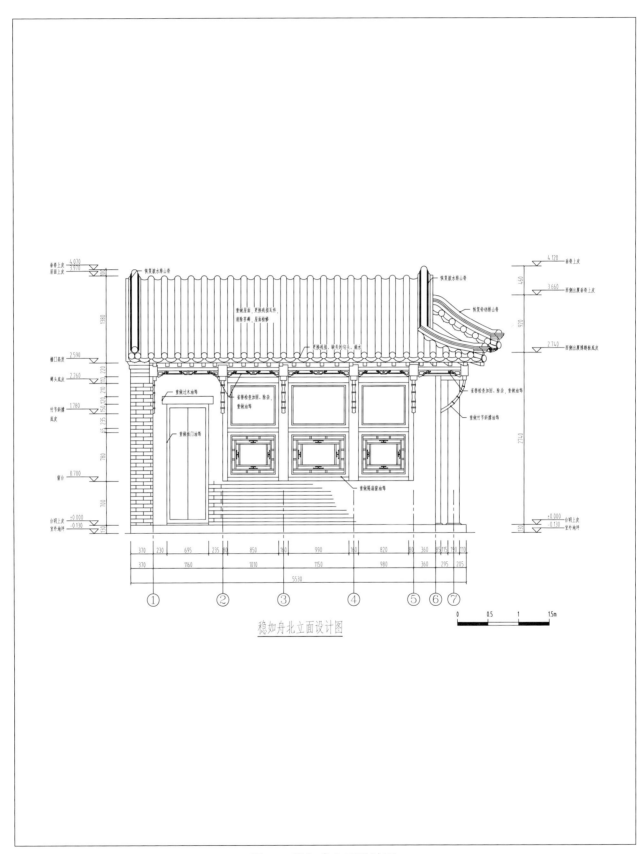

图 60　稳如舟立面设计图

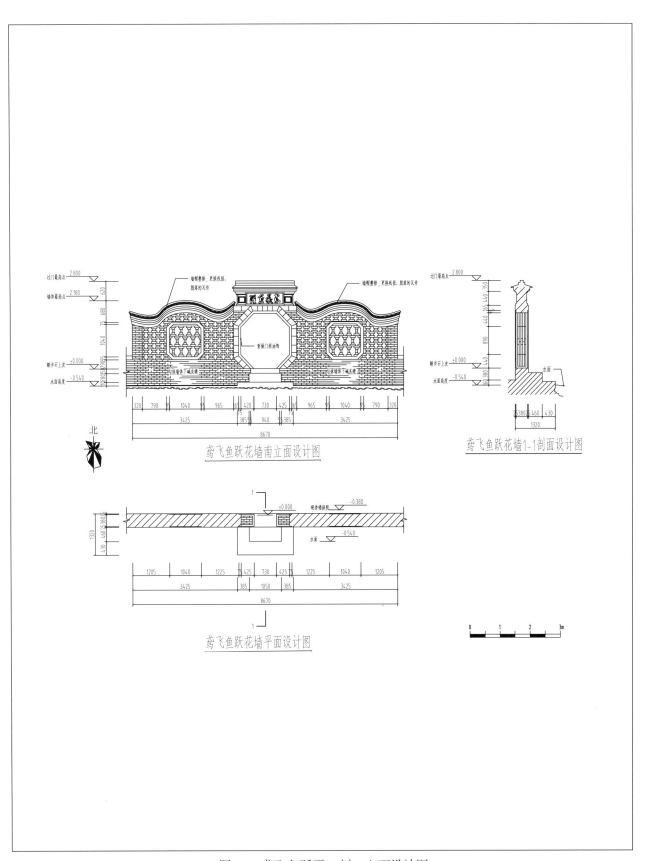

图61 鸢飞鱼跃平、剖、立面设计图

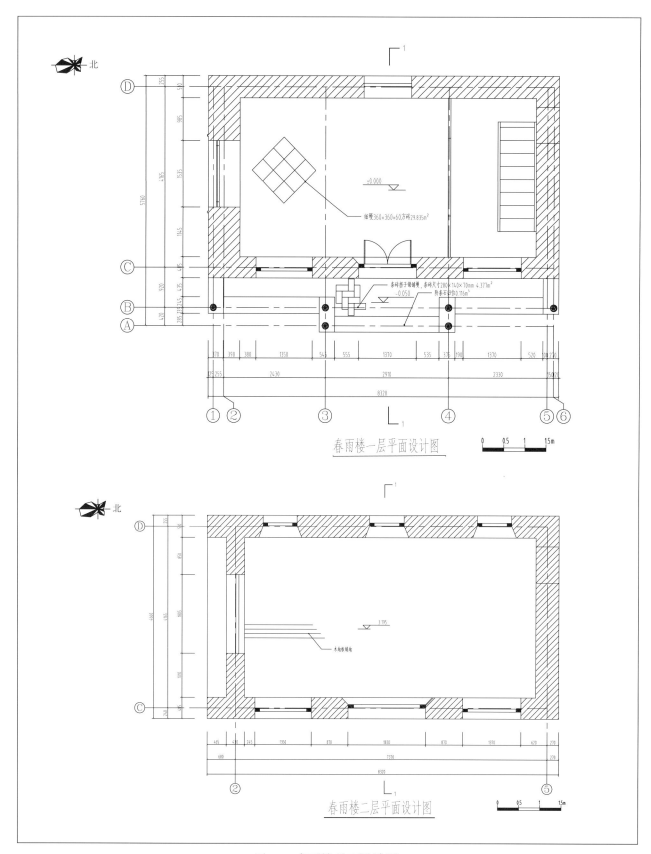

春雨楼一层平面设计图

春雨楼二层平面设计图

图 62　春雨楼平面设计图

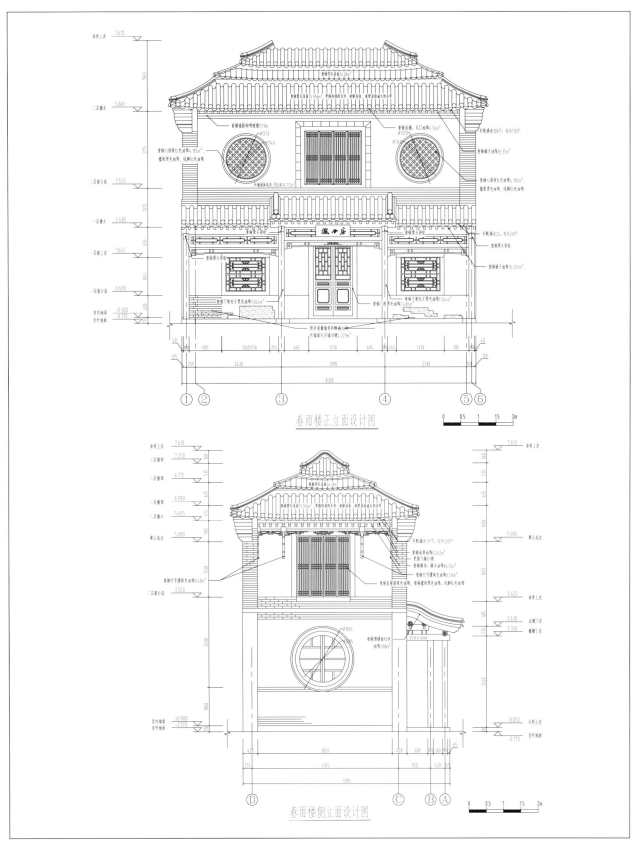

春雨楼正立面设计图

春雨楼侧立面设计图

图 63 春雨楼立面设计图

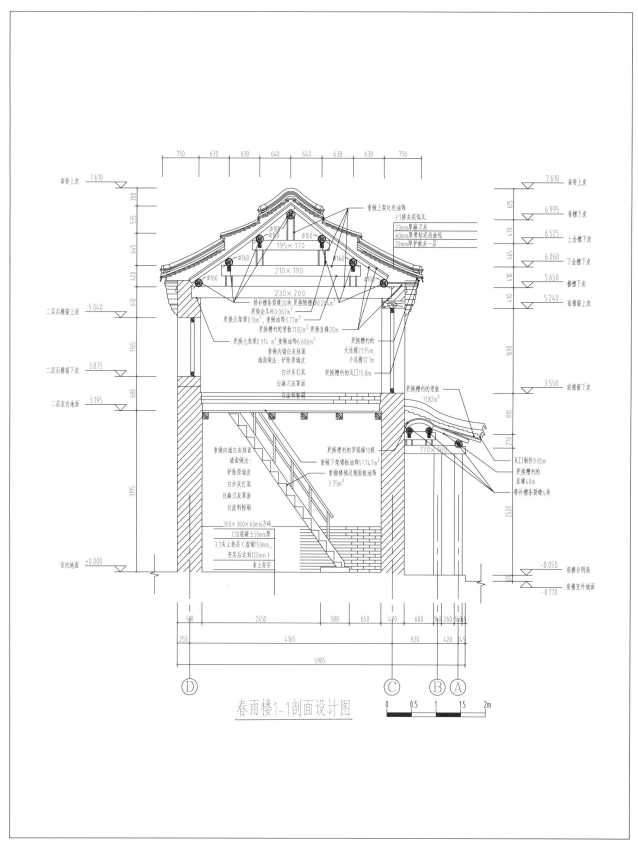

图64　春雨楼剖面设计图

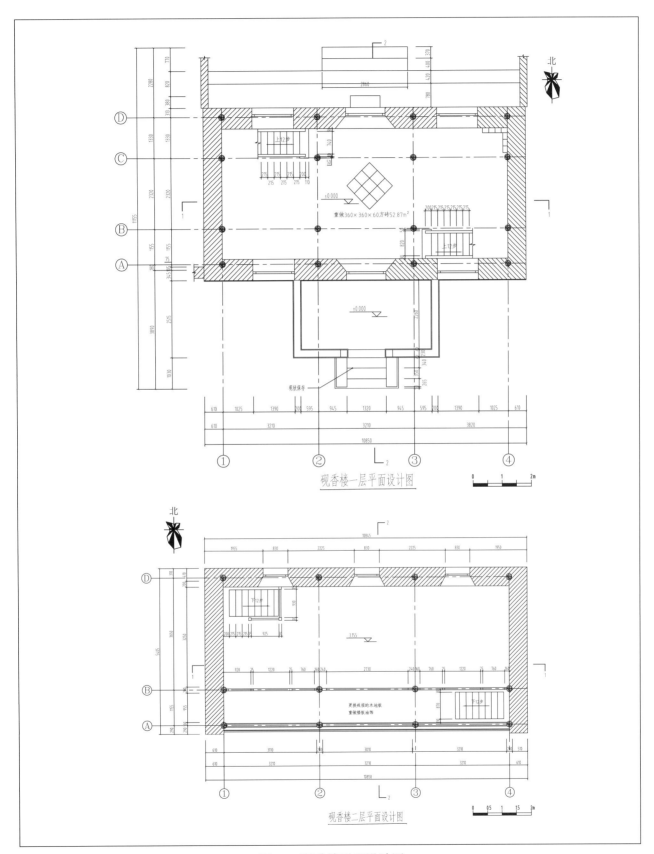

砚香楼一层平面设计图

砚香楼二层平面设计图

图 65　砚香楼平面设计图

图 66　砚香楼立面设计图

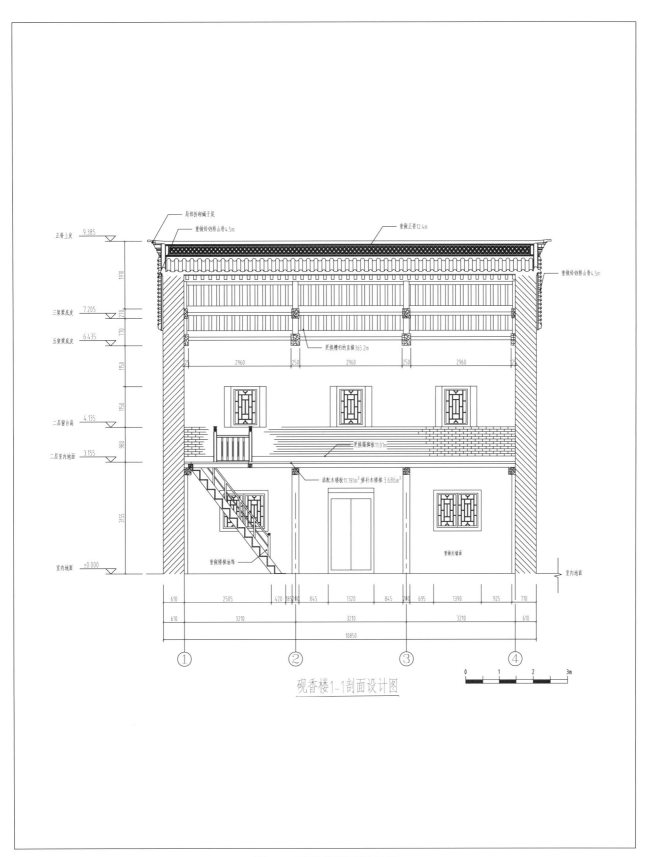

图 67　砚香楼剖面设计图

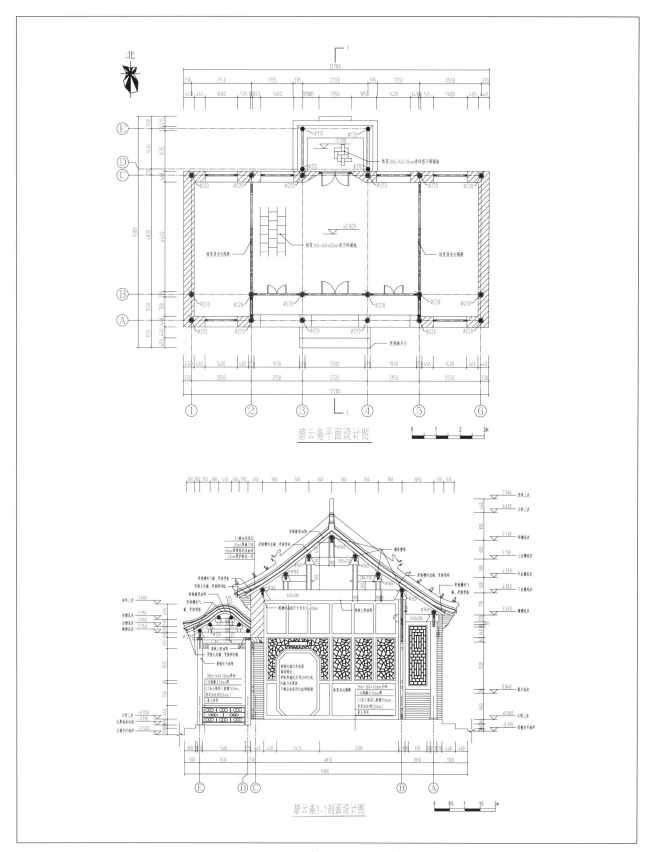

图 68　碧云斋平、剖面设计图

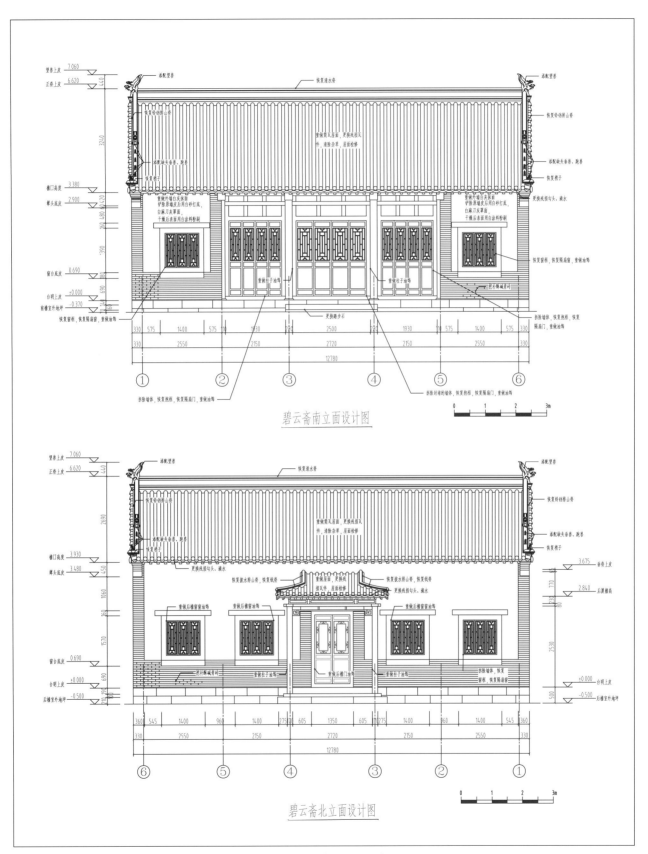

图 69　碧云斋立面设计图

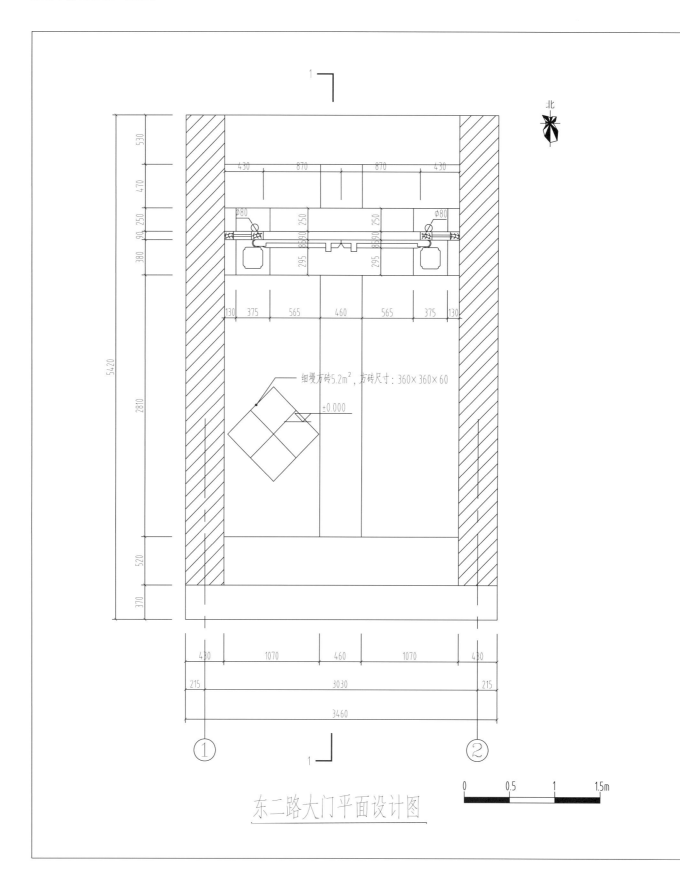

细墁方砖5.2m²，方砖尺寸：360×360×60

北

东二路大门平面设计图

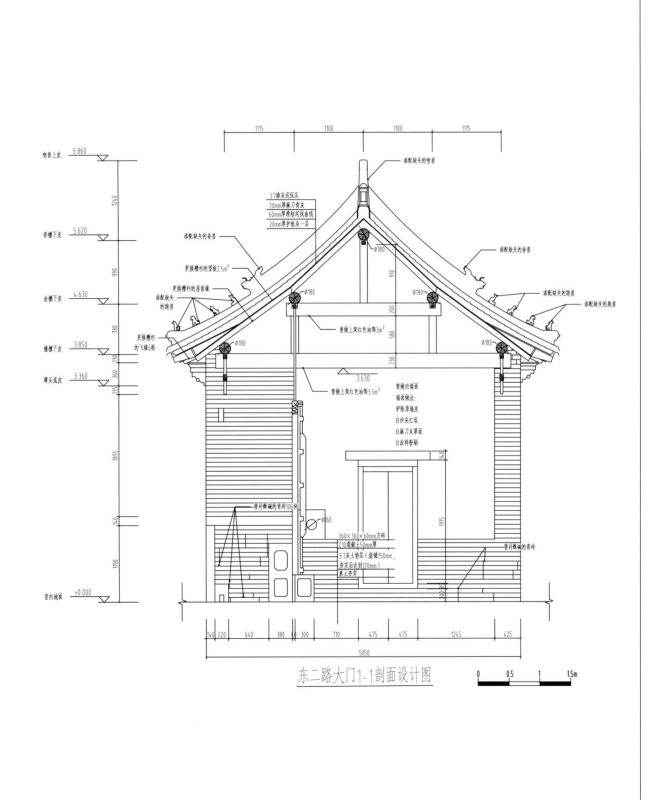

东二路大门1-1剖面设计图

图70 东二路大门平、剖面设计图

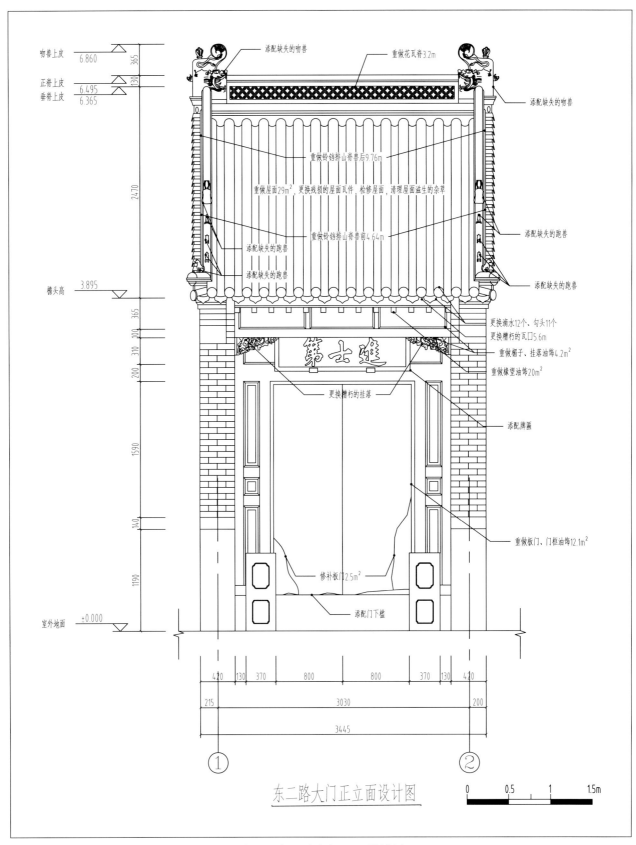

图 71 东二路大门立面设计图

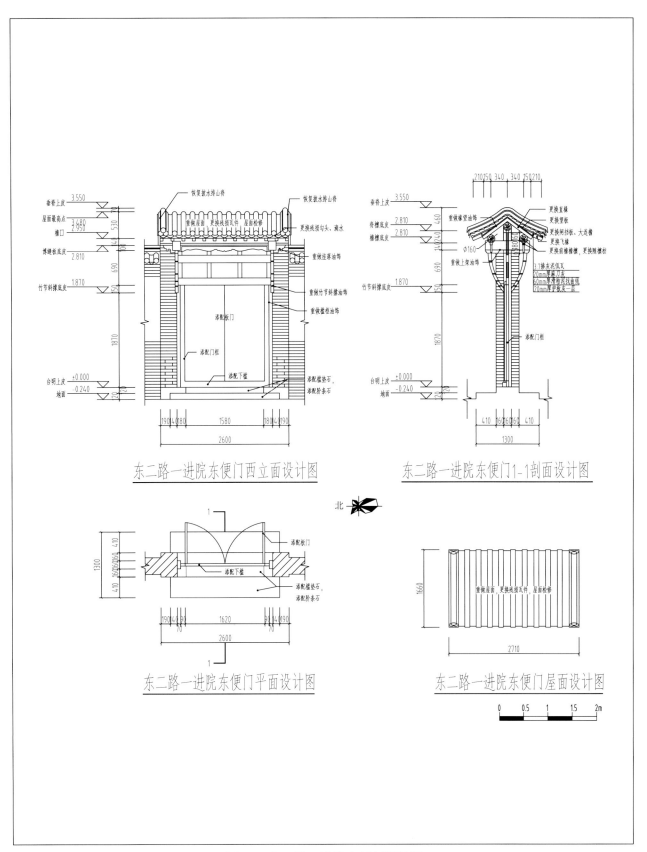

东二路一进院东便门西立面设计图

东二路一进院东便门1-1剖面设计图

北

东二路一进院东便门平面设计图

东二路一进院东便门屋面设计图

图 72　东二路一进院东便门设计图

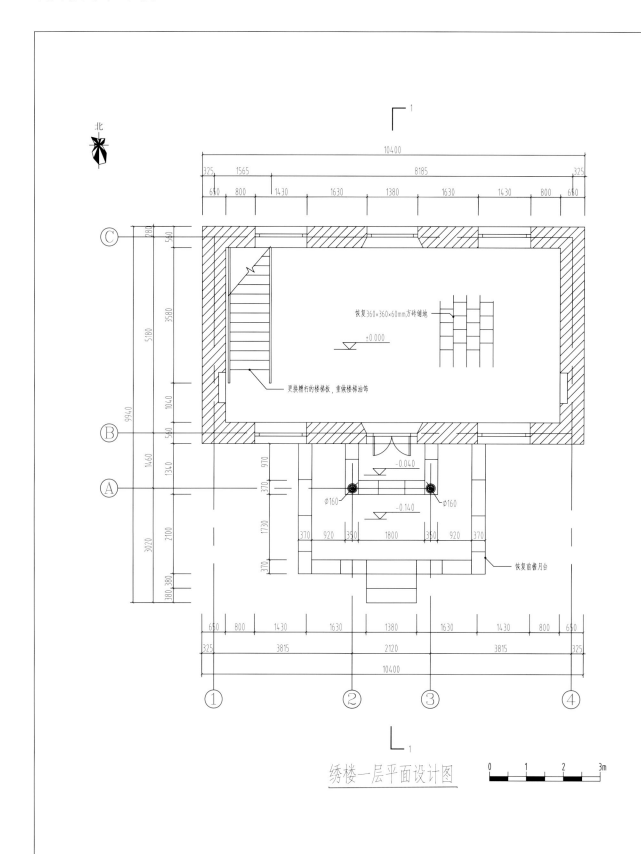

恢复360×360×60mm方砖铺地

±0.000

更换糟朽的楼梯板，重做楼梯油饰

-0.040

φ160   φ160

-0.140

恢复前檐月台

绣楼一层平面设计图

0 1 2 3m

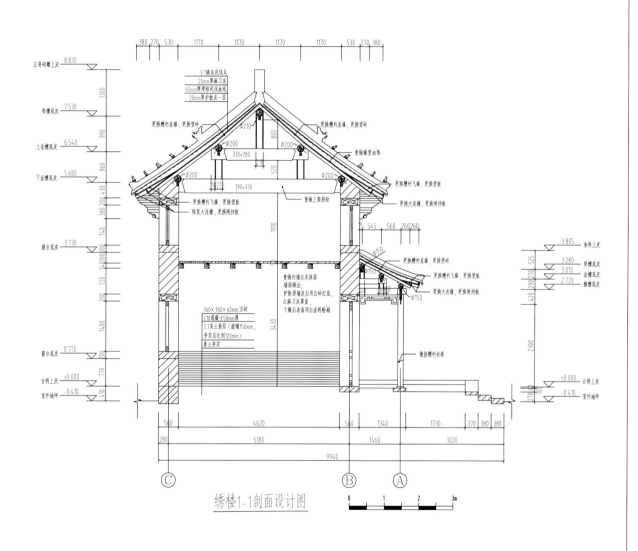

图 73　绣楼平、剖面设计图

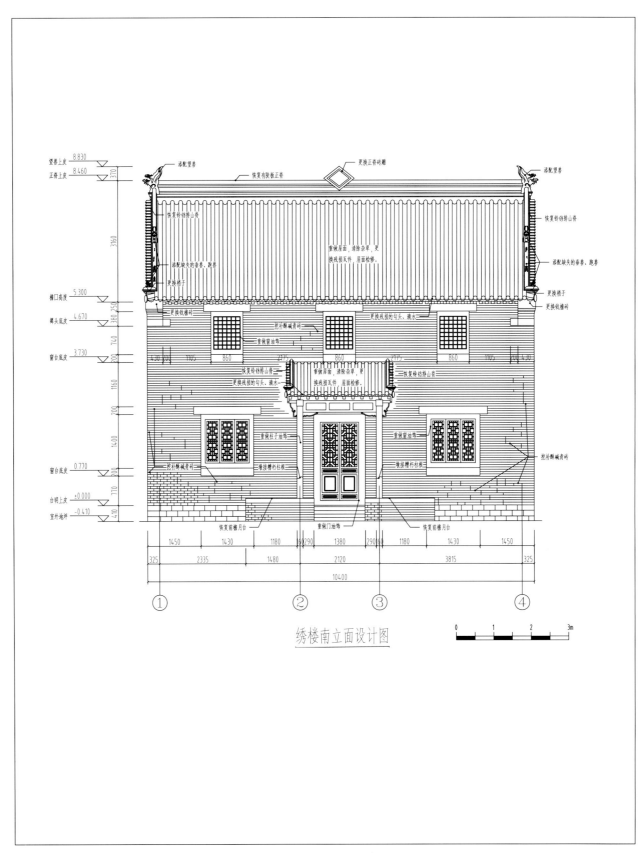

图74 绣楼立面设计图

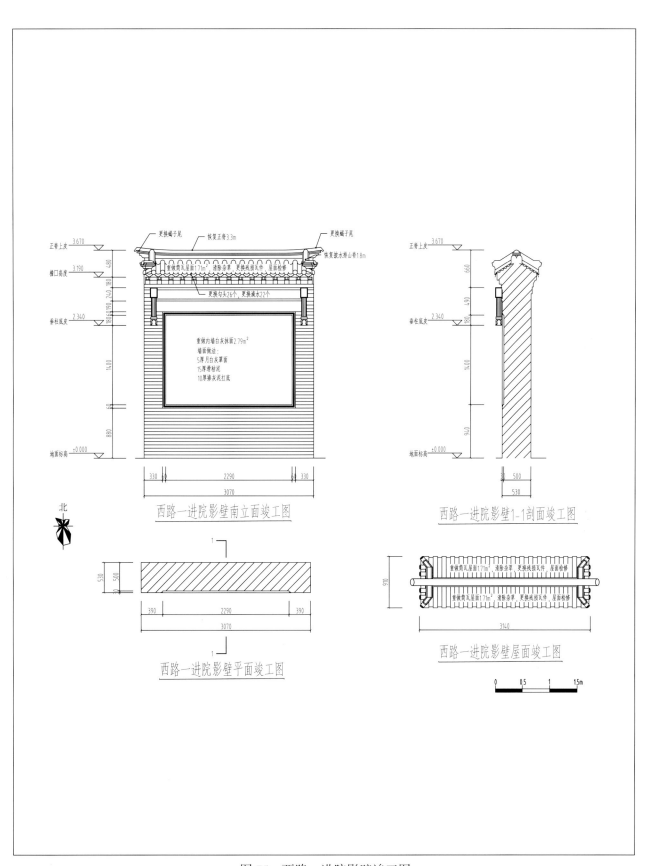

图75　西路一进院影壁竣工图

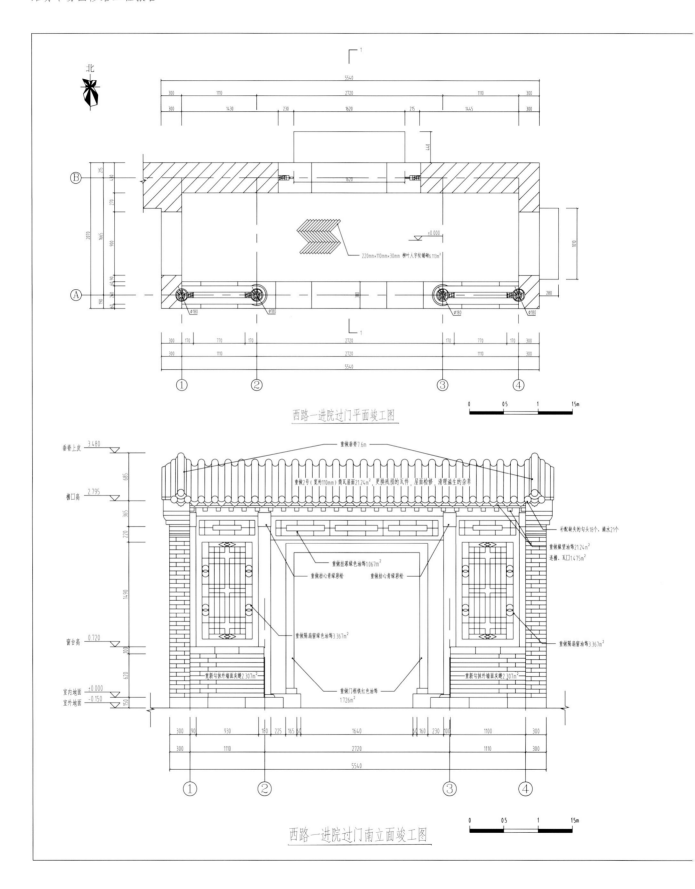

西路一进院过门平面竣工图

西路一进院过门南立面竣工图

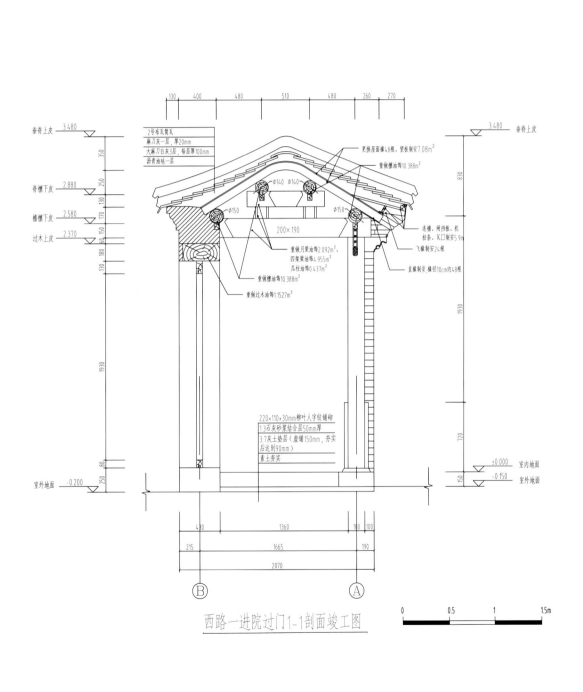

图 76　西路一进院过门竣工图

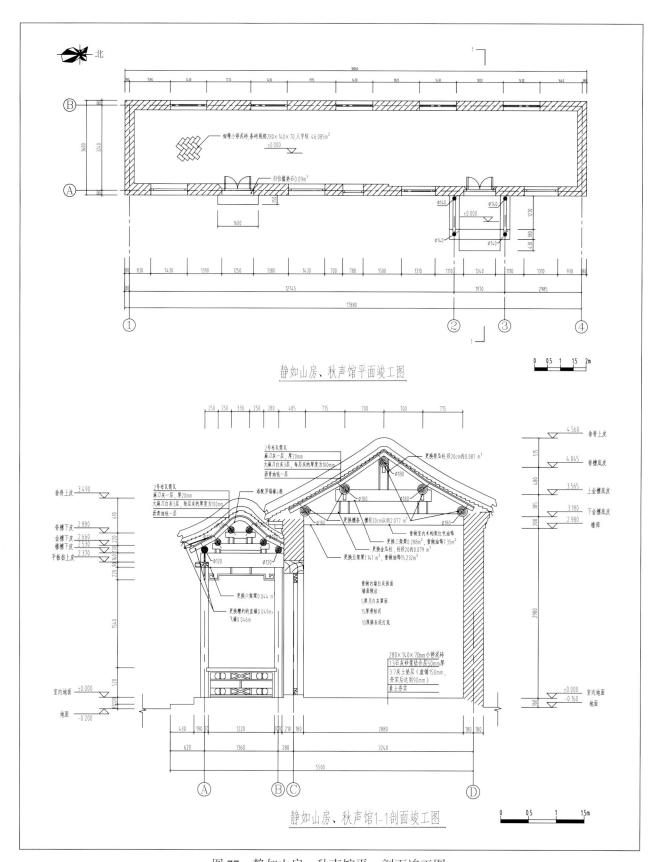

静如山房、秋声馆平面竣工图

静如山房、秋声馆1-1剖面竣工图

图77 静如山房、秋声馆平、剖面竣工图

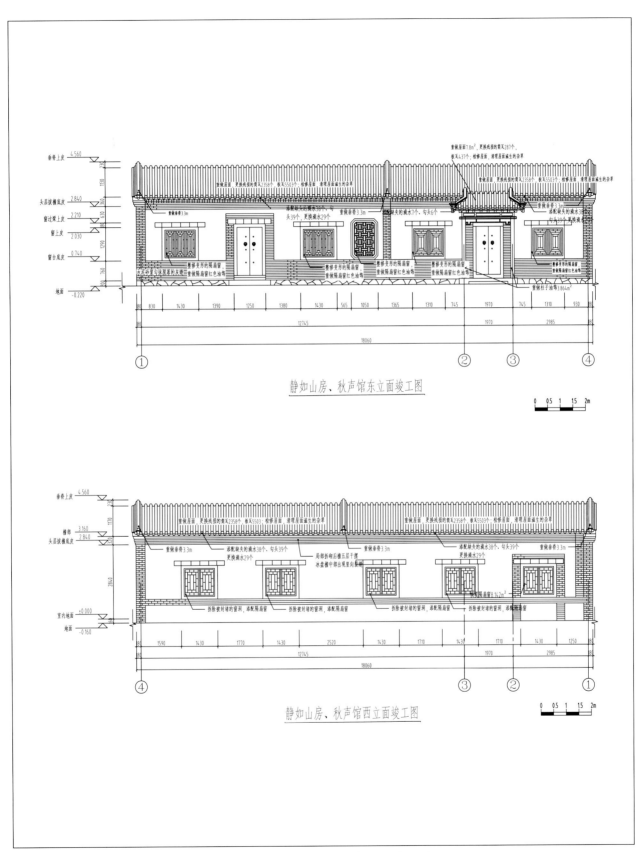

静如山房、秋声馆东立面竣工图

静如山房、秋声馆西立面竣工图

图78　静如山房、秋声馆立面竣工图

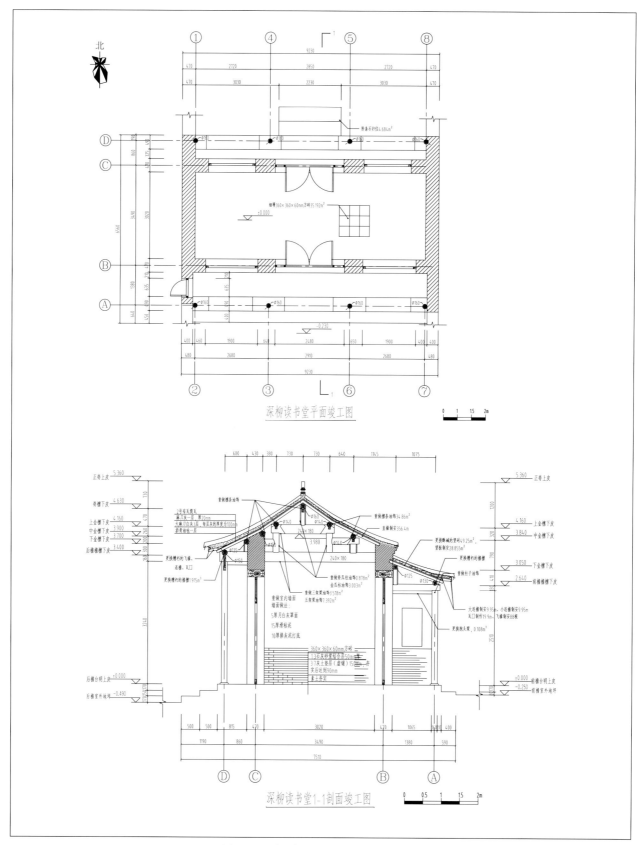

深柳读书堂平面竣工图

深柳读书堂1-1剖面竣工图

图 79　深柳读书堂平、剖面竣工图

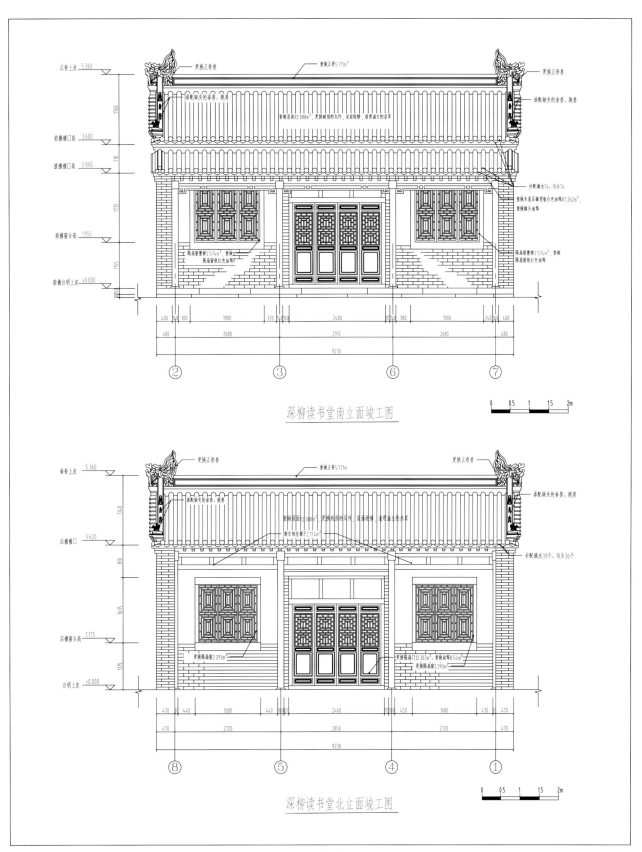

深柳读书堂南立面竣工图

深柳读书堂北立面竣工图

图 80　深柳读书堂立面竣工图

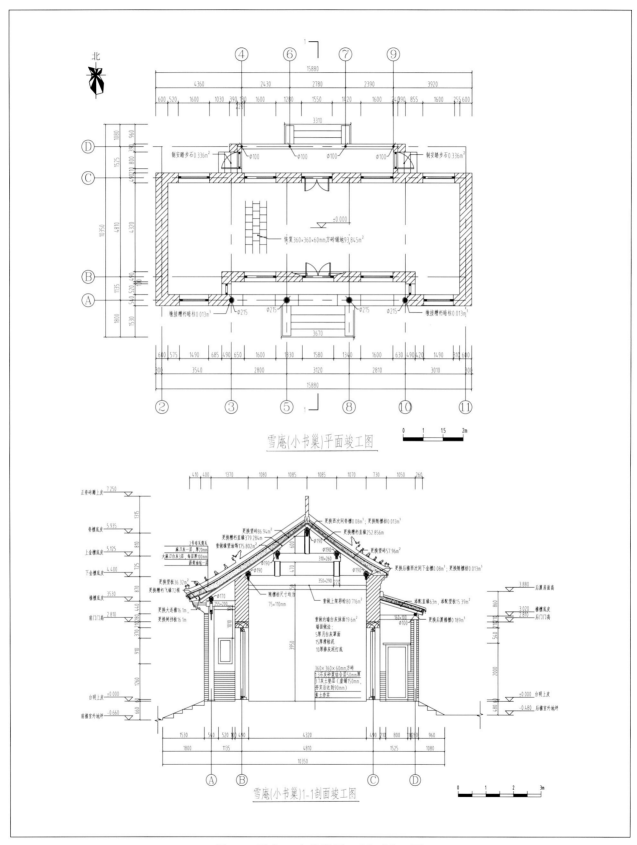

图81 雪庵、小书巢平、剖面竣工图

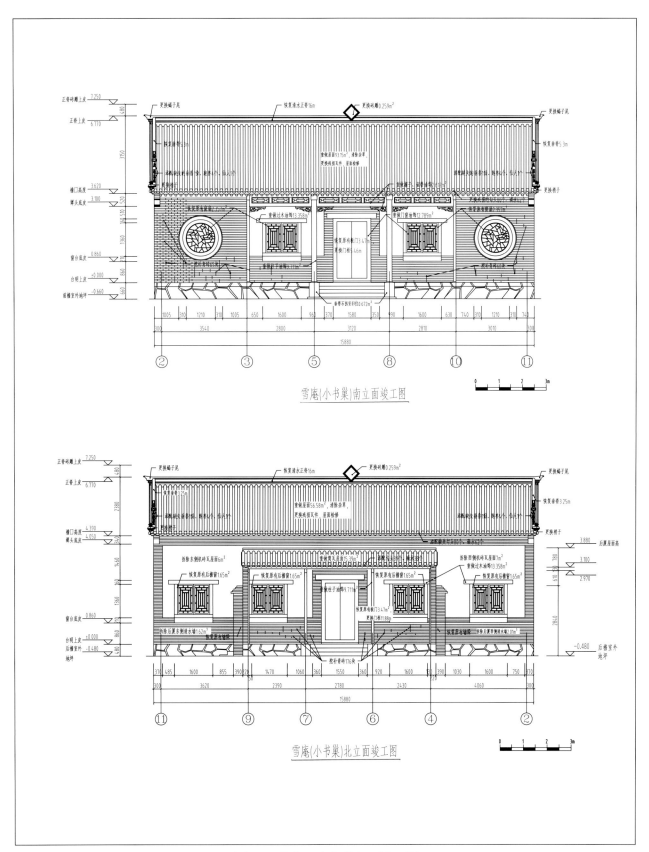

图 82　雪庵、小书巢立面竣工图

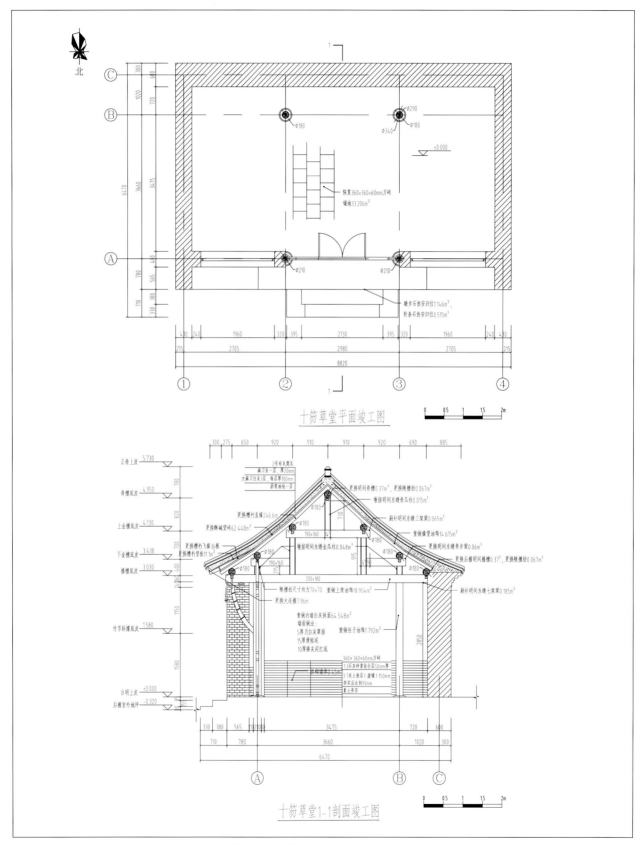

北

恢复360×360×60mm方砖
墁地33.206m²

±0.000

Φ290
Φ340
Φ180
Φ180

Φ210
Φ210

踏步石拆安归位1.146m²
阶条石拆安归位0.515m²

十笏草堂平面竣工图

0 0.5 1 1.5 2m

正脊上皮 5.730
脊檩底皮 4.950
上金檩底皮 4.130
下金檩底皮 3.430
檐檩底皮 3.030

竹节斜撑底皮 1.580

台明上皮 ±0.000
后檐室外地坪 -0.320

2号布瓦剪瓦
麻刀灰一层,厚20mm
大麻刀白灰,每层厚100mm
苫青油贴一层

更换明间脊檩0.37m³,更换随檩垫枋0.067m³
搬接明间东缝脊瓜柱0.015m³
剔补明间东缝三架梁0.065m³
重做椽望油饰14.615m²
更换后缝明间椽檩0.37³,更换随檩垫枋0.067m³
剔补明间东缝七架梁0.185m³

更换望砖椽直檩246.6m²
更换酥碱望砖62.448m²
搬接明间东缝金瓜柱0.048m³

更换望砖飞椽36根
更换望砖望板11.1m²

随檩枋尺寸约为70×70
重做上架油饰18.954m²
更换大连檐7.96m

重做内墙白灰抹面64.548m²
墙面做法
5厚月白灰罩面
15厚滑秸泥
10厚捣灰泥打底

360×360×60mm方砖
1.3石灰砂浆结合层50mm厚
3.7灰土垫层(虚铺)150mm
夯实后达到90mm
素土夯实

重做柱子油饰1792m²

十笏草堂1-1剖面竣工图

0 0.5 1 1.5 2m

图83 十笏草堂平、剖面竣工图

294

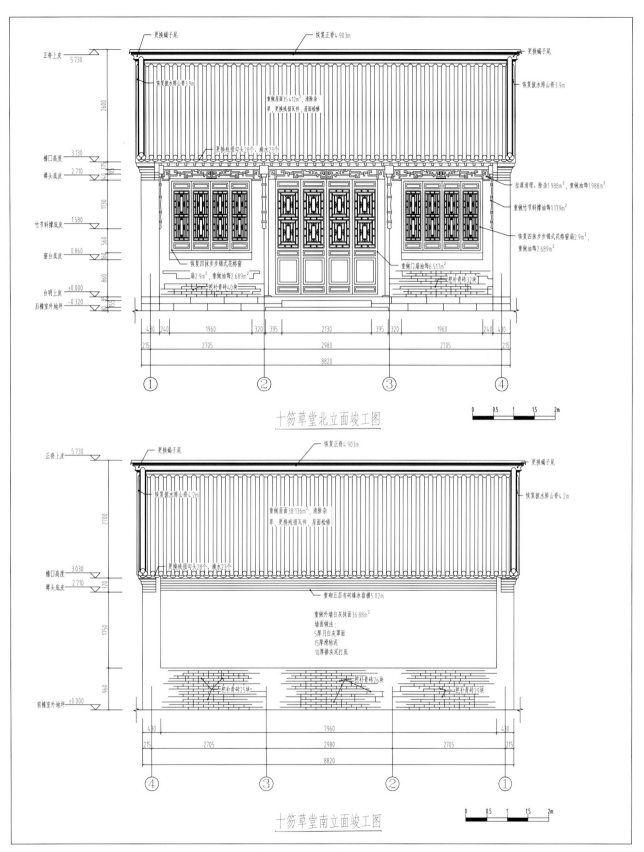

十笏草堂北立面竣工图

十笏草堂南立面竣工图

图 84　十笏草堂立面竣工图

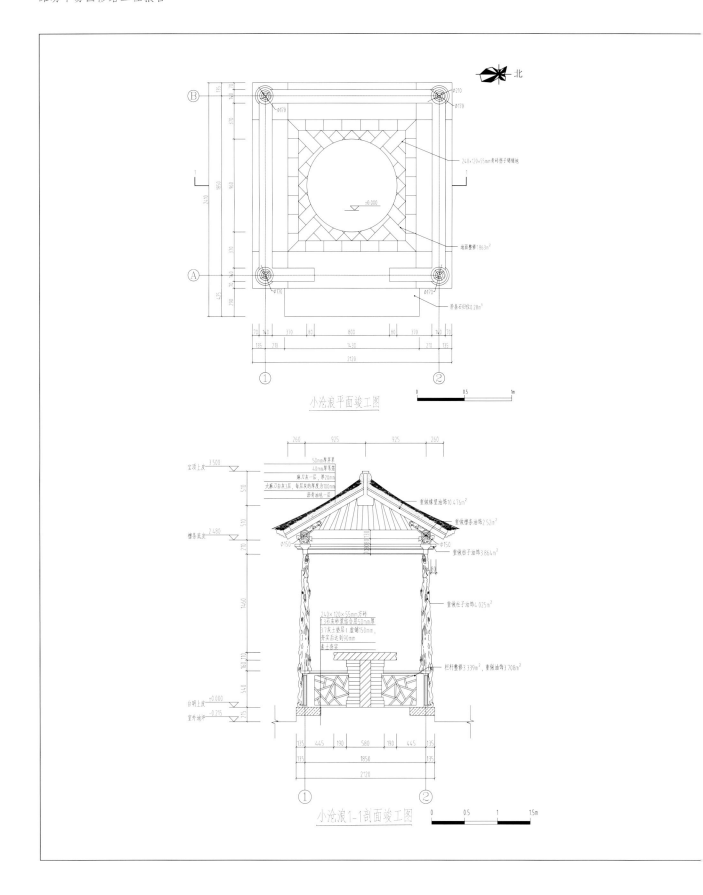

北

Φ210
Φ170
Φ170

240×120×55mm青砖棋子锯铺地

地面整修1.863m²

Φ170
Φ170

阶条石归位0.28m³

小沧浪平面竣工图
0   0.5   1m

宝顶上皮 3.500
50mm厚苫草
40mm厚苫背
麻刀灰一层，厚20mm
大麻刀白灰3层，每层灰的厚度为100mm
裹青面纸一层

重做椽望油饰10.476m²

重做爆冬油饰2.52m²

櫞条底皮 2.480
Φ150
Φ150

重做坊子油饰3.864m²

重做柱子油饰4.025m²

240×120×55mm方砖
1:3石灰砂浆结合层50mm厚
3:7灰土垫层（虚铺150mm，夯实后达到90mm）
素土夯实

栏杆整修3.339m²，重做油饰3.708m²

台明上皮 0.000
室外地坪 -0.215

小沧浪1-1剖面竣工图
0   0.5   1   1.5m

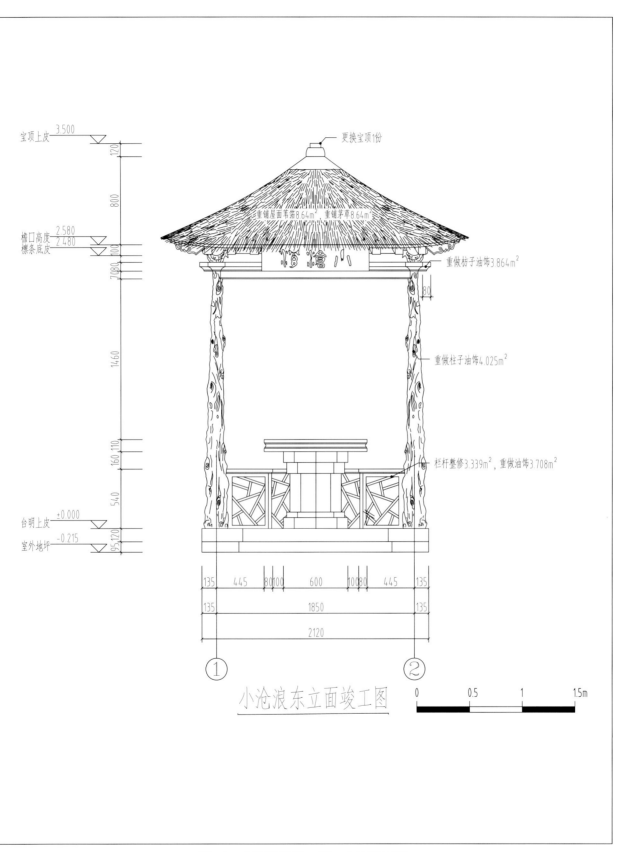

宝顶上皮 3.500

更换宝顶1份

120

800

重铺屋面苇箔8.64m²，重铺茅草8.64m²

檐口高度 2.580
檩条底皮 2.480

100

重做椽子油饰3.864m²

80

1460

重做柱子油饰4.025m²

160 110

栏杆整修3.339m²，重做油饰3.708m²

540

台明上皮 ±0.000

95 120

室外地坪 −0.215

135 445 80 100 600 100 80 445 135

135 1850 135

2120

① ②

小沧浪东立面竣工图

0　　　0.5　　　1　　　1.5m

图 85　小沧浪亭平、剖、立面竣工图

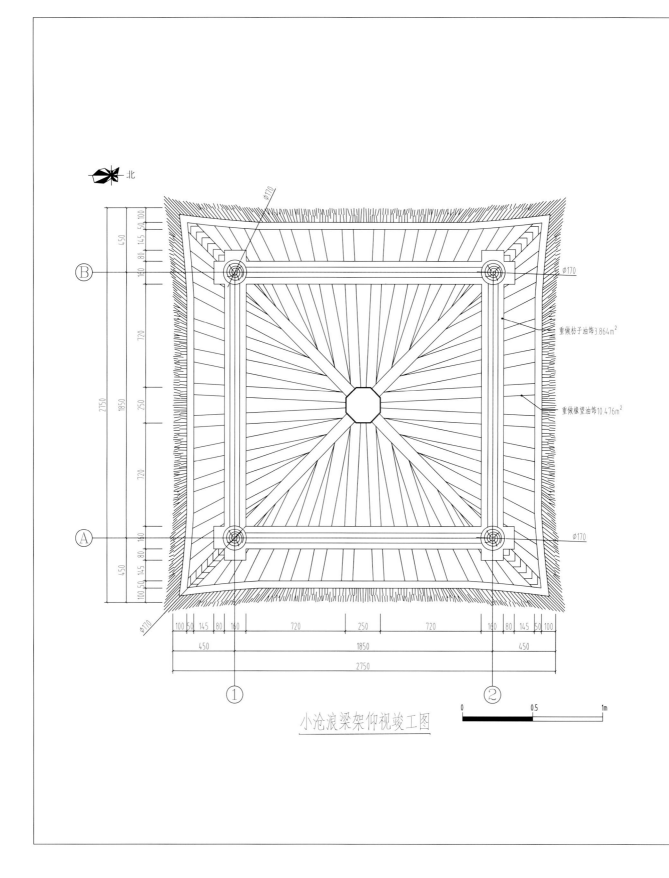

北

∅170
∅170
∅170
∅170

重做枋子油饰3.864m²
重做椽望油饰10.476m²

B
A
①
②

450 1850 450
2750

100 50 145 80 160 720 250 720 160 80 145 50 100
450 1850 450
2750

小沧浪梁架仰视竣工图

0   0.5   1m

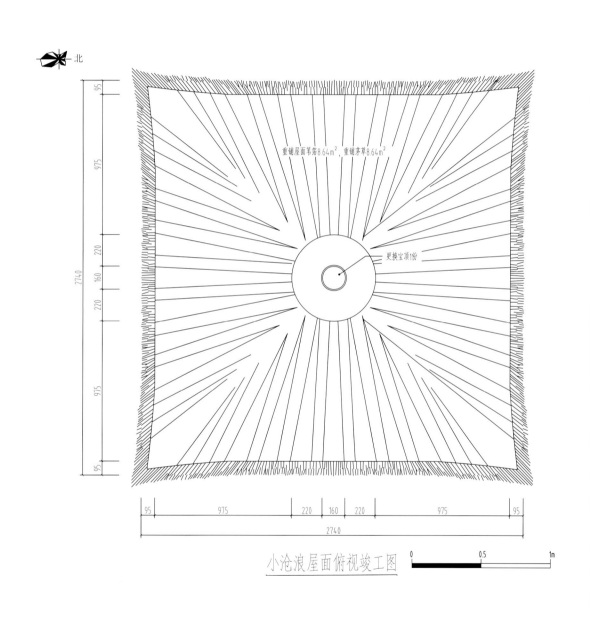

北

重铺屋面苇箔8.64m²，重铺茅草8.64m²

更换宝顶1份

2740

小沧浪屋面俯视竣工图

0   0.5   1m

图 86　小沧浪亭梁架仰视竣工图及屋顶竣工图

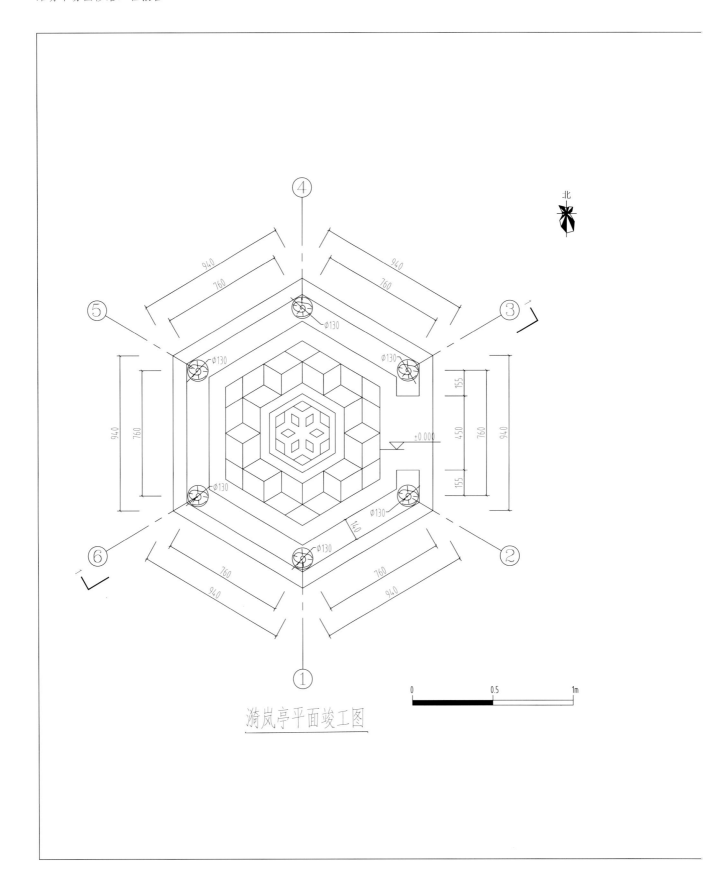

猗岚亭平面竣工图

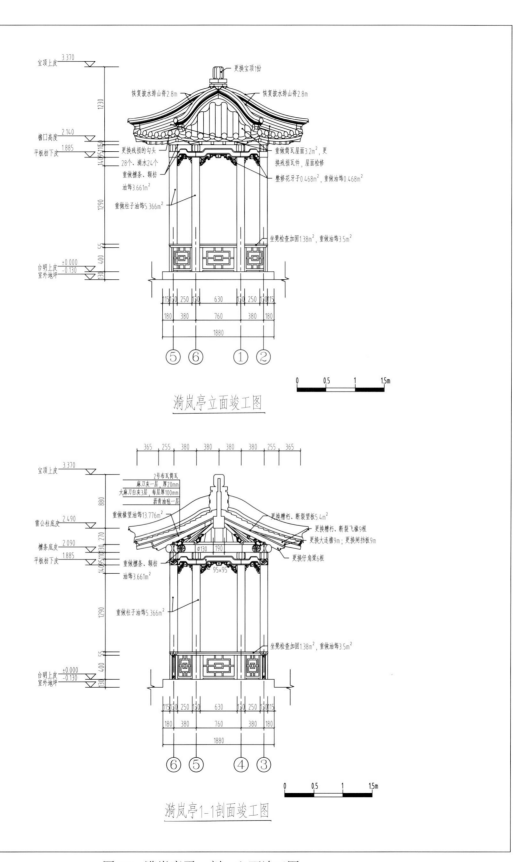

图 87　漪岚亭平、剖、立面竣工图

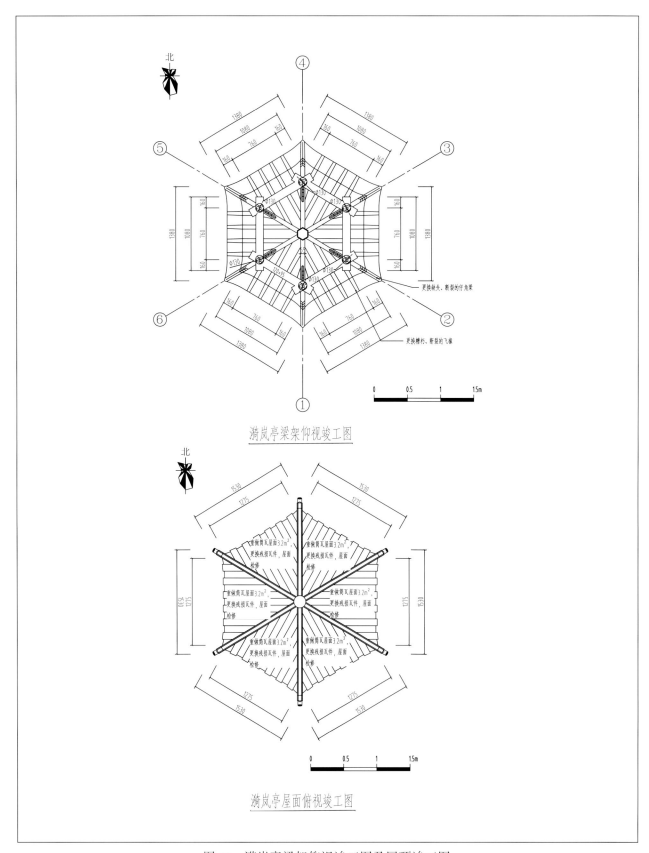

漪岚亭梁架仰视竣工图

漪岚亭屋面俯视竣工图

图 88　漪岚亭梁架仰视竣工图及屋顶竣工图

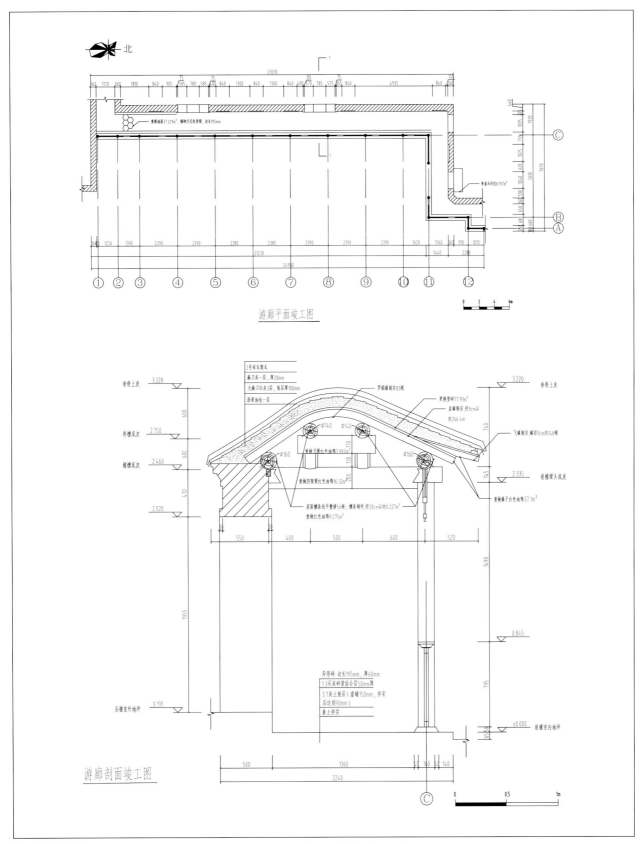

游廊平面竣工图

游廊剖面竣工图

图 89　游廊平、剖面竣工图

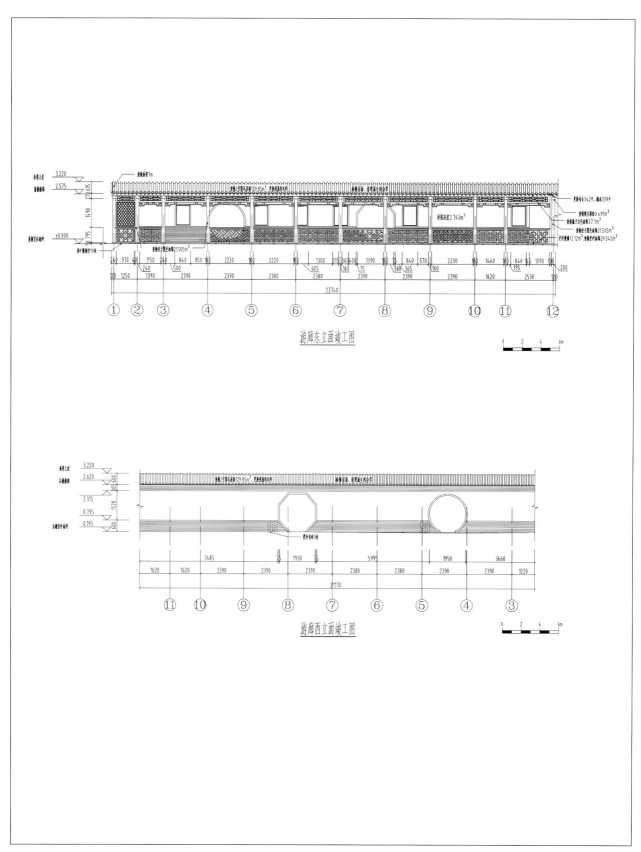

图 90　游廊立面竣工图

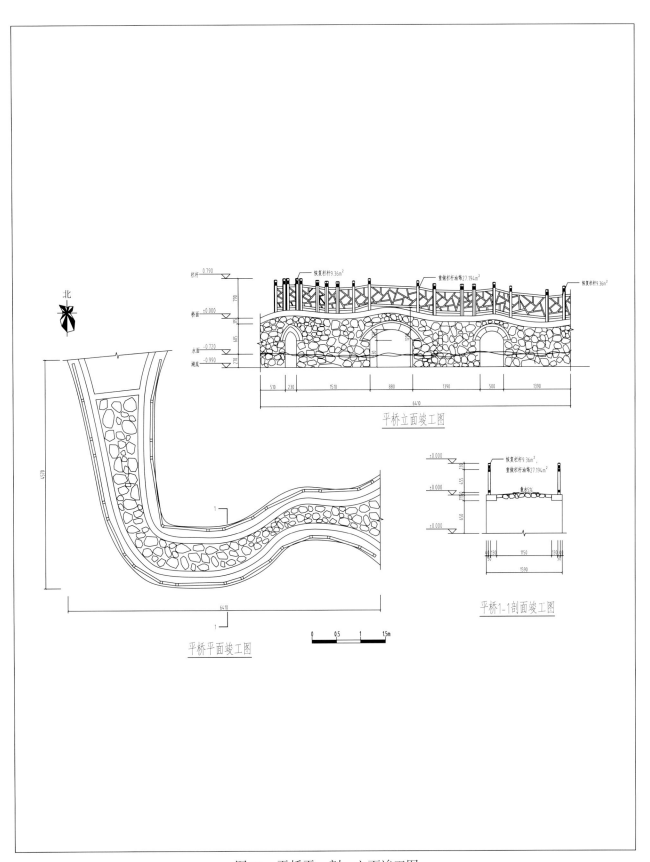

北

恢复栏杆9.36m²
重做栏杆油饰27.194m²
恢复栏杆9.36m²

栏杆 0.790
桥面 +0.000
水面 -0.720
湖底 -0.990

平桥立面竣工图

恢复栏杆9.36m²
重做栏杆油饰27.194m²

+0.000
+0.000
+0.000

平桥1-1剖面竣工图

0 0.5 1 1.5m

平桥平面竣工图

图 91 平桥平、剖、立面竣工图

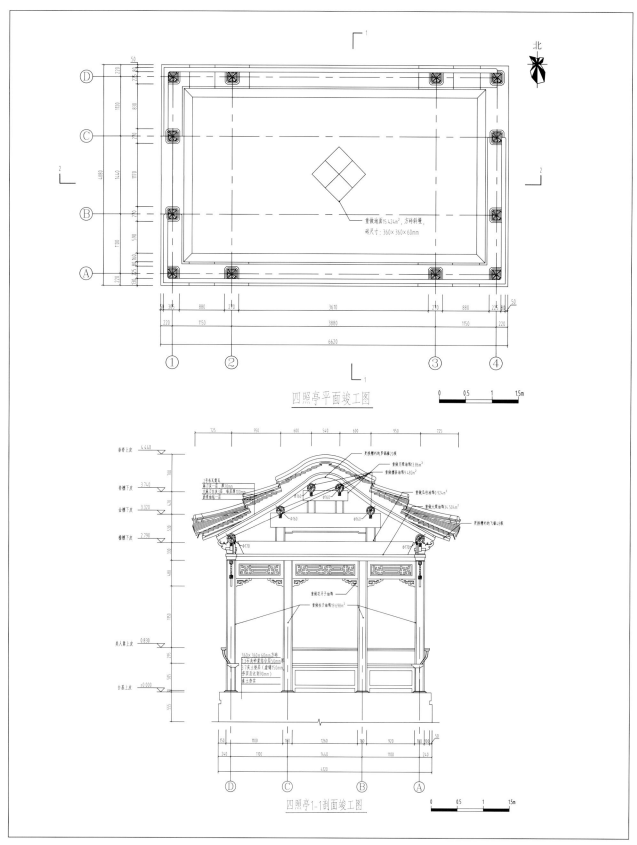

四照亭平面竣工图

四照亭1-1剖面竣工图

图 92　四照亭平、剖面竣工图

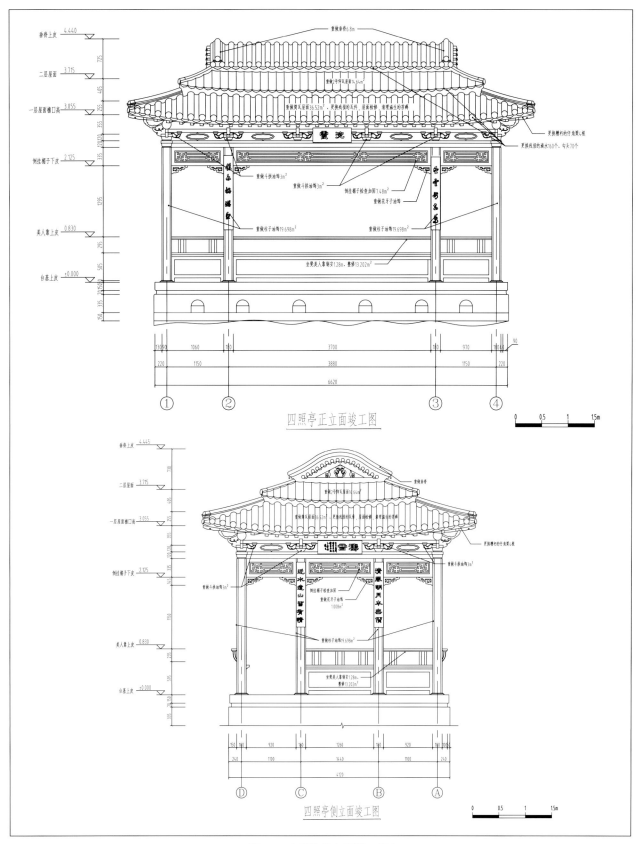

四照亭正立面竣工图

四照亭侧立面竣工图

图 93　四照亭立面竣工图

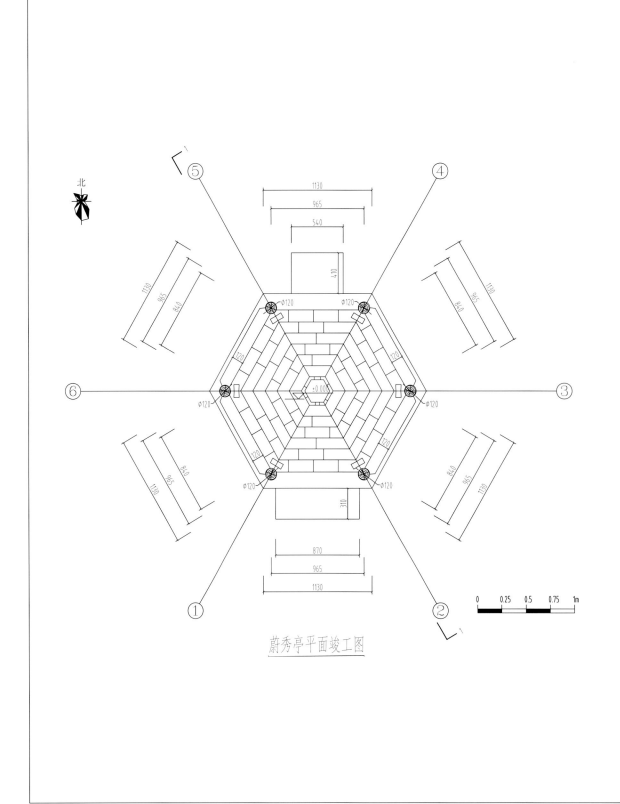

蔚秀亭平面竣工图

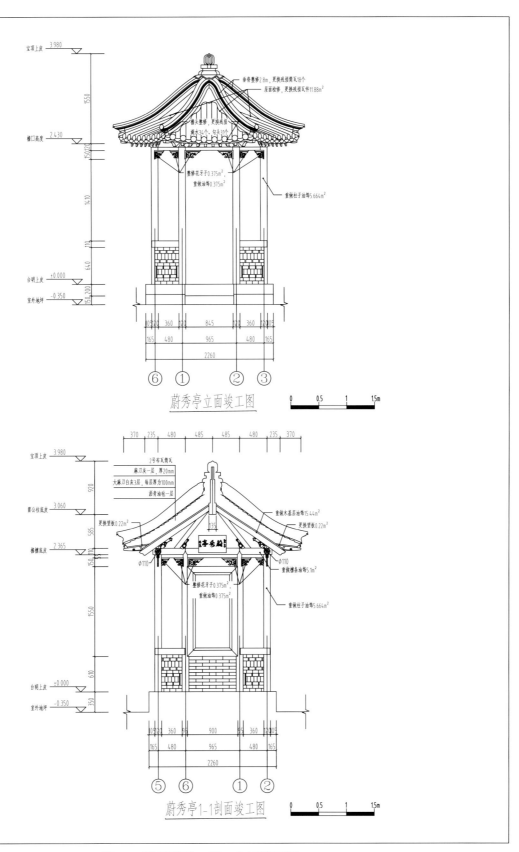

图94 蔚秀亭平、剖、立面竣工图

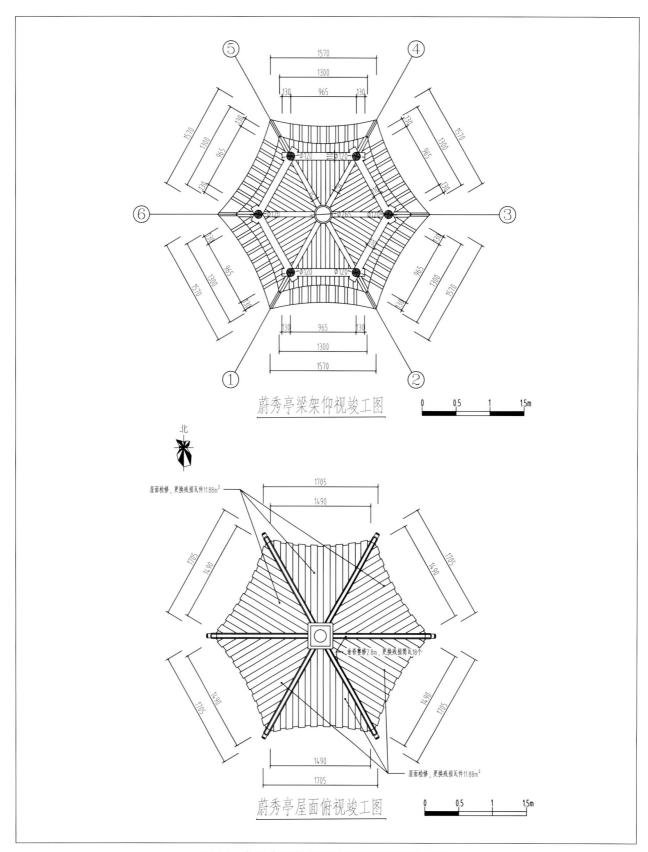

蔚秀亭梁架仰视竣工图

蔚秀亭屋面俯视竣工图

图95 蔚秀亭梁架仰视竣工图及屋顶竣工图

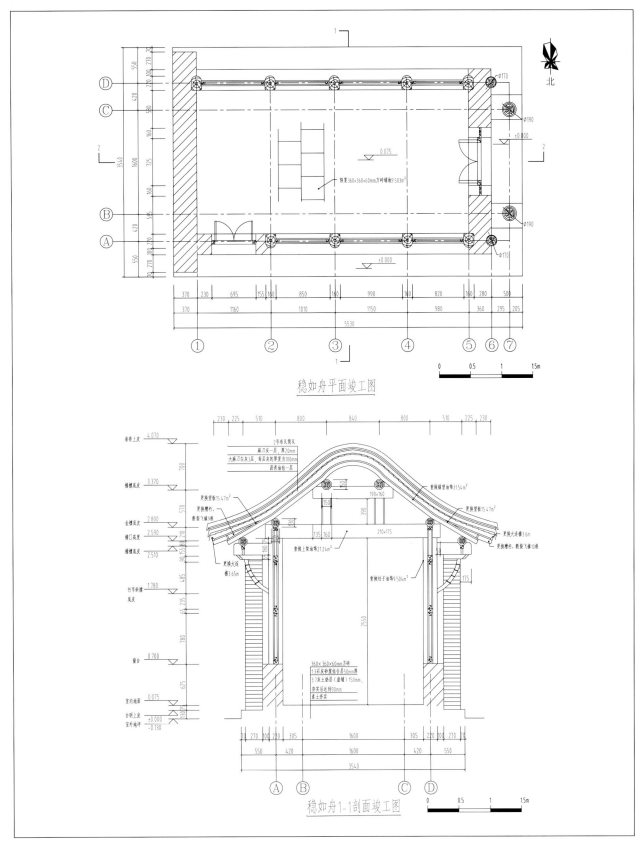

稳如舟平面竣工图

稳如舟1-1剖面竣工图

图96　稳如舟平、剖面竣工图

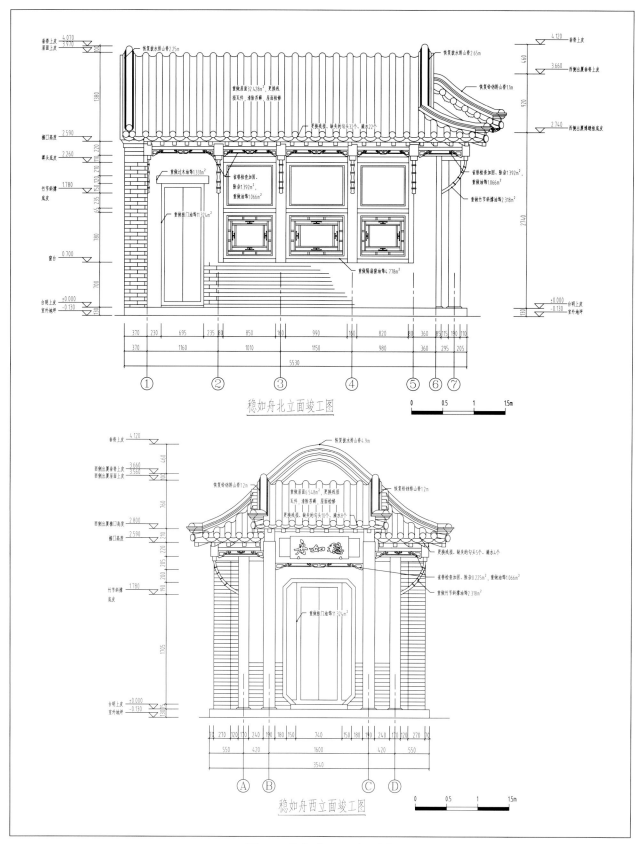

稳如舟北立面竣工图

稳如舟西立面竣工图

图 97　稳如舟立面竣工图

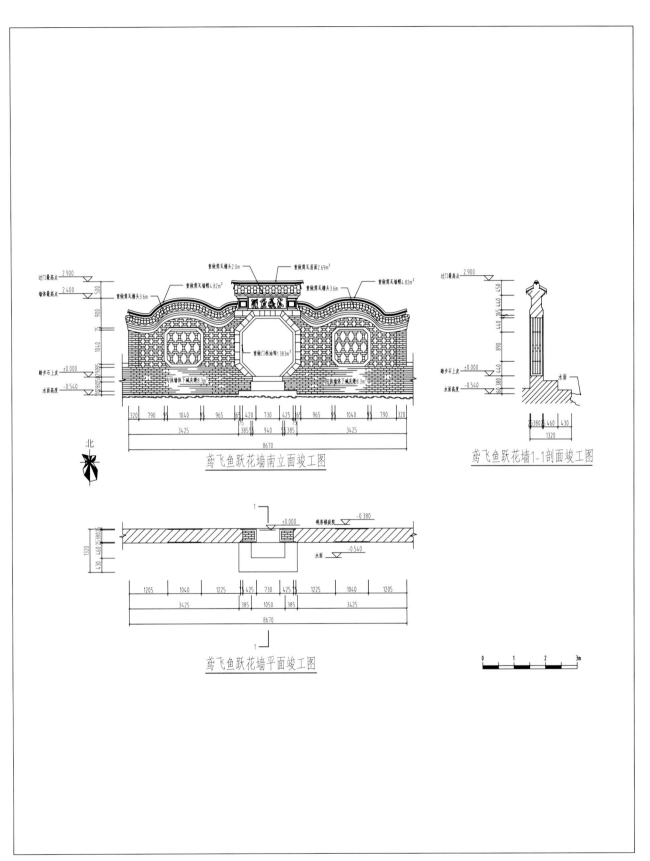

图 98 鸢飞鱼跃平、剖、立面竣工图

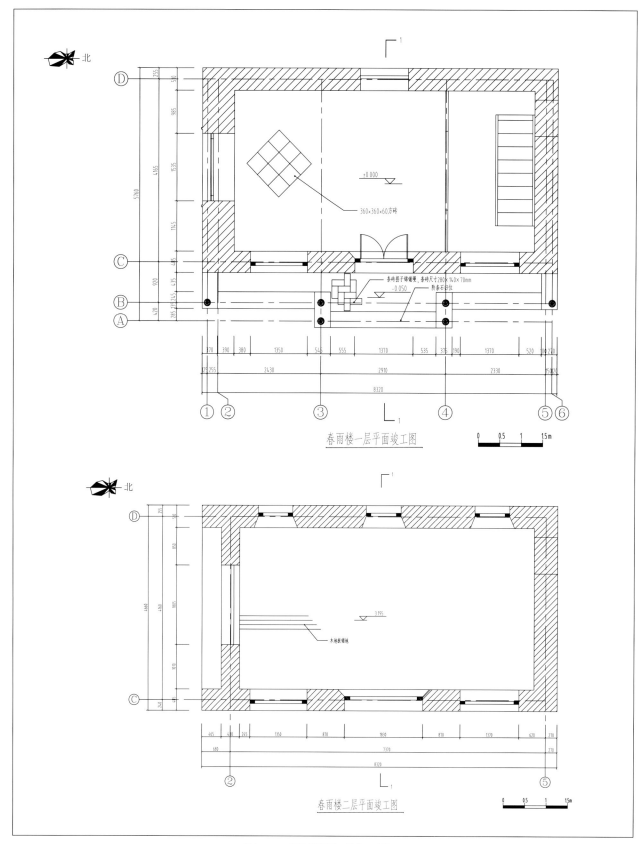

春雨楼一层平面竣工图

春雨楼二层平面竣工图

图 99　春雨楼平面竣工图

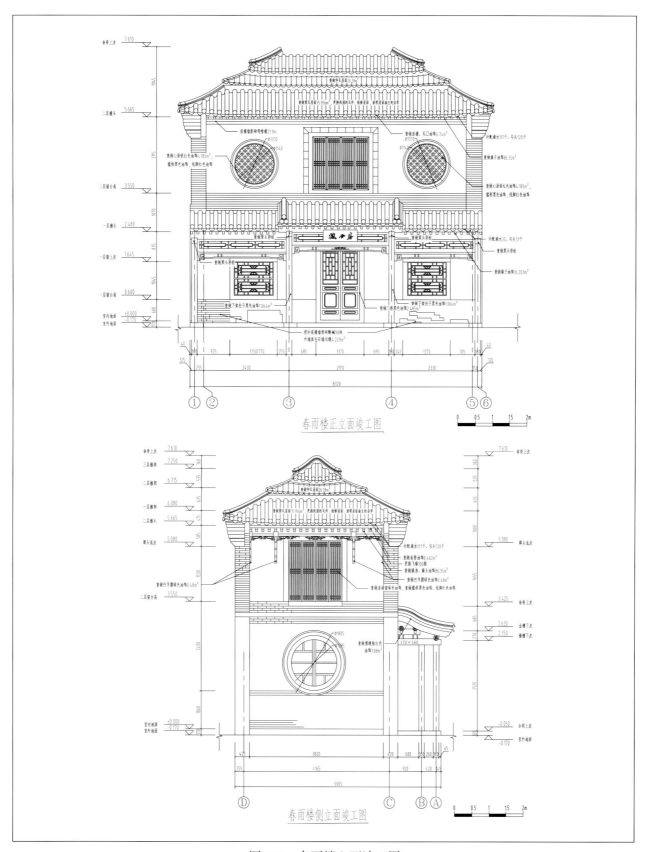

图 100 春雨楼立面竣工图

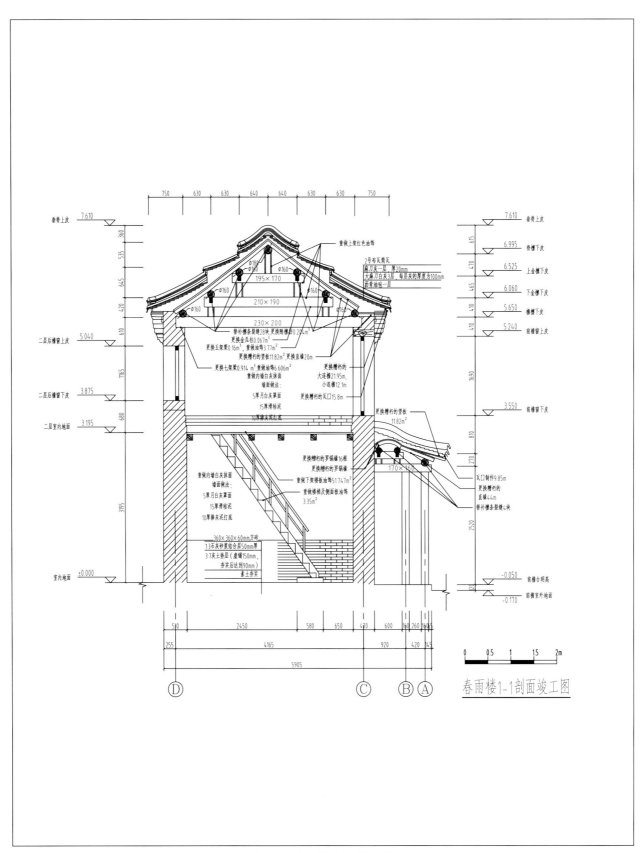

图 101　春雨楼剖面竣工图

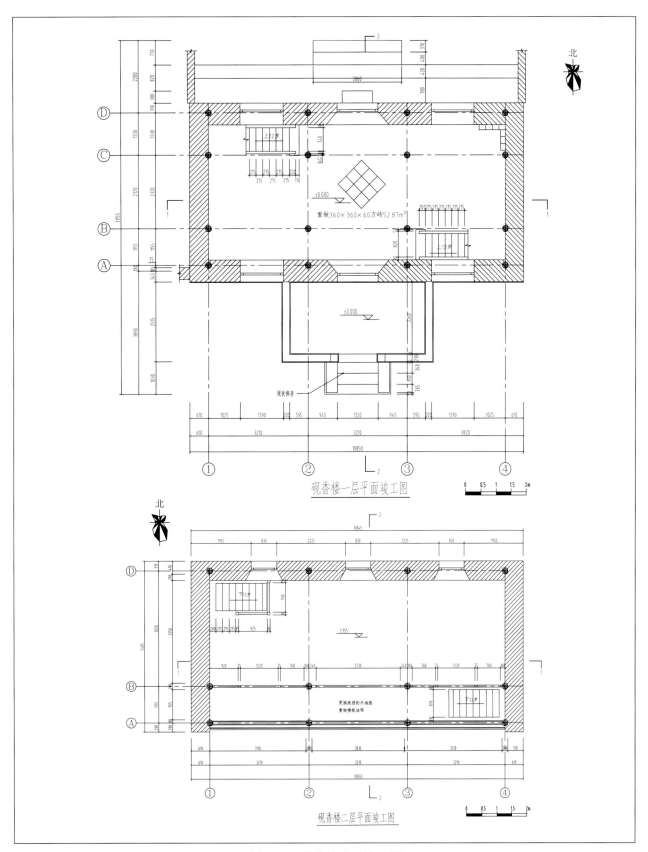

砚香楼一层平面竣工图

重做360×360×60方砖52.87m²

现状保存

砚香楼二层平面竣工图

更换残损的木地板
重做楼板油饰

图 102　砚香楼平面竣工图

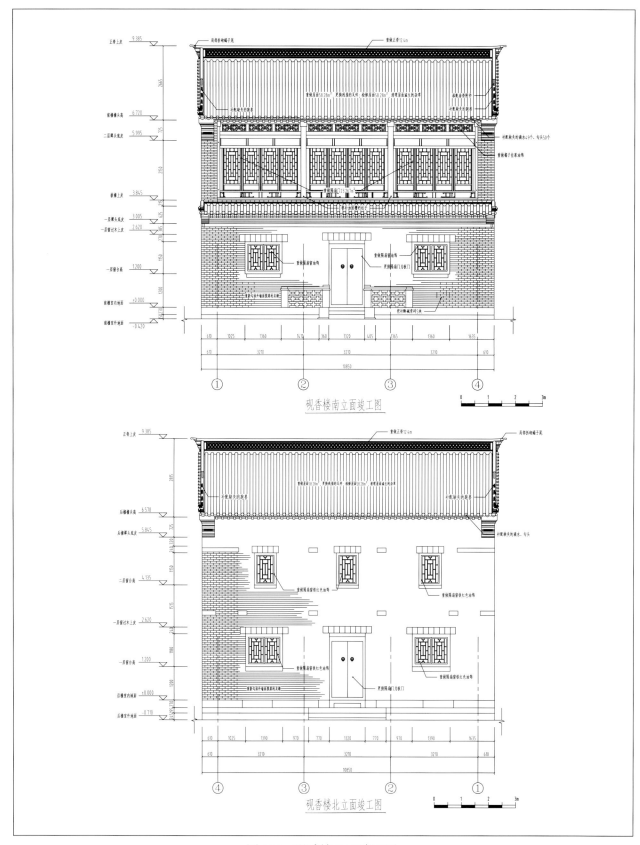

图 103　砚香楼立面竣工图

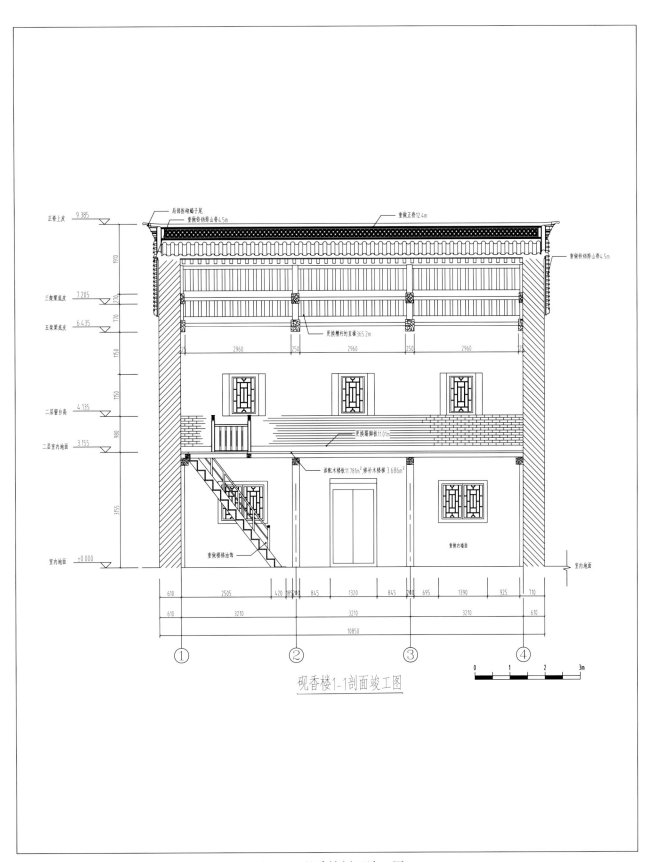

图 104　砚香楼剖面竣工图

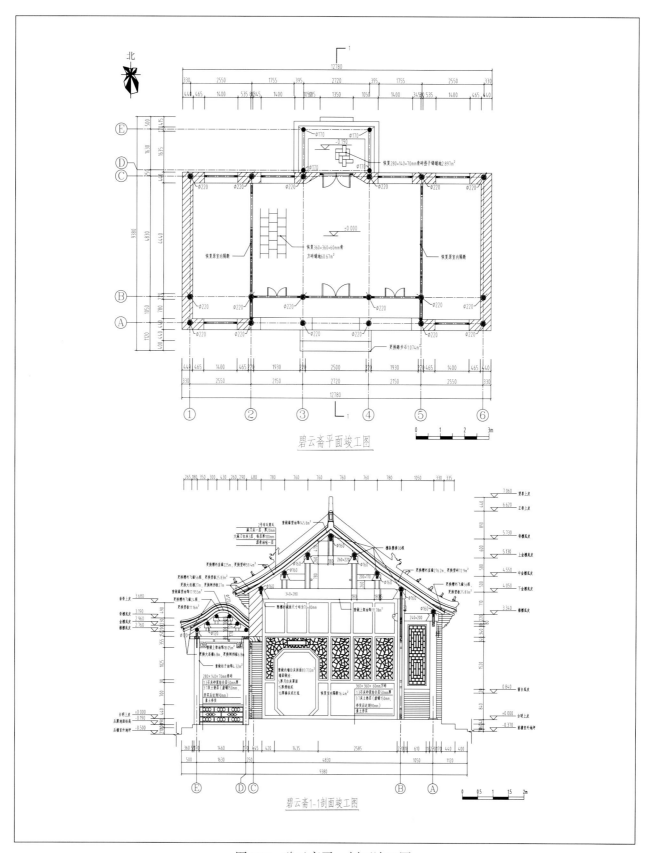

图105 碧云斋平、剖面竣工图

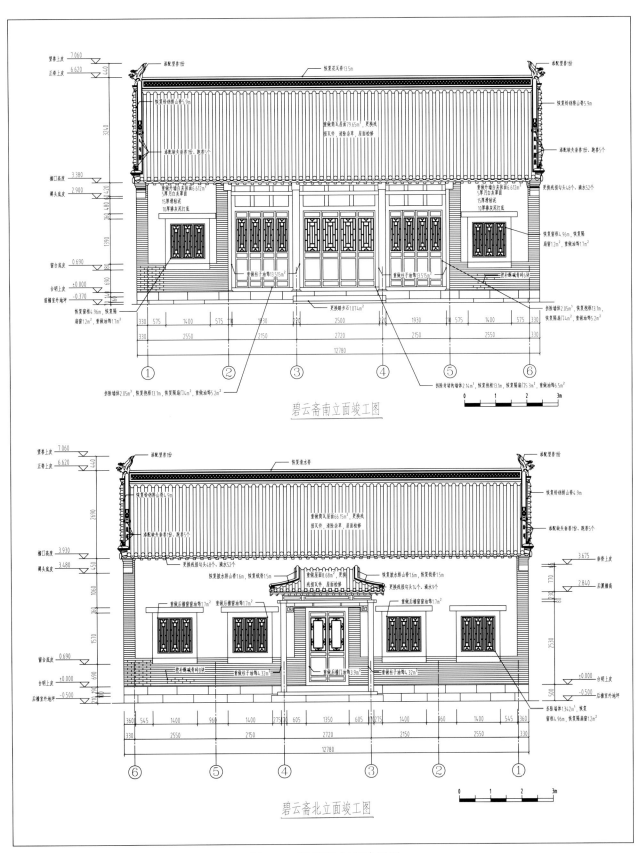

碧云斋南立面竣工图

碧云斋北立面竣工图

图106　碧云斋立面竣工图

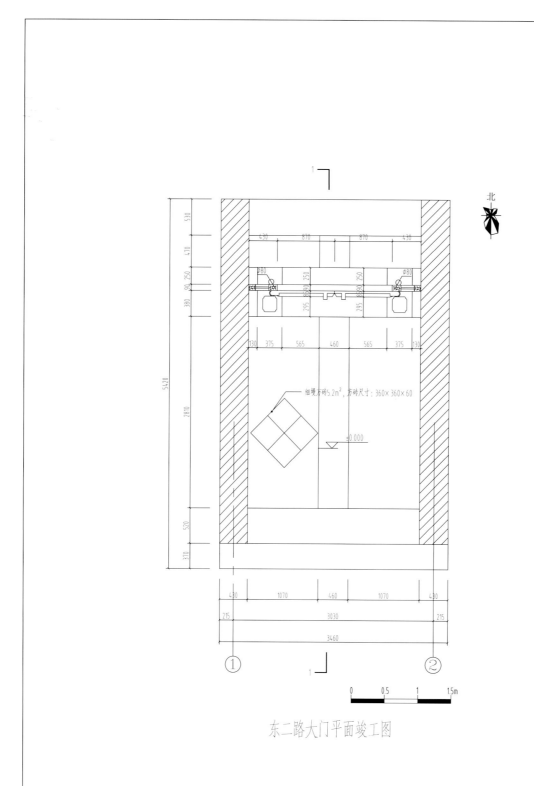

东二路大门平面竣工图

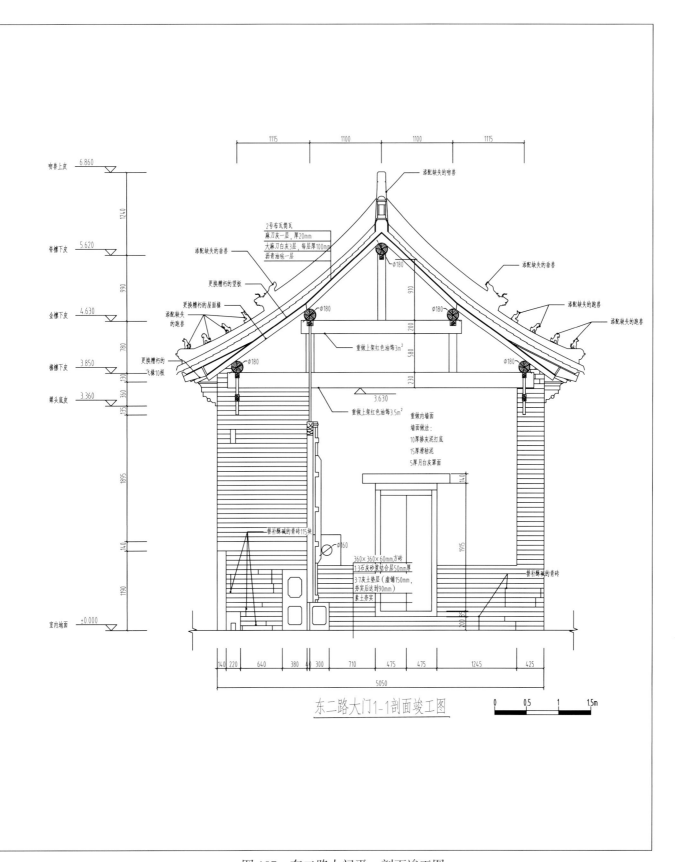

东二路大门1-1剖面竣工图

图 107　东二路大门平、剖面竣工图

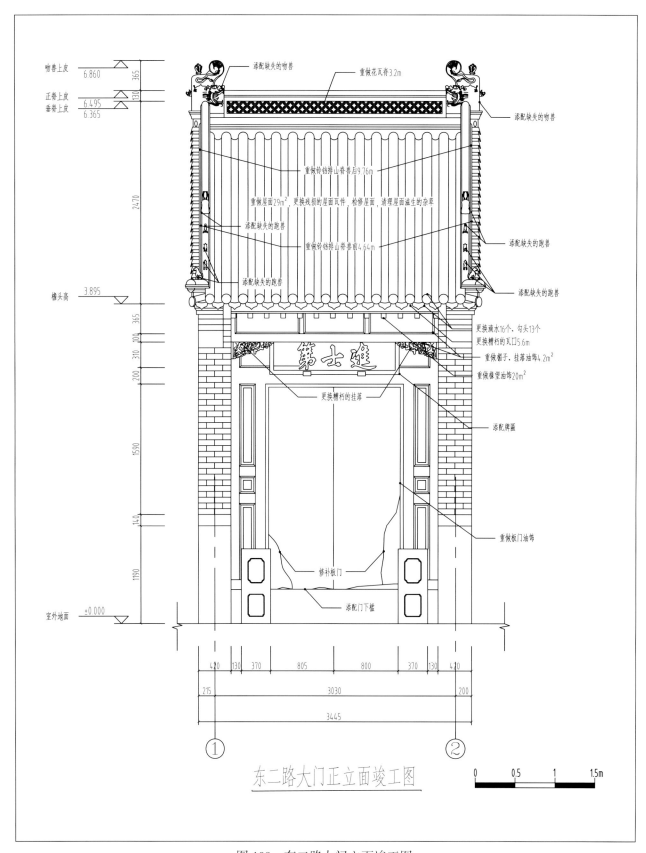

图 108　东二路大门立面竣工图

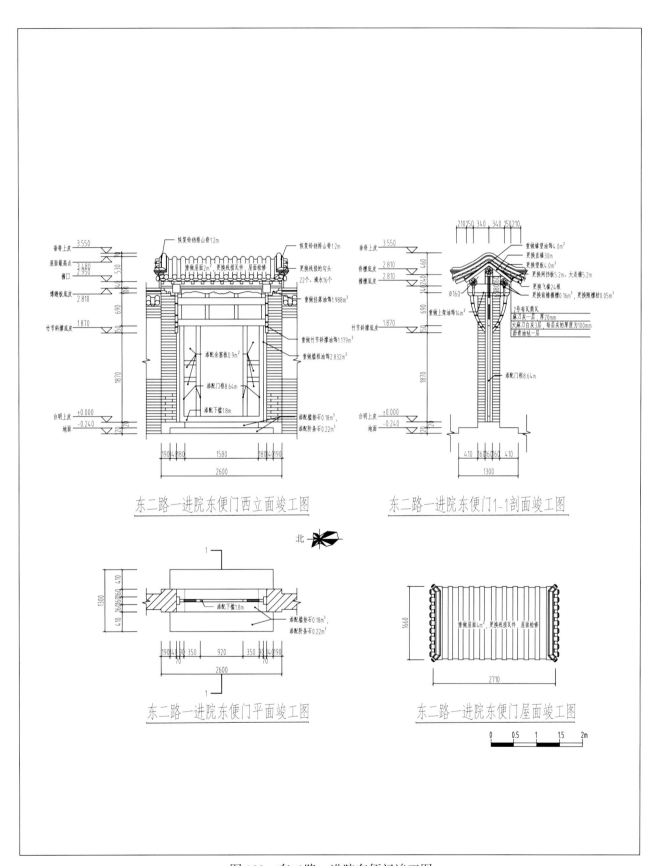

东二路一进院东便门西立面竣工图

东二路一进院东便门1-1剖面竣工图

北

东二路一进院东便门平面竣工图

东二路一进院东便门屋面竣工图

图 109　东二路一进院东便门竣工图

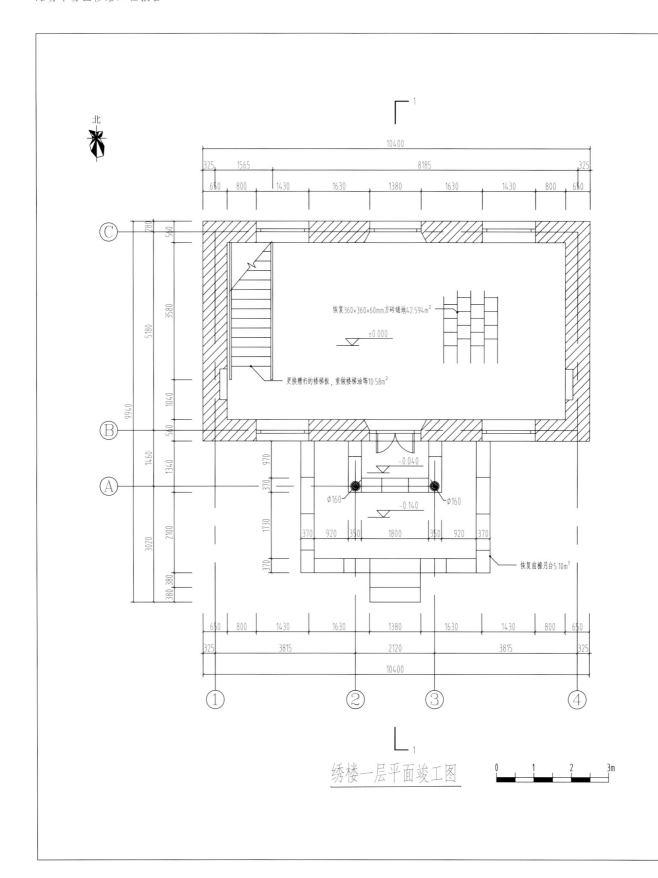

北

恢复360×360×60mm方砖铺地42.594m²

±0.000

更换槽朽的楼梯板,重做楼梯油饰10.58m²

−0.040

φ160   φ160

−0.140

恢复前檐月台5.10m³

绣楼一层平面竣工图

0   1   2   3m

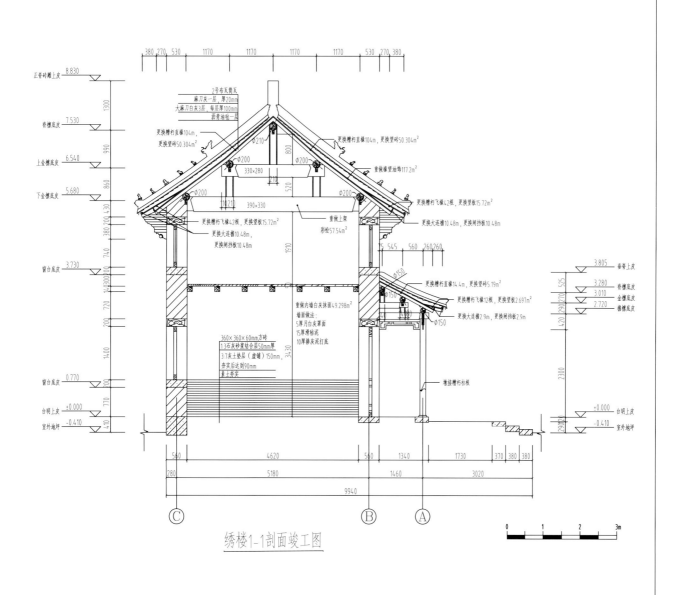

380 270 530 1170 1170 1170 1170 530 270 380

正脊砖雕上皮 8.830

脊檩底皮 7.530

上金檩底皮 6.540

下金檩底皮 5.680

窗台底皮 3.730

窗台底皮 0.770

台明上皮 ±0.000

室外地坪 -0.410

2号布瓦筒瓦
麻刀灰一层，厚20mm
大麻刀白灰3层，每层厚100mm
沥青油毡一层

更换槽柁直椽104m，
更换望砖50.304m²

更换槽柁直椽104m，更换望砖50.304m²

重做檐望油饰117.2m²

更换槽柁飞椽4.2根，更换望板15.72m²

更换大连檐10.48m，更换闸挡板10.48m

更换槽柁飞椽4.2根，更换望板15.72m²

更换大连檐10.48m，
更换闸挡板10.48m

重做上架
彩绘57.54m²

更换槽柁直椽14.4m，更换望砖5.19m²

更换槽柁飞椽12根，更换望板2.697m²

更换大连檐2.9m，更换闸挡板2.9m

重做内墙白灰抹面49.298m²
墙面做法：
5厚月白灰罩面
15厚滑秸泥
10厚掺灰泥打底

360×360×60mm方砖
1:3石砂浆结合层50mm厚
3:7灰土垫层（虚铺）150mm厚
夯实后达到90mm
素土夯实

接槽柁柱根

3.805 垂脊上皮

3.280 脊檩底皮

3.010 金檩底皮

2.720 檐檩底皮

±0.000 台明上皮

-0.410 室外地坪

560   4620   560 1340   1730   370 380 380

280   5180   1460   3020

9940

C   B   A

绣楼1-1剖面竣工图

0   1   2   3m

图110 绣楼平、剖面竣工图

327

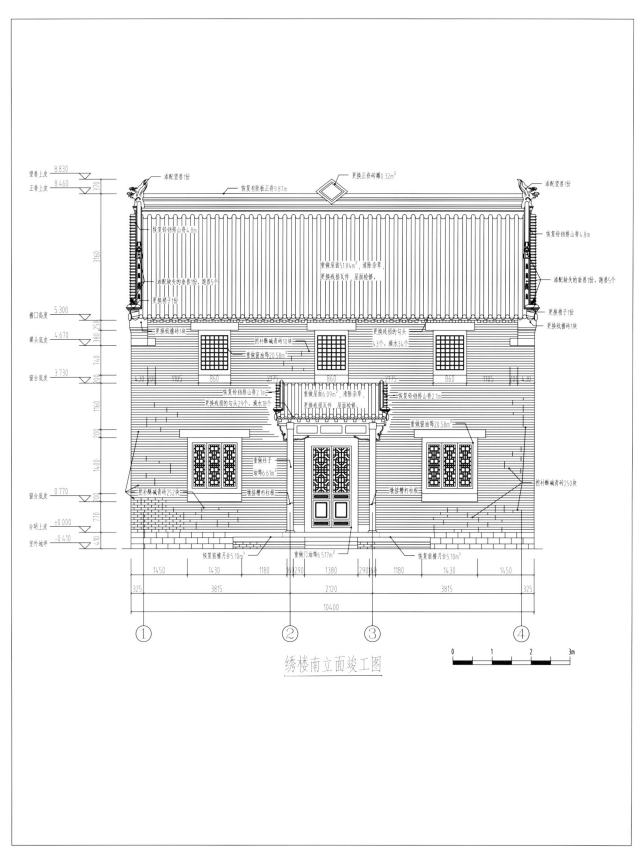

图 111　绣楼立面竣工图

图版

1　修缮前的影壁

2　修缮后的影壁

3 修缮前的西路一进院西厢房

4 修缮后的西路一进院西厢房

5　修缮前的西路一进院过门

6　修缮后的西路一进院过门

7 修缮前的静如山房、秋声馆门楼

8 修缮后的静如山房、秋声馆门楼

9 修缮前的静如山房、秋声馆门楼油饰　　　　　10 修缮后的静如山房、秋声馆门楼油饰

11　修缮前的深柳读书堂正立面

12　修缮后的深柳读书堂正立面

13　修缮前的深柳读书堂背立面

14　修缮后的深柳读书堂背立面

15　修缮前的西路二进院西厢房正立面

16　修缮后的西路二进院西厢房正立面

17　修缮前的西路二进院随墙门正立面　　　　18　修缮后的西路二进院随墙门正立面

339

19 修缮前的西路二进院随墙门背立面

20 修缮后的西路二进院随墙门背立面

21　修缮前的颂芬书屋正立面

22　修缮后的颂芬书屋正立面

23　修缮前的颂芬书屋墀头

24　修缮后的颂芬书屋墀头

25　修缮前的西路三进院西厢房墙体

26　修缮后的西路三进院西厢房墙体

27　修缮前的十笏草堂

28　修缮后的十笏草堂

29　修缮前的十笏草堂东倒座房

30　修缮后的十笏草堂东倒座房

31　修缮前的小沧浪亭　　　　　　　　32　修缮后的小沧浪亭

33　修缮前的小沧浪亭油饰

34　修缮后的小沧浪亭油饰

35 修缮前的漪岚亭

36 修缮后的漪岚亭

37 修缮前的四照亭正立面

38 修缮后的四照亭正立面

39　修缮前的蔚秀亭

40　修缮后的蔚秀亭

41　修缮前的稳如舟立面

42　修缮后的稳如舟立面

43　修缮前的"鸢飞鱼跃"花墙

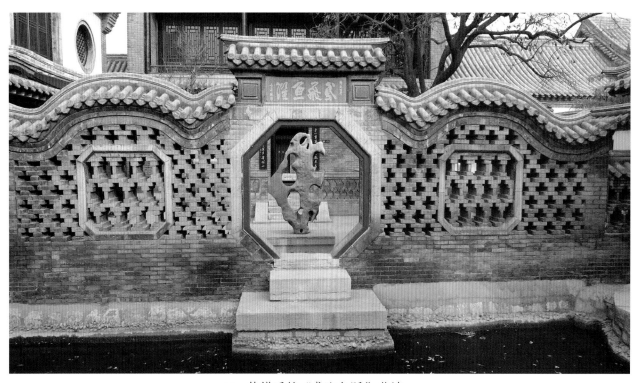

44　修缮后的"鸢飞鱼跃"花墙

45 修缮前的春雨楼

46 修缮后的春雨楼

47　修缮前的砚香楼

48　修缮后的砚香楼

49　修缮前的中路三进院西厢房

50　修缮后的中路三进院西厢房

51　修缮前的中路三进院正房

52　修缮后的中路三进院正房

53　修缮前的东一路一进院过堂

54　修缮后的东一路一进院过堂

55 修缮前的东一路三进院正房

56 修缮后的东一路三进院正房

57　修缮前的东一路四进院正房

58　修缮后的东一路四进院正房

59　修缮前的东二路一进院东便门　　　　　60　修缮后的东二路一进院东便门

61　修缮前的东二路一进院垂花门正面　　　　62　修缮后的东二路一进院垂花门正面

63 修缮前的东二路一进院回廊垂脊

64 修缮后的东二路一进院回廊垂脊

65　修缮前的东二路一进院西厢房

66　修缮后的东二路一进院西厢房

67　修缮前的东二路一进院东厢房

68　修缮后的东二路一进院东厢房

69　修缮前的东二路一进院正房

70　修缮后的东二路一进院正房

71 修缮前的东二路二进院西厢房椽望

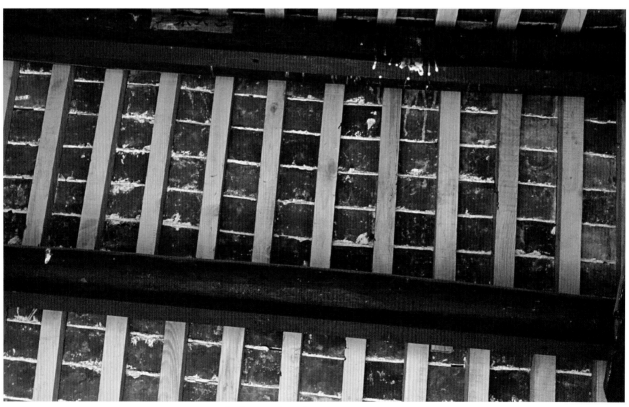

72 修缮后的东二路二进院西厢房椽望

73 修缮前的绣楼背立面

74 修缮后的绣楼背立面

75　修缮前的东三路倒座房

76　修缮后的东三路倒座房

77 修缮前的东三路一进院正房

78 修缮后的东三路一进院正房

79　修缮前的东三路二进院垂花门

80　修缮后的东三路二进院垂花门

81　修缮前的芙蓉居

82　修缮后的芙蓉居

83　修缮前的东四路倒座房

84　修缮后的东四路倒座房

85 修缮前的东四路二进院过堂

86 修缮后的东四路二进院过堂

87　修缮前的东四路二进院西厢房

88　修缮后的东四路二进院西厢房

89　修缮前的东四路二进院西厢房竹节斜撑　　　90　修缮后的东四路二进院西厢房竹节斜撑

91　修缮前的东四路二进院正房踏步

92　修缮后的东四路二进院正房踏步

93　修缮前的东四路东五路夹道北过门　　　　　94　修缮后的东四路东五路夹道北过门

95　修缮前的东五路倒座房

96　修缮后的东五路倒座房

97　修缮前的东五路一进院西厢房

98　修缮后的东五路一进院西厢房

99　修缮前的东五路一进院东厢房

100　修缮后的东五路一进院东厢房

101　修缮前的东五路一进院正房

102　修缮后的东五路一进院正房

103　修缮前的东五路一进院正房梁架彩绘

104　修缮后的东五路一进院正房梁架彩绘

105　修缮前的东五路东过道垂花门正面　　　　106　修缮后的东五路东过道垂花门正面

107 修缮前的东五路东过道垂花门飞椽、连檐、瓦口

108 修缮后的东五路东过道垂花门飞椽、连檐、瓦口

109　修缮前的东五路二进院东前随墙门正面　　　　110　修缮后的东五路二进院东前随墙门正面

111　修缮前的东五路二进院西厢房

112　修缮后的东五路二进院西厢房

113　修缮前的东五路二进院西耳房

114　修缮后的东五路二进院西耳房

115 修缮前的东五路二进院正房

116 修缮后的东五路二进院正房

117　修缮前的东五路二进院正房前檐斜撑　　　　　118　修缮后的东五路二进院正房前檐斜撑

后　记

　　十笏园整体保护工作自 2004 年启动，历经勘察设计、一期施工、二期施工，跨越了十余个春秋，于 2014 年 3 月顺利完工。2015 年 11 月，山东省文物局组织十笏园保护工程验收，领导及各位专家一致同意工程通过验收，并建议尽快编写出版保护工程报告。

　　工程之初，山东省文物科技保护中心、山东省文物工程公司主任孙博先生就要求按工程报告出版来考虑资料的收集、整理。工程完工后，孙博先生又一直加紧督办工程报告的编写工作，并为报告编辑出版创造条件。在此对孙博先生的关怀和帮助表示由衷的感谢。

　　本报告是山东省文物科技保护中心、山东省文物工程公司对十笏园进行勘察、设计、施工十余载的一个总结，是集体辛勤工作的成果。十笏园的方案由孙博先生、陈雯女士总体负责，勘察设计负责人为杨新寿先生，参加勘察测绘的还有多名中心的专业技术人员。本报告中关于勘察设计的部分是在该设计方案基础上，重新调整改写而成的，竣工图是在设计图纸的基础上绘制调整的，在此对孙博先生、陈雯女士的宏观把控表示敬意，对杨新寿先生严谨、细致的勘察设计工作表示感谢。

　　工程实施过程中，潍坊市文化广电新闻出版局、潍坊市文物局、潍坊十笏园博物馆等给予了大力支持，确保了工程的顺利实施。山东省文物工程公司十笏园工程项目部经理黄伟同志，负责现场工程管理，带领各工种专业技术工人，严格按照方案施工。本工程报告的出版，是上述单位和有关同志共同努力的结果，在此一并表示感谢。

　　在本工程报告出版之际，向所有关心、支持、参与十笏园维修保护工程和编辑出版工作的单位、领导、专家、同行和社会各界人士，表示诚挚的谢意。

　　由于我们水平有限，本报告难免存在错误或不妥之处，恳请专家和同行批评指正。

编　者
2017 年 2 月